图 1-1　鸡新城疫病
鸡从口中流出酸臭液体

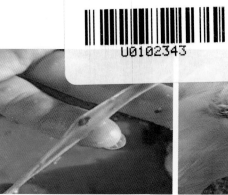
图 1-2　鸡新城疫
小肠黏膜有枣核样出血灶

图 1-3　禽流感
腿部呈现紫红色或紫黑色出血

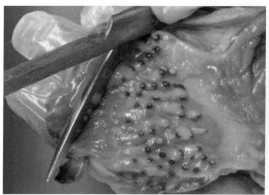
图 1-4　禽流感
腺胃乳头出血，有大量黏性分泌物

图 1-5　鸡马立克氏病
特征性劈叉姿势

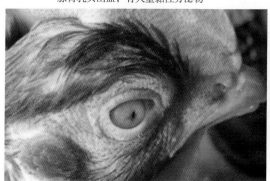
图 1-6　鸡马立克氏病
瞳孔缩小，边缘不齐

图 1-7　鸡传染性法氏囊炎
胸肌见条纹状或斑块状出血

图 1-8　鸡传染性法氏囊炎
法氏囊严重出血，呈"紫葡萄"样外观

图 1-9　禽痘
无毛和少毛区生成疣状痘疹

图 1-10　禽痘

黏膜上出现稍隆起、白色不透明结节

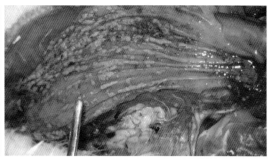

图 1-11　鸭瘟

食道黏膜出血，表面有一层不易剥离的黄绿色假膜

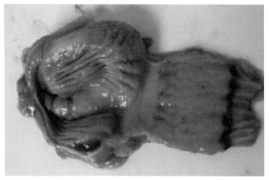

图 1-12　鸭瘟

食道膨大部与腺胃交界处，有一条灰黄色坏死带或出血带

图 1-13　鸭病毒性肝炎

濒死时病鸭角弓反张，头颈后仰，故称"背脖病"

图 1-14　鸭病毒性肝炎

肝脏肿大，有出血斑点

图 1-15　小鹅瘟

肠管被灰黄或淡黄色的栓子塞满

图 1-16　鸡白痢

石灰样粪便糊住肛门周围的羽毛

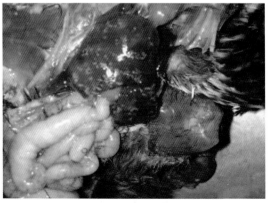

图 1-17　鸡白痢

肝脏上的灰白色结节

图 1-18　鸡白痢
肝脏呈铜绿色——青铜肝

图 1-19　禽霍乱
心包积液，内含絮状纤维素性渗出物

图 1-20　禽霍乱
肝脏肿大，表面及实质布满灰白色针尖大小的坏死灶

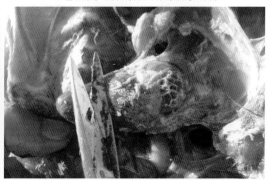

图 1-21　禽大肠杆菌病
特征性的病变：纤维素性心包炎、肝周炎

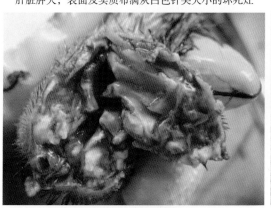

图 1-22　传染性鼻炎
窦内蓄积干酪样的渗出物凝块

图 1-23　鸭传染性浆膜炎
眼流出浆液性或粘性的分泌物

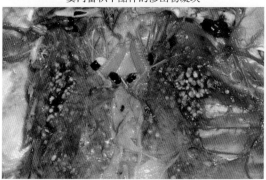

图 1-24　禽曲霉菌病
肺脏组织分布灰白色、黄白色或淡黄色结节

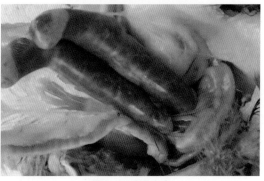

图 2-1　鸡球虫病
盲肠显著肿大，可为正常的 3 ~ 5 倍，盲肠浆膜出血

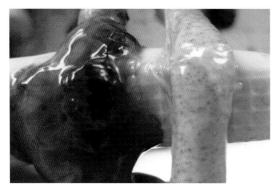

图 2-2　鸡球虫病

小肠出血，肠管中有凝固的血液或有胡萝卜色胶胨状的内容物

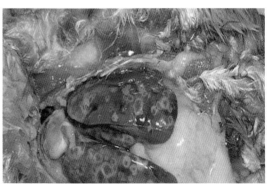

图 2-3　鸡组织滴虫病

肝脏肿大，呈紫褐色并出现特征性坏死灶

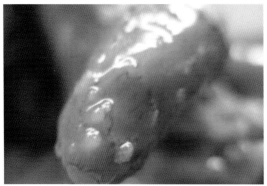

图 2-4　鸡住白细胞原虫病

心脏出现针尖至粟粒大小结节

图 2-5　鸡蛔虫

小肠中发现虫体

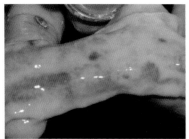

图 3-1　禽磺胺类药物中毒

肠道内有弥散性出血斑点

图 4-1　禽维生素 B2 缺乏症

雏鸡趾爪蜷曲，皮肤表面有结节状绒毛

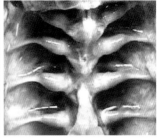

图 4-2　禽钙磷缺乏症

与脊柱连接处的肋骨呈球状隆起

图 4-3　禽维生素 E- 硒缺乏症

皮下水肿，有紫蓝色斑块

图 4-4　禽痛风

肾脏沉积大量尿酸盐，严重时出现肾结石

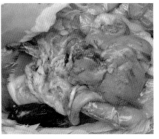

图 4-5　鸡脂肪肝综合征

肝脏肿大呈黄褐色，有油脂样光泽，质脆易碎。

"十四五"职业教育国家规划教材

禽病防治

（第2版）

主　编◎邹洪波

副主编◎宋艳华　周　扬

QINBING FANGZHI

北京师范大学出版集团
BEIJING NORMAL UNIVERSITY PUBLISHING GROUP
北京师范大学出版社

图书在版编目(CIP)数据

禽病防治 / 邹洪波主编. —2版. —北京：北京师范大学出版社，2023.8

("十四五"职业教育国家规划教材)

ISBN 978-7-303-22090-8

Ⅰ.①禽… Ⅱ.①邹… Ⅲ.①禽病－防治－高等职业教育－教材 Ⅳ.①S858.3

中国版本图书馆 CIP 数据核字(2017)第 028101 号

| 图 书 意 见 反 馈 | gaozhifk@bnupg.com | 010-58805079 |
| 营 销 中 心 电 话 | 010-58807651 | |

出版发行：北京师范大学出版社　www.bnupg.com

北京市西城区新街口外大街 12-3 号

邮政编码：100088

印　　刷：三河市兴国印务有限公司

经　　销：全国新华书店

开　　本：787 mm×1092 mm　1/16

印　　张：13.5

字　　数：300 千字

版 印 次：2023 年 8 月第 2 版第 8 次印刷

定　　价：35.00 元

策划编辑：周光明	责任编辑：周光明
美术编辑：陈 涛 焦 丽	装帧设计：陈 涛 焦 丽
责任校对：陈 民	责任印制：马 洁 赵 龙

本书编审委员会

主　　编：邹洪波（黑龙江职业学院）

副主编：宋艳华（黑龙江职业学院）

　　　　周　扬（黑龙江职业学院）

编　　者：牟永成（黑龙江职业学院）

　　　　高明辉（黑龙江职业学院）

　　　　吴立君（黑龙江职业学院）

　　　　姚金水（黑龙江鹤岗市东山区农业农村局）

　　　　谭关索（长春博瑞科技股份有限公司）

　　　　孙艺展（黑龙江鹤岗市东山区农业农村局）

主　　审：金璐娟（黑龙江职业学院）

内容简介

　　本书内容基于高职院校动物医学专业所对应的临床兽医岗位所需要的知识、技能、素质而设计，融入课程思政元素，突出职业能力的培养。全书共分5个学习情境，分别是：禽传染病、禽寄生虫病、禽中毒病、禽营养代谢性疾病、禽病的综合诊断。每个学习情境均以典型病例为载体，通过对病例的诊断、防治，完成一个完整的岗位工作过程。在每个学习情境的"必备知识"中可以学到同类疾病的相关知识，掌握此类疾病的特点。本教材按项目化课程的"六步教学法"设计，每个学习情境均配有学习任务单、任务资讯单、相关信息单、计划书、决策实施书、评价反馈书，供教学中完成资讯、计划、决策、实施、检查、评价六个学习阶段使用。

　　本书采用了流程图、表格、图片等方式描述相关内容，条理清晰，便于掌握，既可作为高职院校动物医学专业开展项目化教学的特色教材，也可以作畜牧、兽医科技人员和广大养殖户的参考书。

前　言

本教材以习近平新时代中国特色社会主义思想为指导，贯彻党的二十大精神，落实立德树人根本任务，培养自信自强精神，遵循职业教育基本规律，按照《职业院校教材管理办法》编写修订而成。

本教材的内容设计，以养禽场兽医和门诊兽医工作岗位知识、技能和素质需求为目标，以培养学生禽病诊、防、治能力为主线，以学生职业能力提升为方向，按照禽病诊治的工作过程序化教学内容，通过教学做一体化的教学过程，保障教学效果的实现，努力达成党的二十大所要求的造就更多高技能人才目标。

本教材在设计中，以典型工作任务为引领，体现兽医临床岗位完整的工作过程。采用"六步教学法"开展项目化教学设计，发挥学生主体作用，培养学生独立思考能力。通过围绕具有代表性的"病例"所开展的诊、治、防等工作，体现典型工作任务。通过每个学习情境中的"必备知识"，传授禽病防治岗位应知应会的基本知识。通过运用大量的流程图、表格、图片等，增加直观教学效果，化繁为简，提高学习者学习兴趣。

全书共分为5个学习情境。以集约化养禽场诊断禽病的初始步骤——确定疾病类型为线索，划分了禽传染病、禽寄生虫病、禽中毒性疾病、禽营养代谢性疾病四个学习情境，按照应用能力由浅入深、由简单到复杂的认知规律，设置了学习情境5——禽病的综合诊断，为学习职业能力提升做好铺垫。

本教材融入课程思政元素。在教学内容中，严格遵守兽医卫生法规，注重培养学生职业道德规范。在每个学习情境中，配备了"拓展阅读"栏目，通过网络资源的形式，介绍与学习内容相关的我国杰出科学家的先进事迹、相关职业道德要求和我国历史上的文化传承。通过课程思政元素的融入，进一步培养爱国情怀，建立文化自信。

本书建有配网络教学资源，网址为：https://www.xueyinonline.com/detail/221932622。实践技能部分配有操作视频，可扫描书中配有的二维码观看学习。

本教材在使用时，可结合本校实际情况，如专业特点、教学资源占有情况、学生现状等进行适当调整。

本教材由黑龙江职业学院邹洪波主编，黑龙江职业学院宋艳华、周扬担任副主编。其中学习情境1中的子情境1由宋艳华编写，学习情境1中的子情境2由邹洪波编写，学习情境2由高明辉编写，学习情境3由周扬编写，学习情境4由吴立君编写，学习情境5由牟永成编写，附录由周扬编写。鹤岗市东山区农业农村局高级兽医师姚金水、技术员孙艺展和长春博瑞科技股份有限公司高级技术员谭关索参与了本书的编写工作，在前沿技术和临床应用方面给予了指导。全书由邹洪波统稿，宋艳华协助了统稿工作，周扬完成本书配套资源建设工作。黑龙江省鹤岗市东山区农业农村局兽医技术室技术人员对教材编写给予了大力支持，黑龙江职业学院金璐娟教授担任主审，提出了很多宝贵意见，谨此表示感谢。

本教材是禽病防治课程工学结合项目化教学改革的阶段性成果，尚有很多不成熟之处，真诚希望读者提出意见和建议。由于时间仓促，编写人员水平有限，对于书中的错误和不当，同样盼望着读者的批评指正。

编 者

目　录

学习情境 1

禽传染病

子情境 1 禽病毒性传染病

●●●● 学习任务单

学习情境 1	禽传染病	学　时	48
子情境 1	禽病毒性传染病	学　时	26
布置任务			
学习目标	知识目标 　　1.明确禽病毒性传染病诊断的方法、步骤。 　　2.明确病毒性传染病主要的防治措施。 　　3.熟记病毒性传染病常见种类及其基本特征。 　　4.了解禽常见病毒性传染病的主要流行特点、明确其典型的临床症状和病理变化。 技能目标 　　1.能综合运用流行病学调查、临床症状观察、病理剖检检查等方法进行禽病毒性传染性疾病的现场诊断。 　　2.会依据不同病毒的特性选择实验室诊断方法。 　　3.正确设计并操作病毒分离鉴定和血清学试验。 　　4.会进行禽场病毒性传染病的免疫监测。 　　5.能够针对禽场病毒性疾病发病情况制定出合理的防制措施。 　　6.能够针对养禽场实际情况，结合常见病毒性传染病的发病特点，制订合理的免疫程序，选择合适的疫苗和免疫途径实施免疫。 素养目标 　　1.科学规范的处理病毒性传染病死亡鸡只的尸体、内脏、病料及其他实验室废料。 　　2.培养学生安全生产和公共卫生意识，做好自身安全防护。 　　3.提升学生法律及防疫意识，在诊断中如发现疑似禽一类疫病时能采取紧急措施，防止疫情蔓延并及时上报疫情。		
任务描述	1.通过解答资讯问题和完成教师布置的课业，对常见禽病毒性传染病种类和各种疾病的基本特征有初步认识。 　　2.针对病例进行禽场的流行病学调查，查清发病禽场的流行病学基本情况，并对调查的情况进行归纳、整理、分析。 　　3.针对病例进行临床诊断，查清禽群体发病症状和病(死)禽的临床表现。 　　4.对病例中的病(死)禽进行病理剖检，查清其病理变化。		

续表

任务描述	5. 结合资讯内容，查找相关资料，对病例做出初步诊断。 6. 针对初步诊断，结合病原特征，设计实验室诊断方案并实施。 7. 针对实验室诊断结果，得出确诊结论。 8. 结合资讯内容，查找相关资料，对确诊的疾病提出预防措施，设计免疫程序，选用合适疫苗，实施免疫。 9. 学习"相关信息单"中的"相关知识"内容，熟练掌握禽常见病毒性传染病的诊断要点和防治措施，能准确解答"资讯问题"。				
学时分配	资讯 12 学时	计划 2 学时	决策 1 学时	实施 8 学时	考核 2 学时	评价 1 学时
提供资料	1. 相关信息单 2. 教学课件 3. 禽病防治网：http：//www.yangzhi.com/zt2010/dwyy_dwmz_qin.html 4. 中国禽病论坛网：http：//www.qinbingluntan.com/				
对学生 要求	1. 以小组为单位完成各项任务，体现团队合作精神。 2. 严格遵守禽场、剖检室和传染病诊断室消毒、防疫制度。 3. 严格按照操作规范处理抗原和诊断液。 4. 严格按照规范做好人身防护，避免自身感染及成为病原传播媒介。 5. 严格遵守诊所和实训室各项制度，爱护各种诊断工具。				

●●●●● 任务资讯单

学习情境 1	禽传染病
子情境 1	禽病毒性传染病
资讯方式	学习"相关信息单"中的"相关知识"、观看视频；到本课程网站和相关网站查询资料；到图书馆查阅相关书籍；向指导教师咨询。
资讯问题	1. 新城疫的病原是什么？其有何生物学特性？ 2. 新城疫有哪些主要临床症状？ 3. 新城疫有哪些主要病理变化？ 4. 如何进行新城疫实验室诊断？ 5. 如何防治新城疫？ 6. 非典型新城疫出现的原因有哪些？ 7. 如何进行新城疫抗体的免疫监测？ 8. 新城疫预防常用的疫苗有哪些？如何使用？ 9. 禽流感的病原是什么？其有何生物学特性？ 10. 禽流感的主要症状有哪些？ 11. 禽流感的主要病理变化有哪些？ 12. 传染性支气管炎的病原是什么？其有何生物学特性？ 13. 传染性支气管炎的主要症状有哪些？ 14. 传染性支气管炎的主要病理变化有哪些？ 15. 传染性支气管炎常用疫苗和使用方法有哪些？

资讯问题	16. 传染性喉气管炎的病原是什么？其有何生物学特性？
	17. 传染性喉气管炎的主要症状有哪些？
	18. 传染性喉气管炎的主要病理变化有哪些？
	19. 传染性喉气管炎常用疫苗和使用方法有哪些？
	20. 马立克氏病的病原是什么？其有何生物学特性？
	21. 马立克氏病症状有哪几类？各类的临诊特点是什么？
	22. 常用的马立克氏病疫苗有哪些？
	23. 引起马立克氏疫苗免疫失败的原因有哪些？
	24. 禽白血病的病原是什么？其有何生物学特性？
	25. 禽白血病的临床表现主要有哪些？
	26. 禽白血病主要的剖检变化是什么？
	27. 怎样进行禽白血病的实验室诊断？
	28. 发生禽白血病时应采取哪些防治措施？
	29. 传染性法氏囊病的病原是什么？其有何主要生物学特征？
	30. 鸡传染性法氏囊病有哪些主要临床症状？
	31. 鸡传染性法氏囊病有哪些主要病理变化？
	32. 怎样进行鸡传染性法氏囊病的实验室诊断？
	33. 发生鸡传染性法氏囊病时应采取哪些措施？
	34. 如何预防鸡传染性法氏囊病？
	35. 分析鸡传染性法氏囊病造成鸡免疫抑制的原因？
	36. 鸡传染性脑脊髓炎有哪些主要的临床症状？
	37. 鸡传染性脑脊髓炎有哪些主要的病理变化？
	38. 产蛋下降综合征的病原是什么？有哪些流行特点？
	39. 产蛋下降综合征的临床症状及剖检变化是什么？
	40. 怎样进行产蛋下降综合征的实验室诊断？
	41. 预防产蛋下降综合征应采取哪些措施？
	42. 禽痘的病原体是什么？其有何主要生物学特征？
	43. 禽痘的临床症状分几种类型，各类型主要临床特点是什么？
	44. 怎样治疗和预防禽痘？
	45. 鸡包涵体肝炎的病原体是什么？有何流行病学特征？
	46. 鸡包涵体肝炎的主要临床表现有哪些？
	47. 鸡包涵体肝炎的主要病理变化特点？
	48. 鸡传染性贫血的病原是什么？有何流行病学特征？
	49. 鸡传染性贫血的临床特征和生理指标标准是什么？
	50. 鸡传染性贫血有哪些主要的病理变化？
	51. 如何防治鸡传染性贫血？
	52. 禽病毒性关节炎有哪些特征性症状？
	53. 如何防治禽病毒性关节炎？
	54. 网状内皮组织增殖病的病原是什么？其有何主要生物学特征？
	55. 网状内皮组织增殖病的主要临床表现是什么？
	56. 网状内皮组织增殖病主要有哪些剖检变化？

续表

资讯问题	57. 鸭瘟的病原体是什么？其有何主要生物学特征？ 58. 鸭瘟有哪些临床症状？ 59. 鸭瘟有哪些典型的病理变化？ 60. 如何防治鸭瘟？ 61. 鸭病毒性肝炎的病原是什么？其有何主要生物学特征？ 62. 鸭病毒性肝炎有哪些临床特征和病理变化？ 63. 如何防治鸭病毒性肝炎？ 64. 小鹅瘟的病原是什么？其有何主要生物学特征？ 65. 小鹅瘟有哪些流行特点？ 66. 小鹅瘟的临床症状及剖检变化是什么？ 67. 怎样进行小鹅瘟的实验室诊断？ 68. 预防小鹅瘟应采取哪些措施？
资讯引导	1. 在信息单中查询； 2. 进入相关网站查询； 3. 查阅相关资料。

●●●●● 相关信息单

【学习情境 1】

禽传染病

【子情境 1】

禽病毒性传染病

项目 1　禽病毒性传染病病例的诊断与防治(1)

 病例 1

　　某肉鸡养殖户饲养了 3 000 只肉鸡，32 日龄时有零星死亡，35 日龄时鸡群大批发病，病鸡出现采食量下降、呼吸困难的症状，有的排黄白色或黄绿色稀便。死亡较多，达 60%。曾用酒石酸泰乐菌素、硫酸红霉素及中药配合治疗，效果不明显。兽医入鸡场诊断，发现病鸡精神委靡，不爱吃食；羽毛松乱，翅下垂，缩颈，打盹；测量体温为 44℃。鸡冠和肉髯发紫，口流黏液，时不时做甩头状；嗉囊积液，倒提时有酸臭液体流出；呼吸困难，张口发出"咯咯"声；有的咳嗽、打喷嚏，气管有啰音；有的排黄绿色或黄白色稀粪。有的病鸡站立不稳、头颈扭向一侧，或观星姿势。剖检病鸡，发现口腔有大量灰白色黏液，嗉囊积液，有酸臭味。喉头和气管充血、出血。腺胃内有绿色充盈物，用清水把内容物冲去，腺胃黏膜水肿，腺胃乳头出血，腺胃肌胃交界处有陈旧性出血，发黑，肌胃内膜易剥离，有出血斑；小肠黏膜有出血，略高于黏膜表面，呈枣核状。盲肠扁桃体肿大、出血。直肠黏膜条纹状出血。气管环状出血；有的病鸡气管充血，出血，有黏液，个别气管内有栓塞；肺脏淤血发黑，血凝不良。

任务 1　诊断病例 1

疾病诊断是兽医岗位工作的主要内容，一般分为现场诊断、实验室诊断两个步骤。

一、现场诊断

现场诊断指兽医深入到养禽场或在诊所对禽主提供的患禽进行诊断。一般分为流行病学调查、临床检查和病理剖检三个工作过程。

（一）流行病学调查（以养鸡场为例）

1. 鸡场流行病学调查

对鸡场的流行病学调查，一般须进行"四问"、"四查"，具体调查方式及内容见表 1-1-1。

表 1-1-1　鸡场流行病学调查方式及内容

调查方式	调查内容	具体项目	获 取 信 息
问	问来源	品种来源	一般引进的或地方培育的优良品种较好，土种较差。
		孵化厂家	无特定病原的正规厂家较好，非正规厂家较差。
		接雏情况	距离短、亲自接雏较好，距离长、批发到户的较差。
	问日龄		不同的日龄对疾病的易感性不同。如雏鸡易发生鸡白痢，中雏易发生传染性法氏囊病，成年鸡易发生禽霍乱、马立克氏病。
	问防治	免疫情况	免疫程序、免疫途径、疫苗的种类、使用的剂量是否合理；免疫前后鸡群的健康状况，有无免疫应激；近期是否做过紧急预防接种。
		用药情况	已用过的药物是否有效，所用药物是否严格按说明书要求使用，用药是否达到疗程。
	问病况	疾病发生的时间	是在换料前还是换料后；是在清晨或夜间；是在饲喂（饮水）前还是饲喂（饮水）后等。
		发病情况	此次鸡群发病是群发还是散发；邻舍及附近鸡场是否有类似的疾病发生；鸡仅为突然死亡还是有一定的潜伏期；目前鸡群与开始发病时疾病程度是减轻还是加重；有无出现新的症状或原有的什么症状消失；是否经过治疗，效果如何等。
		主要数据	鸡只总数、发病病例数、死亡病例数，计算鸡群的发病率、死亡率、病死率。
查	查饲料	查饲料配方	如是自配料，应计算所用配方的营养是否平衡或缺乏，检查其配方或营养要求是否适合所养鸡的品种及年龄。此外，还应注意饲料的生产日期及保质期。
		查饲料原料	检查所用的玉米、麸皮等是否霉变；豆粕（豆饼）、棉籽饼、鱼粉等蛋白质饲料是否变质。
		查药物的添加剂	如是自配料，应仔细计算所用药物的剂量（尤其是在使用一些安全范围较小的原料药，如喹乙醇），使用的维生素和微量元素添加剂应选择知名厂家的产品；如是预混料，应了解其中所添加药物的种类和剂量，避免重复添加造成药物中毒。

续表

调查方式	调查内容	具体项目	获 取 信 息
查	查管理	查管理制度的执行	平时是否按已制定的正确合理的饲养、管理制度进行生产，查找饲养管理失误与疾病的关系。
		查饲养人员的责任心	了解是否是人为因素引起的疾病。
		查鸡舍	查看光照、通风、保温、垫料等情况。
		查饮水情况	检查是否断水、缺水、漏水、水位是否一致。
		查饲养方式	是网上平养、笼养还是地面平养。
	查环境	查舍内外卫生	舍内外的地面是否卫生，水、食槽是否清洁，粪便是否及时清除。
		查鸡舍周围环境	了解附近厂矿的三废(废水、废气、废渣)的排放、处理情况及其环境卫生学的评定结果，是否对鸡场的环境、水源造成污染。
	查病史	查看以往发病情况	此次鸡群的发病情况是否与过去曾发生过的疾病类似，过去该病的发病经过与结果如何，过去的免疫监测结果如何，邻近场的常在疫情及地区性常发病，过去预防接种的内容及实施时间、方法、效果等。

2. 病例 1 的流行病学特点分析

通过上述流行病学调查的方法，对病例 1 中的鸡场进行流行病学调查，整理该病例的流行病学特点，通过查阅"提供材料"和学习"相关知识"，对病例的流行病学特点进行分析，见表 1-1-2。

表 1-1-2　病例 1 的流行病学表现及分析

病 例 表 现	特点概要	分析
某肉鸡养殖户饲养了 3 000 只肉鸡，32 日龄时有零星死亡，35 日龄时鸡群大批发病，病鸡出现采食量下降、呼吸困难的症状，有的排黄白色或黄绿色稀便。死亡较多，达 60%。曾用酒石酸泰乐菌素、硫酸红霉素及中药配合治疗，效果不明显。	①发病率高。 ②死亡率高。 ③传染性强。 ④呼吸道症状明显。 ⑤抗生素治疗无效。	①传染性疾病。 ②疑似为病毒性传染病。

（二）临床检查

1. 临床检查内容及提示

鸡场的一般临床检查，可分为一般状态观察、饮食状态观察和粪便性状观察三个步骤进行，具体见表 1-1-3。在此基础上，可进一步分系统检查。

表 1-1-3　鸡病临床检查内容及检查提示

检查项目	检查内容	鸡群状态	具体表现	提示疾病
一般状态观察	精神状态	健康鸡	活泼、听觉灵敏，白天视觉敏锐。站立有神，翅膀收缩有力，紧贴躯干，行走稳健，食欲良好。公鸡鸣声响亮。	
		精神沉郁	食欲减少或废绝，两眼半闭，缩颈垂翅，尾羽下垂，蹲伏，体温升高。	常见于某些急性传染病、寄生虫病、营养代谢病等。
		精神极度委顿	表现为食欲废绝，缩颈闭目，蹲卧伏地，不愿站立。	见于濒死期的鸡。
		精神尚可	蹲伏于地	见于传染病、寄生虫病、营养代谢病或外伤等引起的腿部疾病。
			旁视	见于某些传染病引起的眼炎。
		炸群	惊恐不安	多见于有鼠害、噪声等引起的惊扰。
		兴奋不安	兴奋、尖叫、两翅剧烈拍打向前奔跑。	见于肉鸡猝死综合征、一氧化碳中毒、氟乙酰胺中毒等。
	营养程度	健康	健康鸡群整体生长发育程度基本均一一致，肌肉丰满，皮下脂肪充盈，被毛光泽，躯体丰满而骨骼棱角不突出。	
		整群鸡营养不良	整群鸡营养不良，生长发育缓慢。	见于饲料营养配合不全或因饲养管理不善引起的营养缺乏症。
		部分鸡营养不良	整群鸡大小不等，部分鸡营养不良、消瘦。	表明鸡群有慢性消耗性疾病存在，如马立克氏病、寄生虫病等。
	运动、行为、姿势	健康	健康鸡活动自如，姿势自然，优美。	
		劈叉姿势	两腿麻痹，不能站立，一肢前伸，一肢后伸。	见于鸡马立克氏病。
		趾蜷曲姿势	两肢麻痹或趾爪蜷缩，瘫痪，不能站立。	常见于鸡维生素 B_2 缺乏症。
		企鹅式站立或行走姿势	由于鸡的重心后移，无法掌握平衡所致。	见于严重的肉鸡腹水综合征、蛋鸡输卵管积水（囊肿）、卵黄性腹膜炎等。
		鸭式步态	行走时像鸭子走路一样，摇晃，步态不稳。	见于鸡前殖吸虫病、球虫病、严重的绦虫病和蛔虫病。

检查项目	检查内容	鸡群状态		具体表现	提示疾病
一般状态观察	运动、行为、姿势	行走异常		跗关节着地	见于鸡维生素 E 缺乏症、维生素 D 缺乏症，禽脑脊髓炎、鸡弯曲杆菌性肝炎等。
				蹲伏行走	见于雏鸡佝偻病、成年鸡骨软病、笼养鸡产蛋疲劳综合征、细菌性或病毒性关节炎、肌营养不良、骨折或一些先天性遗传因素所致的小腿畸形等。
				步态蹒跚，运动失调	见于鸡佝偻病、维生素 D 缺乏症、锰缺乏症、胆碱缺乏症、叶酸缺乏症、生物素缺乏症。
		头部震颤		头部震颤，抽搐。	见于禽脑脊髓炎。
		神经症状		"观星"姿势、扭头曲颈或站立不稳，翻转滚动。	见于神经型新城疫、鸡维生素 B1 缺乏症、维生素 E 缺乏症等。
				甩头(摇头)、伸颈。	见于鸡呼吸困难。
	呼吸动作	健康鸡		呼吸频率为 20～35 次/min	
		呼吸困难		张口呼吸、气喘、有气管啰音或呼噜声。	见于新城疫、鸡传染性支气管炎、鸡传染性喉气管炎、鸡败血支原体病、鸡传染性鼻炎；禽流感、慢性禽霍乱、鸡曲霉菌病、鸡舍内氨气过浓等。
饮食状态观察	食欲	食欲减少甚至废绝		采食量少，持续时间短，饲料消耗量少。	是许多疾病的共同表现，首先考虑饲料品质不良(发霉、腐败)、饲料或饲喂制度的突然改变等。其次考虑疾病状态。疾病状态常见于消化器官疾病(如口腔、咽、食管、胃肠)本身的疾病、发热性疾病、矿物质缺乏、营养衰竭、代谢紊乱以及肝脏疾病。
		饮欲改变		饮欲增强	除气温和季节变化、饲料含水量等环境条件所引起的原因外，可见于发热性疾病、热应激、球虫病早期腹泻、渗出性病理变化及鸡的食盐中毒等。
				饮欲明显减少	温度低、药物有异味等。
		异嗜		鸡喜食正常饲料成分以外的物质，如啄羽、啄肛、啄趾、啄蛋。	往往与饲料中某些营养物质(尤其是蛋白质和矿物质)缺乏、光照强度等有关。

续表

检查项目	检查内容	鸡群状态	具体表现	提示疾病
粪便性状观察	正常		刚出壳尚未采食的雏鸡，排出的胎粪为白色或深绿色稀薄液体。成年鸡粪便呈圆柱形、条状，多为棕绿色，粪便表面附有少量白色尿酸；早晨单独排出的盲肠粪便为棕色糊状，混有少量尿酸盐。	
	白色粪便		见于鸡白痢、肾型传染性支气管炎、传染性法氏囊病、鸡内脏型痛风。	
	红色粪便		见于球虫病、坏死性肠炎、传染性贫血。	
	黄色粪便		往往出现在球虫病之后，也可见于球虫病同时继发厌氧菌或大肠杆菌感染而引起的肠炎。	
	肉红色粪便		粪便成堆如烂肉样，见于鸡绦虫病、蛔虫病、鸡球虫病和出血性肠炎的恢复期。	
	绿色粪便		主要见于鸡新城疫、禽流感。	
	黄绿色粪便		主要见于败血型大肠杆菌病。	
	黑色粪便		见于鸡小肠球虫病、鸡肌胃糜烂症、上消化道的出血性肠炎。	
	水样粪便		见于鸡食盐中毒或肾型传染性支气管炎、温度过高引起的鸡大量饮水。	
	硫黄样便		见于鸡组织滴虫病。	
	饲料便		见于饲料中小麦的含量过高或饲料中的酶制剂部分或全部失效；偶见于鸡消化不良。	

2. 病例 1 的临床症状特点及分析

通过临床检查，查明病例 1 的临床症状，并在查阅"提供材料"和学习"相关知识"的基础上，并对其症状进行整理分析，见表 1-1-4。

表 1-1-4　病例 1 的临床表现及分析

病例表现	特点概要	分析
病鸡精神委靡，不爱吃食；羽毛松乱，翅下垂，缩颈，打盹；测量体温为 44℃。鸡冠和肉髯发紫，口流黏液，时不时做甩头状；嗉囊积液，倒提时有酸臭液体流出；呼吸困难，张口发出"咯咯"声；有的咳嗽、打喷嚏，气管有啰音；有的排黄绿色或黄白色稀粪。有的病鸡站立不稳、头颈扭向一侧，或观星姿势。	①沉郁、厌食。 ②高热。 ③鸡冠和肉髯发紫。 ④嗉囊积液，酸臭味。 ⑤呼吸道症状明显。 ⑥排黄绿色或黄白色稀便。 ⑦有的有神经症状。	与新城疫、禽流感的临床症状相似。

（三）病理剖检

1. 鸡剖检的操作步骤及方法

按照鸡剖检术式的技术要求对病鸡进行剖检，并对胸腹腔脏器逐一检查。

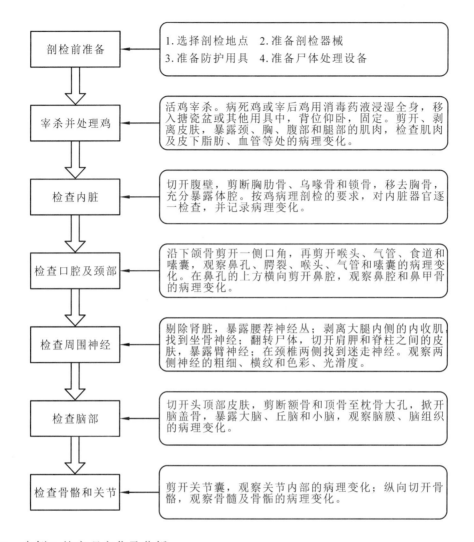

剖检前准备	1.选择剖检地点 2.准备剖检器械 3.准备防护用具 4.准备尸体处理设备
宰杀并处理鸡	活鸡宰杀。病死鸡或宰后鸡用消毒药液浸湿全身，移入搪瓷盆或其他用具中，背位仰卧，固定。剪开、剥离皮肤，暴露颈、胸、腹部和腿部的肌肉，检查肌肉及皮下脂肪、血管等处的病理变化。
检查内脏	切开腹壁，剪断胸肋骨、乌喙骨和锁骨，移去胸骨，充分暴露体腔。按鸡病理剖检的要求，对内脏器官逐一检查，并记录病理变化。
检查口腔及颈部	沿下颌骨剪开一侧口角，再剪开喉头、气管、食道和嗉囊，观察鼻孔、腭裂、喉头、气管和嗉囊的病理变化。在鼻孔的上方横向剪开鼻腔，观察鼻腔和鼻甲骨的病理变化。
检查周围神经	剔除肾脏，暴露腰荐神经丛；剥离大腿内侧的内收肌，找到坐骨神经；翻转尸体，切开肩胛和脊柱之间的皮肤，暴露臂神经；在颈椎两侧找到迷走神经。观察两侧神经的粗细、横纹和色彩、光滑度。
检查脑部	切开头顶部皮肤，剪断额骨和顶骨至枕骨大孔，掀开脑盖骨，暴露大脑、丘脑和小脑，观察脑膜、脑组织的病理变化。
检查骨骼和关节	剪开关节囊，观察关节内部的病理变化；纵向切开骨骼，观察骨髓及骨骺的病理变化。

2. 病例 1 的病理变化及分析

通过病理剖检，查明病例 1 的剖检变化，在查阅"提供材料"和学习"相关知识"的基础上，找出该病例的特征性病理变化，进行整理分析，见表 1-1-5。

表 1-1-5 病例 1 的病理变化及分析

病例表现	特点概要	分析
口腔有大量灰白色黏液，嗉囊积液，有酸臭味。喉头和气管充血、出血。腺胃内有绿色充盈物，用清水把内物冲去，腺胃黏膜水肿，腺胃乳头出血，腺胃肌胃交界处有陈旧性出血，发黑，肌胃内膜易剥离，有出血斑；小肠黏膜有出血，略高于黏膜表面，呈枣核状。盲肠扁桃体肿大、出血。直肠黏膜条纹状出血。气管环状出血；有的病鸡气管充血，出血，有黏液，个别气管内有栓塞；肺脏淤血发黑，血凝不良。	①腺胃乳头出血、腺胃与肌胃交界处出血。 ②小肠黏膜枣核状出血；直肠黏膜条纹状出血。 ③喉头、气管环状出血。 ④盲肠扁桃体出血。	与新城疫的病理变化相似。

（四）现场诊断结果

通过流行病学调查、临床检查和病理剖检，病例1表现出了新城疫的流行病学特征，出现了典型新城疫的临床症状和病理变化，初步诊断为新城疫。

二、病原检查及确诊

在现场临床诊断疑似新城疫的基础上，利用微生物学知识，针对新城疫病毒的特点，采用病毒分离、鉴定的方法进行实验室诊断。

（一）材料准备

恒温培养箱、照蛋器、针锥、组织匀浆器、1 mL注射器、鸡胚等。

（二）操作过程

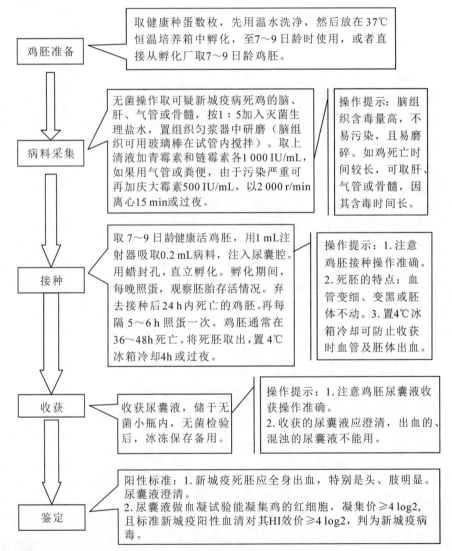

鸡胚准备 —— 取健康种蛋数枚，先用温水洗净，然后放在37℃恒温培养箱中孵化，至7～9日龄时使用，或者直接从孵化厂取7～9日龄鸡胚。

病料采集 —— 无菌操作取可疑新城疫病死鸡的脑、肝、气管或骨髓，按1∶5加入灭菌生理盐水，置组织匀浆器中研磨（脑组织可用玻璃棒在试管内搅拌）。取上清液加青霉素和链霉素各1 000 IU/mL，如果用气管或粪便，由于污染严重可再加庆大霉素500 IU/mL，以2 000 r/min离心15 min或过夜。

操作提示：脑组织含毒量高，不易污染，且易磨碎。如鸡死亡时间较长，可取肝、气管或骨髓，因其含毒时间长。

接种 —— 取7～9日龄健康活鸡胚，用1 mL注射器吸取0.2 mL病料，注入尿囊腔。用蜡封孔，直立孵化。孵化期间，每晚照蛋，观察胚胎存活情况。弃去接种后24 h内死亡的鸡胚。再每隔5～6 h照蛋一次。鸡胚通常在36～48 h死亡。将死胚取出，置4℃冰箱冷却4 h或过夜。

操作提示：1.注意鸡胚接种操作准确。2.死胚的特点：血管变细、变黑或胚体不动。3.置4℃冰箱冷却可防止收获时血管及胚体出血。

收获 —— 收获尿囊液，储于无菌小瓶内，无菌检验后，冰冻保存备用。

操作提示：1.注意鸡胚尿囊液收获操作准确。2.收获的尿囊液应澄清，出血的、混浊的尿囊液不能用。

鉴定 —— 阳性标准：1.新城疫死胚应全身出血，特别是头、肢明显。尿囊液澄清。2.尿囊液做血凝试验能凝集鸡的红细胞，凝集价≥4 log2，且标准新城疫阳性血清对其HI效价≥4 log2，判为新城疫病毒。

（三）实验室诊断结果

对本病例病鸡进行实验室诊断，根据新城疫诊断技术（GB/T 16550—2008），通过血凝和血凝抑制试验，判定该病例为新城疫阳性。

三、确定诊断，开具诊断报告

在现场诊断提出怀疑为新城疫的基础上，根据实验室诊断结论，确诊病例 1 为新城疫。

任务 2　新城疫的防治

一、现场处理

1. 处理病死鸡

对病死鸡尸体、内脏及排泄物等进行焚烧或深埋。

2. 根据不同日龄采取相应措施

雏鸡可采用 2～3 倍量Ⅳ系或克隆 30 疫苗紧急接种；开产的种鸡可接种流行株灭活苗或使用 2～3 倍量的克隆Ⅰ系疫苗紧急接种，接种顺序为假定健康鸡群→可疑鸡群→病鸡群。

3. 紧急消毒

对鸡舍、用具等使用 5％～10％漂白粉、2％火碱溶液进行消毒。

二、预防

我国主要采取免疫接种进行预防。

（一）选择疫苗

新城疫疫苗有活疫苗和灭活苗两类。

活疫苗：有Ⅰ系、Ⅱ系、Ⅳ系（LaSota 株）及克隆 30 等。

Ⅰ系疫苗致病力较强，对雏鸡可能致死，适合 2 月龄以上的鸡，但其免疫原性好，产生抗体速度快，3～4 d 即可产生免疫力，维持时间较其他活疫苗长，可达 1 年以上。常使用肌肉注射或刺种，适于有基础免疫的鸡群和成年鸡接种，常用于加强免疫。

Ⅱ系疫苗毒力相对弱、安全性好，主要用于雏鸡免疫，但抗体维持时间较短，而且母源抗体可影响免疫效果。

Ⅳ系疫苗是使用最广泛的新城疫疫苗，毒力比Ⅱ系高，免疫原性好，维持时间较长。多采用滴鼻、点眼、饮水及气雾等方法免疫。

克隆 30 疫苗是Ⅳ系（LaSota 株）经克隆化制成的，毒力比 LaSota 株低，接种后对鸡群副反应小，免疫原性高，最适用于 1 日龄以上雏鸡的基础免疫。

灭活苗：是采用Ⅳ系（LaSota 株）灭活后加入油佐剂制成的，经肌肉或皮下注射接种，成本较高，必须逐只注射。优点是安全可靠，容易保存，尤其是产生的保护性抗体水平很高，维持较长时间。

若灭活苗和活疫苗同时分别接种，活疫苗能促进对灭活苗的免疫反应。

（二）免疫接种

1. 准备设备材料

新城疫Ⅰ系苗、Ⅳ系苗、油乳剂苗、灭菌蒸馏水、灭菌生理盐水、脱脂奶粉、灭菌注射器、连续注射器、针头、滴瓶或滴管（每滴约为 0.03 mL）、塑料饮水盆、气雾枪（雾粒直径 8～10 μm）。

2. 接种操作

方法 1　滴鼻、点眼

免疫接种

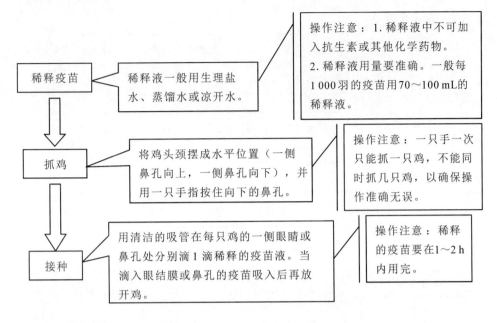

方法 2　皮下注射、肌肉注射

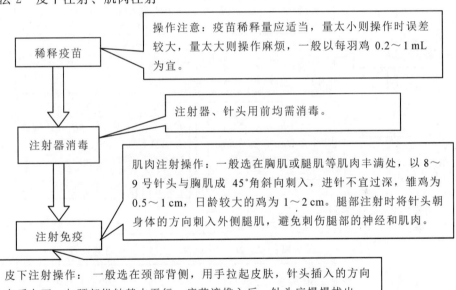

方法3 饮水免疫

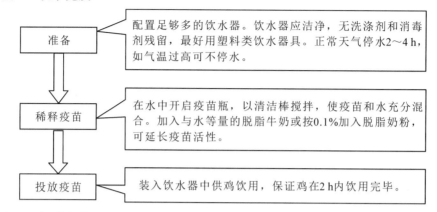

准备	→	配置足够多的饮水器。饮水器应洁净，无洗涤剂和消毒剂残留，最好用塑料类饮水器具。正常天气停水2～4 h，如气温过高可不停水。
稀释疫苗	→	在水中开启疫苗瓶，以清洁棒搅拌，使疫苗和水充分混合。加入与水等量的脱脂牛奶或按0.1%加入脱脂奶粉，可延长疫苗活性。
投放疫苗	→	装入饮水器中供鸡饮用，保证鸡在2 h内饮用完毕。

方法4 气雾免疫

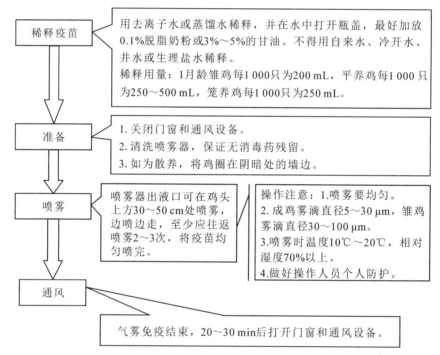

稀释疫苗	→	用去离子水或蒸馏水稀释，并在水中打开瓶盖，最好加放0.1%脱脂奶粉或3%～5%的甘油。不得用自来水、冷开水、井水或生理盐水稀释。 稀释用量：1月龄雏鸡每1 000只为200 mL，平养鸡每1 000只为250～500 mL，笼养鸡每1 000只为250 mL。
准备	→	1.关闭门窗和通风设备。 2.清洗喷雾器，保证无消毒药残留。 3.如为散养，将鸡圈在阴暗处的墙边。
喷雾	→	喷雾器出液口可在鸡头上方30～50 cm处喷雾，边喷边走，至少应往返喷雾2～3次，将疫苗均匀喷完。 / 操作注意：1.喷雾要均匀。 2.成鸡雾滴直径5～30 μm，雏鸡雾滴直径30～100 μm。 3.喷雾时温度10℃～20℃，相对湿度70%以上。 4.做好操作人员个人防护。
通风	→	气雾免疫结束，20～30 min后打开门窗和通风设备。

（三）免疫监测——微量血凝抑制试验（HI）

新城疫病毒的囊膜上有血凝素，可与鸡、鸭、鹅等禽类及人、豚鼠、小鼠等哺乳动物的红细胞表现受体结合，形成肉眼可见的红细胞凝集现象（HA），而这种血凝特性是非特异的，能被血清中特异性抗体所抑制（HI），因此可用 HA 试验测定疫苗或病毒分离物中病毒的含量，用 HI 试验来鉴定病毒、诊断疾病和免疫监测。有此类特性的病毒同样可以应用 HI 试验进行鉴定和免疫监测。

新城疫的抗体
监测

1．设备材料准备

（1）器材

96孔 V 型微量血凝板、微量振荡器、25 μL 微量移液器、滴头、塑料采血管（内径

2 mm 的聚乙稀塑料管，剪成 10～12 cm 长）、天平、离心机、离心管等。

（2）稀释液

生理盐水或 pH 7.0～7.2 的磷酸盐缓冲液（PBS）。

（3）诊断液

新城疫血凝抑制试验抗原。

2. 操作步骤

（1）待检鸡采样

采样时，应注意具有足够的数量和一定代表性，一般万只以上鸡群按 0.5％ 采样，小型鸡群按 1％ 采样。采样时应从鸡群的多个位置抓鸡，采集病弱鸡只应单独标明，便于结果分析。

（2）制备被检血清

被检鸡翅静脉采血，采出的血液置于塑料采血管内，并将采血管与被检鸡对应编号。凝固后自然析出血清。收集到离心管中，保存在 4℃ 冰箱备用。

（3）制备 1％ 鸡红细胞悬液

从健康鸡翅静脉采血，如需用量大时可自心脏采血，加入有抗凝剂（3.8％ 枸橼酸钠液）的试管内，放入离心管中，加入 3～4 倍量的 PBS 或生理盐水，以 2 000 r/min 离心 4 min，弃去血浆和白细胞层；再加 PBS 或生理盐水，混匀、离心，重复 2 次，最后一次离心 5 min，弃上清后得红细胞泥，将红细胞泥用 PBS 或生理盐水配成体积比为 1∶99 的 1％ 的鸡红细胞悬液即可。

（4）HA 试验

Ⅰ 在微量反应板的 1～12 孔中加稀释液 25 μL。

Ⅱ 在第 1 孔中加新城疫血凝抑制试验抗原 25 μL，混匀后依次进行倍比稀释到第 11 孔后，吸出 25 μL 弃去。设第 12 孔为红细胞对照（阴性对照），不加抗原。

Ⅲ 每孔中加入 1％ 鸡红细胞悬液 25 μL。

Ⅳ 置于微型振荡器上振荡 1 min，或手持血凝板均匀摇动 1 min。

Ⅴ 置室温（18℃～20℃）下 30～40 min，或 37℃ 静置 15 min（见表 1-1-6）。

表 1-1-6　微量法 HA 试验操作术式

孔号	1	2	3	4	5	6	7	8	9	10	11	12
稀释倍数	1∶2	1∶4	1∶8	1∶16	1∶32	1∶64	1∶128	1∶256	1∶512	1∶1024	1∶2048	阴性对照
稀释液（μL）	25	25	25	25	25	25	25	25	25	25	25	25
新城疫血凝抗原（μL）	25	25	25	25	25	25	25	25	25	25	25	— 25弃
1％红细胞（μL）	25	25	25	25	25	25	25	25	25	25	25	25

振荡 1 min，室温静置 40 min，或 37℃ 静置 15 min。

Ⅵ 结果判定　在对照孔结果正确的情况下进行判定。

反应强度判定标准

　　＋：红细胞完全凝集，呈网状铺于反应孔底端，边缘不整或呈锯齿状。

　　—：红细胞不凝集，全部沉淀至反应孔最底端，呈圆点状，边缘整齐。

　　±：红细胞不完全凝集，下沉情况界于"＋"与"—"之间。

　　结果判断时，可将血凝板倾斜 45°，观察沉于孔底的红细胞流动现象判定是否凝集，凡沉于管底的红细胞沿着倾斜面向下呈线状流动即呈泪滴状流淌，与红细胞对照孔一致者，判为红细胞完全不凝集。

　　能使红细胞完全凝集的病毒液的最大稀释倍数为该病毒的血凝滴度，或称血凝价。

　　（5）计算 4 单位抗原的浓度

　　进行红细胞血凝抑制试验时，需用 4 单位病毒，将病毒原液稀释成 1/4 血凝价的稀释倍数即为 4 单位病毒液。

　　计算公式：抗原的稀释倍数 ＝ 血凝价/4

　　（6）血凝抑制试验（HI）

　　Ⅰ 选择 96 孔微量血凝板一横排 12 孔，在 1～11 孔中滴加稀释液 25 μL，第 12 孔中加稀释液 50 μL。

　　Ⅱ 在第 1 孔中加入已制备的被检血清 25 μL，反复抽吸 3～5 次，完全混匀后吸取 25 μL 至第 2 孔，依次进行倍比稀释到第 10 孔，混匀后吸取 25 μL 弃去。

　　Ⅲ 取 4 单位抗原依次加入 1～11 孔中，每孔 25 μL。

　　Ⅳ 置微量振荡器上振荡 1 min，置室温（18℃～20℃）下作用 30～40 min，或在 37℃作用 15 min。

　　Ⅴ 在 1～12 孔各加 1% 鸡红细胞悬液 25 μL，置微量振荡器上振荡 30 s，室温下静置 30～40 min 或 37℃作用 15 min 取出（见表 1-1-7）。观察并判定结果。

表 1-1-7　微量法 HI 试验操作术式

孔号	1	2	3	4	5	6	7	8	9	10	11	12
稀释倍数	1：2	1：4	1：8	1：16	1：32	1：64	1：128	1：256	1：512	1：1024	抗原对照	细胞对照
稀释液(μL)	25	25	25	25	25	25	25	25	25	25	25	50
待检血清(μL)	25	25	25	25	25	25	25	25	25	25	25弃	—
4 单位抗原(μL)	25	25	25	25	25	25	25	25	25	25	25	—
	振荡器上振荡 1 min，室温下作用 30～40 min，或置于 37℃作用 15 min。											
1% 红细胞(μL)	25	25	25	25	25	25	25	25	25	25	25	25
	振荡器上振荡 30s，室温下作用 30～40 min，或置于 37℃作用 15 min。											

　　Ⅵ 结果判定。在对照试验成立的前提下，以完全抑制红细胞凝集的血清最高稀释度，为该血清的 HI 效价或滴度，用被检血清的稀释度或对数（log2）表示。鸡群的 HI 滴度以抽检样品的 HI 滴度的几何平均数表示。

　　Ⅶ 结果分析。利用病毒的血凝抑制试验，用已知的病毒检查待检血清中是否含有相应的抗体及其血凝抑制滴度，从而用于免疫接种效果的检查及某些传染病的免疫监测。对于鸡新城疫病毒，为使鸡群体内保持高效价的抗体，科学的方法是用血凝抑制试验定期监测 HI 抗体效价。每隔一定时间，随机抽样检查，根据 HI 抗体滴度进行分析判定，据此对 HI 抗体水平低的鸡群或存在低水平的个体尽早加强免疫，从而有效控制新城疫的发生。新城疫免疫监测结果分析，见表 1-1-8。

表 1-1-8　新城疫免疫监测结果分析

编号	HI 抗体滴度	抗体监测意义
1	≥11(log2)	可能有新城疫强毒感染，须结合流行病学判定。
2	5～10(log2)	对新城疫强毒感染有不同程度的免疫力，其中：高效价的，对新城疫免疫强毒有坚强的免疫力，且持续时间较长；低效价的，对新城疫病毒感染有免疫力，但持续时间较短，近期内应考虑加强免疫。
3	≤4(log2)	对新城疫强毒感染抵抗力不足，需进行免疫。
4	抗体水平高低不齐，相差 5 个滴度	非典型新城疫
5	免疫后 10～14 d 检测，抗体增加 2 个滴度	免疫成功

（四）参考免疫程序

1. 确定首免日龄

有条件的鸡场最好在鸡 1 日龄时进行 HI 效价监测，计算血清中母源抗体的水平下降到 3 log2 的时间来确定。

计算公式：首免日龄＝ 4.5(半衰期)×(1 日龄 HI 对数值－4)＋5

2. 参考免疫程序 （见表 1-1-9）

表 1-1-9　新城疫参考免疫程序

品种	饲养规模	年龄	使用疫苗	接种方式
种鸡和蛋鸡	规模化养鸡场，可进行免疫监测的	抗体监测确定首免日龄	Ⅳ系或克隆 30 半羽份油乳剂苗	滴鼻、点眼、皮下注射
		50 日龄	Ⅳ系或克隆 30	气雾免疫
		17 周龄	油乳剂苗	皮下注射
		抗体监测	根据监测情况确定是否加强补免。如抗体水平参差不齐，立即用Ⅳ系气雾免疫。	
	个体养殖户或小鸡场，没有免疫监测条件的	7～10 日龄	Ⅱ系、Ⅳ系或克隆 30	滴鼻、点眼
		25～30 日龄	Ⅳ系	滴鼻、点眼
		60 日龄	Ⅰ系	皮下注射
		17 周龄	油乳剂苗	皮下注射
商品肉鸡		7～10 日龄	Ⅱ系、Ⅳ系或克隆 30	滴鼻、点眼
		25 日龄	Ⅳ系	2 倍量饮水

项目2   禽病毒性传染病病例的诊断与防治(2)

 病例2

　　某养鸡场饲养海兰褐雏鸡4 000只，30日龄时，突然大部分鸡只出现精神不振，采食量减少，腹泻，排白色水样稀便的症状。发病3 d有的鸡死亡，第5、6、7 d病死鸡数量骤增，之后鸡死亡明显减少，到第9 d，共死亡1 000余只鸡。对整个鸡群采取青霉素饮水治疗，每只每次2万IU，每日2次，连用3 d，病情不见好转。养殖户找兽医前去诊治。

　　兽医发现多数病鸡低头发呆，缩颈闭眼，羽毛蓬乱，聚堆，体温43℃左右，食欲减退，饮水量大增，腹泻，排白色水样粪便，内含细石灰渣样物质，有的病鸡污染肛门，个别鸡啄自己的泄殖腔。病情严重的伏地不起，死前严重脱水，脚爪干燥，眼窝凹陷，反应迟钝。

　　解剖病死鸡8只，发现尸体肌肉色泽发暗，胸肌和腿肌常见条纹状或斑块状出血。腺胃和肌胃交界处常见出血条纹。盲肠扁桃体出血、肿胀，肾脏明显肿大，呈花斑肾。其中3只病鸡法氏囊明显肿大，外形变圆，呈土黄色，表面包裹有胶冻样透明渗出物。法氏囊黏膜皱褶上有出血点或出血斑。4只病鸡法氏囊严重出血，呈紫葡萄状。1只病鸡法氏囊萎缩、变小，囊壁变薄。

任务1   诊断病例2

一、现场诊断

(一)流行病学调查

　　根据流行病学调查的基本方法，对病例2中的鸡场进行流行病学调查，整理该病例的流行病学特点，通过查阅"提供材料"和学习"相关知识"，对病例的流行病学特点进行分析，见表1-1-10。

表1-1-10　病例2的流行病学调查情况及分析

病例表现	特点概要	分　析
某养鸡场饲养海兰褐雏鸡4 000只，30日龄时，突然大部分鸡只出现精神不振，采食量减少，腹泻，排白色水样稀便的症状。发病第3 d有的鸡死亡，第5、6、7 d病死鸡数量骤增，之后死亡鸡明显减少，到第9 d，共死亡1 000余只鸡。对整个鸡群采取青霉素饮水治疗，每只每次2万IU，每日2次，连用3 d，病情不见好转。	①30日龄左右发病。 ②发病急。 ③传播迅速。 ④死亡率达25%以上。 ⑤发病第5~7 d达到死亡高峰期。 ⑥抗生素治疗无效。	①传染病。 ②病毒性传染病的可能性大。 ③与传染性法氏囊病的流行病学特点类似。

（二）临床检查

采用项目 1 中临床检查的方法，通过临床检查，查明病例 2 的临床症状，在查阅"提供材料"和学习"相关知识"的基础上，对症状进行整理分析，见表 1-1-11。

表 1-1-11　病例 2 的临床症状及分析

病例表现	特点概要	分　析
多数病鸡低头发呆，缩颈闭眼，羽毛蓬乱，聚堆，体温 43℃ 左右，食欲减退，饮水量大增，腹泻，排白色水样粪便，内含细石灰渣样物质，有的病鸡污染肛门，个别鸡啄自己的泄殖腔。病情严重的伏地不起，死前严重脱水，脚爪干燥，眼窝凹陷，反应迟钝。	①体温 43℃ 以上、厌食、饮水增加。②腹泻，排白色水样粪便，内含细石灰渣样物质。③自啄泄殖腔。④死前脱水、衰竭。	与传染性法氏囊病的症状特点相似。

（三）病理剖检

按照项目 1 中的剖检步骤和方式，对病例所在鸡群的病鸡或死鸡进行剖检，在查阅"提供材料"和学习"相关知识"的基础上，对剖检情况进行分析。分析情况见表 1-1-12。

表 1-1-12　病例 2 的病理变化及分析

病例表现	特点概要	分　析
解剖病死鸡 8 只，发现尸体肌肉色泽发暗，胸肌和腿肌常见条纹状或斑块状出血。腺胃和肌胃交界处常见出血条纹。盲肠扁桃体出血、肿胀，肾脏明显肿大，呈花斑肾。3 只病鸡法氏囊明显肿大，外形变圆，呈土黄色，表面包裹有胶冻样透明渗出物。法氏囊黏膜皱褶上有出血点或出血斑。4 只病鸡法氏囊严重出血，呈紫葡萄状。1 只病鸡法氏囊萎缩、变小，囊壁变薄。	①胸肌、腿肌出血。②腺胃和肌胃的交界处见有条纹状出血。③盲肠扁桃体出血、肿胀。④肾脏呈现花斑肾，有多量尿酸盐沉积。⑤法氏囊明显肿大；病情严重的法氏囊明显出血，后期法氏囊萎缩。	与传染性法氏囊病的病理变化相似。

（四）初步诊断结果

综合临床症状及剖检变化，结合流行病学特点，初步诊断为传染性法氏囊病，确诊需进行实验室诊断。

二、病原检查及确诊

根据传染性法氏囊病病毒的特点，选用琼脂扩散试验。

（一）材料准备

直径 60 mm 的平皿、打孔器、微量移液器、滴头、烧杯、酒精灯、带盖瓷盘、注射器、生理盐水、蒸馏水、精制琼脂粉、氯化钠等。

琼脂扩散实验

标准抗原：由生物制品厂供应。

标准阳性血清：由生物制品厂供应。

待检病料：取病变严重的法氏囊，无菌操作……

（二）操作过程

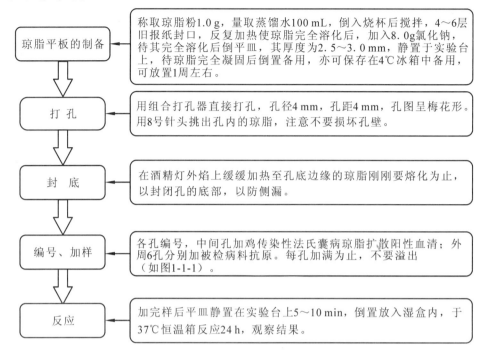

琼脂平板的制备	称取琼脂粉1.0 g，量取蒸馏水100 mL，倒入烧杯后搅拌，4～6层旧报纸封口，反复加热使琼脂完全溶化后，加入8.0 g氯化钠，待其完全溶化后倒平皿，其厚度为2.5～3.0 mm，静置于实验台上，待琼脂完全凝固后倒置备用，亦可保存在4℃冰箱中备用，可放置1周左右。
打孔	用组合打孔器直接打孔，孔径4 mm，孔距4 mm，孔图呈梅花形。用8号针头挑出孔内的琼脂，注意不要损坏孔壁。
封底	在酒精灯外焰上缓缓加热至孔底边缘的琼脂刚刚要熔化为止，以封闭孔的底部，以防侧漏。
编号、加样	各孔编号，中间孔加鸡传染性法氏囊病琼脂扩散阳性血清；外周6孔分别加被检病料抗原。每孔加满为止，不要溢出（如图1-1-1）。
反应	加完样后平皿静置在实验台上5～10 min，倒置放入湿盒内，于37℃恒温箱反应24 h，观察结果。

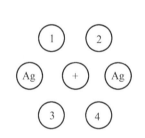

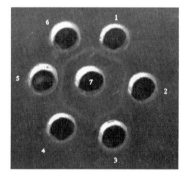

图 1-1-1　琼脂扩散试验加样　　　　图 1-1-2　琼脂扩散试验阳性结果

（三）结果判定

（1）阳性：当标准阳性血清孔与抗原孔之间出现明显致密的沉淀线时进行结果观察。标准阳性血清孔与待检病料孔之间形成沉淀线，或标准阳性血清的沉淀线末端向毗邻的待检病料孔内侧偏弯时，待检病料判为阳性。（如图1-1-2）。

（2）阴性：待检病料孔与标准阳性血清孔之间不形成沉淀线，或标准阳性血清的沉淀线向毗邻的待检病料孔直伸或向外侧偏弯时，则待检病料判为阴性。

本病例经琼脂扩散试验检测，结果呈阳性。

三、确定诊断，开具诊断报告

在现场诊断提出怀疑诊断的基础上，根据实验室诊断结果，确诊该病例为鸡传染性法氏囊病。

任务 2　传染性法氏囊病的防治

一、现场处理

（一）处理病死鸡

对病死鸡尸体、内脏及排泄物等进行焚烧或深埋。

（二）紧急消毒

发病鸡舍应严格封锁，每天上下午各进行一次带鸡消毒。对环境、人员、工具也应进行消毒。

（三）根据不同日龄采取相应措施

病早期用高免血清或卵黄抗体治疗可获得较好疗效。雏鸡 0.5～1.0 mL/羽，大鸡 1.0～2.0 mL/羽，皮下或肌肉注射，必要时次日再注射一次。及时选用敏感的抗生素，控制继发感染。改善饲养管理和消除应激因素，可在饮水中加入复方口服补液盐及 VC、VK、VB 或 1％～2％奶粉，以保持体液、电解质、营养平衡，促进康复。对鸡群实施紧急免疫接种，接种顺序为假定健康鸡群→可疑鸡群→病鸡群。

二、预防

我国主要采取免疫接种的方式进行预防。

（一）选择疫苗

目前常采用的疫苗有活疫苗和灭活苗两类。

1. 活疫苗

一类为弱毒苗，包括 PBG_{98}、LKT、LZD_{258}，这类疫苗也称为温和型疫苗，它们对法氏囊没有任何损伤，但免疫后抗体产生迟，免疫效果也较差，对鸡群保护率低，目前在实际生产中使用较少。另一类为中毒苗，包括 Cu-lm、BJ_{836}、LuKert、TAD，这类疫苗对法氏囊有轻度的可逆性损伤，免疫后抗体产生快，免疫保护力高，免疫效果也较好。在实际生产中广泛使用。但是在使用过程中必须严格按要求使用，如某些中等毒力的疫苗应用过早，不仅不起免疫作用，反而可能直接损伤法氏囊，引起免疫抑制。

2. 灭活苗

灭活苗包括组织灭活苗和油佐剂灭活苗。使用灭活苗对已接种过活疫苗的鸡免疫效果好，并可维持母源抗体长达 4～5 周。

（二）疫苗接种

疫苗接种途径有注射、滴鼻、点眼、饮水等多种免疫方法，可根据疫苗的种类、性质、鸡龄、饲养管理等情况进行选择。具体免疫接种的操作可参考项目 1 中"新城疫免疫"相关内容。

（三）免疫监测

1. 免疫监测方法

琼脂扩散试验，详见本项目实验室诊断部分。加样时，需把抗原孔与阳性血清孔位置对换，如图 1-1-1'。

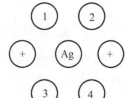

2. 免疫监测结果应用

（1）确定最佳免疫日龄：按总雏鸡数的 0.5％的比例采血分离血清，用标准抗原和阳性血清进行待检血清的抗体测定。若 **图 1-1-1'　琼脂扩散试验加样**

10 份血清中有 8 份检出抗体，阳性率即为 80％。

按照如下测定的结果制定活疫苗的最佳首免日龄：鸡群在 1 日龄测定时阳性率不到 80％的，在 10～17 日龄首免。若阳性率达到 80％以上 7～10 日龄再监测 1 次，此时阳性率低于 50％时，在 14～21 日龄首免，如果阳性率在 50％以上，在 17～24 日龄免疫。

（2）检查免疫效果：免疫后 10 d 进行血清抗体监测，血清抗体阳性率达 80％以上，证明免疫成功。

（四）参考免疫程序

1. 种鸡的免疫程序

在 18～20 周龄和 40～42 周龄接种 2 次油乳剂灭活苗，其后代可获得较整齐和较高水平的母源抗体，雏鸡孵化后，在 2～3 周龄得到较好的保护，能防止早期感染和免疫抑制。

2. 雏鸡的免疫程序

（1）有免疫监测条件的鸡场：当鸡群的抗体阳性率低于 50％时为最佳的首免日龄，首免后经 10～14 d 进行二免。

（2）无免疫监测条件的鸡场：有母源抗体的雏鸡，多在 2 周龄左右用中等毒力苗首免，10～14 d 后二免；无母源抗体的雏鸡，与 10～14 d 龄用弱毒苗首免，1～2 周后用中等毒力苗二免。

三、治疗

1. 饮水中加入肾肿解毒药（如肾肿消或口服补液盐）和 0.1％的维生素 C，保证充足饮水供应，连用 3～4 d。

2. 饲料或饮水中添加抗生素，如环丙沙星、氧氟沙星等，以防止继发大肠杆菌、沙门氏菌等细菌感染。

3. 饲料中加入抗病毒的中药，如囊必康、速效管囊散等，或使用法氏囊 143 治疗剂（F_{143}治疗剂），每羽肌肉注射 1 mL。

4. 对病鸡群用高免法氏囊病卵黄抗体或血清肌肉注射，20 日龄以下每羽 0.5 mL，21～40 日龄每羽 1.0 mL，41 日龄以上每羽 1.5 mL。

使用高免卵黄抗体的注意事项：

（1）不到万不得已不注射高免卵黄。尤其是非 SPF 种蛋制作的卵黄抗体，其中可能带有其他病原体，如大肠杆菌、新城疫病毒等，法氏囊病控制后可能由这些病原引起其他传染病。

（2）注射时不能加入庆大霉素、卡那霉素等药物，因为这些药物对肾脏损害较严重，不利于康复。

（3）要把握适当的注射时机。发病后第二天使用卵黄抗体为宜，或采食下降 5％时，此时大群鸡已感染。

●●●●● **必备知识**

一、传染病的基本特征

禽病可分为传染病、寄生虫病、中毒病、营养代谢病和管理性疾病等几类。

凡是由病原微生物引起，具有一定的潜伏期和临诊表现，并具有传染性的疾病，称为传染病。

尽管传染病的表现多种多样，但也具有一些共同特征。根据这些特征可与其他非传染性疾病相区别。

（一）由病原微生物所引起

每一种传染病都是由特异的病原微生物引起的。如新城疫是由新城疫病毒引起的，没有新城疫病毒就不会发生新城疫。

（二）具有传染性和流行性

从患传染病的病禽体内排出的病原微生物，侵入另一有易感性的健康家禽体内，并表现出相同症状的特性叫传染性。这种使疾病从病禽传染给健康家禽的现象，是传染病与非传染病相区别的一个本质特征。在适宜的环境条件下，在一定的时间内，某一地区可能有许多家禽被感染，致使传染病在家禽中蔓延扩散，形成流行。

（三）具有一定的潜伏期和特征性的临床表现

大多数传染病都具有该种疾病特征性的综合症状、一定的潜伏期和病程经过。

（四）被感染者可以产生特异性反应

在传染病发展过程中，由于病原微生物的抗原刺激作用，机体产生抗体和变态反应等免疫生物学的改变。这种改变可以用血清学试验检查出来。例如，成年鸡感染鸡白痢沙门氏菌后，多无明显的症状，但感染鸡血清中可以产生特异性抗体，通过全血平板凝集试验，可以检出感染鸡。

（五）耐过后能获得特异性免疫

家禽耐过传染病后，在大多数情况下均能产生特异性免疫，使机体在一定时期内或终生不再患该种传染病。

二、家禽传染病发生和流行的新特点

随着集约化养禽生产的不断发展，家禽传染病的发生与流行也在不断地发生变化，呈现出了许多新的特点。

（一）家禽传染病种类增多、死亡率高

在我国出现并得到正式确认的禽病种类已达到 80 余种，涉及传染病、寄生虫病、营养代谢病和中毒性疾病，其中传染病最多，占禽病总数的 75％以上。我国每年因禽传染病导致家禽的死亡率高达 15％～20％，经济损失达数百亿元。

（二）家禽新传染病不断出现

我国近十年来新出现的禽病有 13 种，国外出现不久的疾病也相继在我国出现，如高致病性禽流感、鸡传染性贫血、肾型传支和多病因所致的腺胃炎、J-亚群禽白血病等。由于饲养模式、环境条件不良和管理落后，又出现一些管理性疾病，如应激综合征、肉鸡腹水综合征和呼吸道综合征等。

（三）家禽常见传染病出现复杂化

近年来，在禽病的发生和流行过程中，由于禽传染病的很多病原体发生抗原漂移、抗原变异，导致临床症状和病理变化非典型化。高致病性、非典型性、流行病学特征改变的疾病时常出现。如非典型新城疫、非典型传染性法氏囊病、呼吸道型、肾型和腺胃型鸡传染性支气管炎等。

（四）家禽免疫抑制性传染病增多

免疫抑制性疾病普遍存在，是笼罩我国养禽业的阴影。马立克氏病、传染性法氏囊病、禽白血病、传染性贫血、网状内皮组织增殖病等免疫抑制性疾病，除本身表现的症状外，还可造成禽只的免疫功能降低、疫苗预防接种失败。尤其是一些经卵垂直传播的疾病，造成的经济损失更为严重。

（五）家禽传染病混合感染增加

在实际生产中很多常见病例是由两种或两种以上的病原对同一机体协同致病所引起的并发和继发感染，有两种病毒病同时发生的，有细菌病与病毒病同时发生的，或者几种细菌病、细菌病和寄生虫病、病毒病与寄生虫病同时发生的。这些多病原的混合感染给禽病诊断和防治工作带来了很大的困难。

三、禽病毒性传染病的发病特点

病毒是一类具有特殊繁殖方式的胞内寄生的非细胞型微生物，个体微小，结构简单，在化学组成、结构、繁殖方式及对药物敏感性方面与其他病原微生物有明显区别，所以禽病毒性传染病除具备传染病的特点外，还具有一些独特的特点：

（一）传播迅速、流行广泛、危害严重

如新城疫、禽流感、鸭瘟、小鹅瘟等，都具有很高的发病率和死亡率，有时甚至死亡率达 100%，而且可以短时间内大范围流行。

（二）大多具有典型的临床症状和病理变化

病毒为细胞内寄生体，侵入机体后侵害相应的组织器官，表现出较为明显的临床症状和病理变化。一些特征性的症状和病理变化可以作为诊断疾病的依据。但近年来，随着病毒在流行过程中的变异，隐性感染、非典型感染的情况也常发生。

（三）实验室诊断难度较大

病毒性传染病的实验室诊断可用形态观察、细胞培养及血清学诊断三种方法。因病毒体积过小，不易观察形态予以确认；病毒的分离培养必须借助活的易感细胞，只有动物接种、鸡（禽）胚培养和组织细胞培养三种方法，而这三种方法，条件要求高，终判时间较长，影响因素较多；由于病毒抗体种类和数量都有限，血清学诊断要求灵敏度较高，试验要素较多，操作难度较大。这些因素给病毒性传染病的实诊室诊断带来很大困难，基层诊断不易操作，因此禽病毒性传染病的诊断应重点进行流行病学调查、临床症状观察和病理变化检查，在积累丰富临床经验的基础上鉴别诊断，得出初步诊断结论，如有条件时进行实验室诊断，可进一步确诊。

（四）目前大多没有有效的治疗药物

由于病毒以其寄生的细胞作为保护伞，从而可以抵御药物的抗病毒作用。许多抗病毒药物在作用于病毒的同时，往往也影响了宿主细胞的正常代谢，治疗结果往往是病毒同其寄生的细胞"同归于尽"，因此，病毒性传染病大多无药可治。

病毒性传染病的预防主要依靠免疫接种及加强日常的饲养管理，严格执行兽医卫生消毒制度等措施。近年来，对病毒性传染病的防控，除了疫苗的研制与应用外，抗病毒动物群体的选育、干扰素和单克隆抗体以及现代生物技术的综合应用等方法也发挥了重要作用。

四、禽常见病毒性传染病

（一）新城疫（ND）

新城疫也称亚洲鸡瘟，俗称鸡瘟，是由新城疫病毒引起的一种急性、高度接触性传染病，临床上以发热、呼吸困难、严重腹泻、黏膜和浆膜出血及神经机能紊乱为特征，是禽场中危害严重的一种传染病，死亡率高，给养禽业造成较大的经济损失，在我国原为一类疫病，经2022年动物防疫法修订后，现为二类疫病。

1. 诊断要点

(1)流行病学

易感动物 鸡、火鸡、野鸡、珠鸡、鹌鹑等对新城疫病毒均有易感性，其中以鸡最易感。水禽类对该病毒有抵抗力，但可带毒并传播该病。

各种品种、各种日龄鸡，在不同的季节均可感染，并且具有较高的发病率和死亡率，尤其是雏鸡和育成鸡，感染嗜内脏速发型新城疫，发病率和死亡率高时可达100%。即使是死亡率不高的其他类型，也造成成年鸡的产蛋率明显下降。

传染源及传播途径 病鸡和带毒鸡是主要传染来源。病原主要经呼吸道、消化道传播、皮肤创伤和交配传播，污染的饲料、饮水、用具、空气、飞扬的羽毛、来往的人员、车辆、野禽、人、鼠类和昆虫等都是传播媒介。

(2)临床症状

自然感染病例，潜伏期一般为3~5 d。根据病程长短，可分为最急性、急性和慢性三种类型。

最急性型 多见于流行初期，表现为突然发病，常无症状突然死亡，以雏鸡和中雏最多见。

急性型 病初体温升高，一般可达43℃~44℃，病鸡精神沉郁，羽毛松乱，离群呆立，翅膀下垂，眼半闭或全闭，似昏睡状态；冠和肉髯发绀；食欲减退或废绝，渴欲增加；嗉囊胀满，内充满多量酸臭液体及气体，将病鸡倒提起，酸臭液体即从口中流出(见彩图1-1)。口腔和鼻腔分泌物增多，病鸡为了排出其中的黏液，不时甩头或频频吞咽；呼吸困难，咳嗽，吸气时伸颈、张口呼吸，时常发出"咯咯"的叫声；下痢，排出黄白色或黄绿色稀粪，有时混有少量血液；产蛋母鸡表现为产蛋下降或停止，而且畸形蛋、软壳蛋增多，蛋壳颜色变浅(褐色蛋)。病程长的，有的病鸡出现神经症状，如两腿麻痹，站立不稳，共济失调或作圆圈运动，头颈向后仰翻，或向下扭转，有时置于背部，呈观星姿势，最后体温下降，不久在昏迷中死亡。病程一般2~5d，雏鸡的病程一般比成鸡短，且症状明显，死亡率高。

慢性型 多见于流行后期的成年鸡。病鸡有较轻的呼吸道症状，喘气，采食减少；有时有腹泻症状；蛋鸡产蛋率明显下降，产软壳蛋、砂壳蛋、白壳蛋；有神经症状，病鸡表现兴奋、头颈向后或向一侧扭曲。有的病鸡看似正常，当受到惊吓或应激时，突然伏地旋转，动作失调，常反复发作，最终瘫痪或半瘫痪。病程一般为10~20 d，有的可延续到30~60 d，呈零星死亡，死亡率较低。

(3)病理变化

主要表现为全身败血症，以消化道最严重。口腔和咽喉附有多量灰白色黏液，嗉囊积满带有酸臭液体及气体；喉头和气管黏膜充血、出血；腺胃黏膜水肿，腺胃乳头或乳头间有出血点，腺胃和肌胃交界处出血，肌胃角质层下有出血点。小肠黏膜有枣核样出血灶，略突出于黏膜表面(见彩图1-2)。盲肠扁桃体肿大、出血和坏死。直肠黏膜呈条状出血。肺淤血或水肿；脑膜充血或出血；产蛋母鸡的卵泡和输卵管显著充血，卵泡膜极易破裂以致卵黄流入腹腔引起卵黄性腹膜炎。

（4）鉴别诊断

① 高致病性禽流感。两种病毒对各种品种和年龄的家禽均具有高度致病性，死亡率高。但新城疫潜伏期较长，有特殊的呼吸啰音，绿色下痢，食欲减退，后期出现神经症状。在病理变化上，高致病性禽流感以全身器官出血为特征，典型新城疫则表现上呼吸道和消化道炎症，肠道枣核状出血和腺胃乳头出血。

② 低致病性禽流感。低致病性禽流感对产蛋鸡影响较大，可使产蛋下降 30％～70％，甚至停产。剖检见气管黏膜充血、出血，有黄色干酪样物阻塞，特别是与大肠杆菌混合感染时可导致气囊炎，气囊壁增厚，其上附有多量黄色干酪样物。产蛋鸡输卵管炎，常见蛋清样或干酪样分泌物栓塞；非典型新城疫成鸡主要表现为产蛋量下降，幅度为 10％～30％，严重者可降低 90％。育成鸡发病神经症状较突出。剖检喉头及气管充血、出血，有少数鸡可见腺胃乳头肠道有枣核状出血。

③ 禽霍乱。病原为多杀性巴氏杆菌，病程急，死亡快。病鸡多夜间发病，急性死亡，嗉囊饱满。肝脏有散在或弥漫性针头大小的灰白色坏死灶，广谱抗生素或磺胺类药物对禽霍乱有紧急预防和治疗作用，而抗生素对新城疫无效。

④ 传染性支气管炎。传染性支气管炎仅发生于鸡，幼雏发病严重，6 周龄以上和成年鸡发病后症状较轻，病死率低。产蛋鸡仅表现产蛋减少，产畸形蛋、软皮蛋、薄壳蛋，蛋白稀薄如水。剖检死亡鸡在支气管有干酪样栓子。

（5）病原检查及确诊

新城疫病毒属副黏病毒科腮腺炎病毒属的禽副黏病毒，根据致病性，可分为三种类型：速发型（强毒力型）、中发型（中等毒力型）和缓发型（低毒力型）。病毒能凝集鸡、鸭、鹅等禽类及人、豚鼠、小鼠等哺乳动物的红细胞。能在鸡胚中迅速繁殖，也能在多种细胞上培养。该病毒存在于病鸡中的所有器官中，其中以脑、脾、肺含毒量最高，骨髓带毒时间最长。

本病根据流行病学特点、临床症状和病理变化进行综合分析，可做出初步诊断，确诊应进行实验室诊断。具体操作见"相关信息单"中项目 1 中的实验室诊断。

2. 预防

见"相关信息单"中项目 1"新城疫的预防"。

【附】非典型新城疫

目前，鸡群免疫接种弱毒疫苗后，以高发病率、高死亡率、暴发性为特征的典型新城疫比较少见，但低发病率、低死亡率、高淘汰率、散发的非典型新城疫却较普遍出现。

1. 流行病学

多发生于免疫后的鸡群，尤其是二免前后的雏鸡或产蛋前的成鸡，其发病率和死亡率均低，传播慢，每日或隔日死亡数只或数十只，常与传染性法氏囊病、传染性支气管炎、大肠杆菌病等混合感染。

2. 临床症状

日龄小的鸡症状明显，但病情缓和。病鸡病初表现明显的呼吸道症状，呼吸困难，张口伸颈，咳嗽，有"呼噜"声，口鼻中有黏液，有甩头和吞咽动作。有零星死亡。一周左右大部分病雏趋向好转，少数出现神经症状，如扭颈歪头，或共济失调，或呈观星状，或转圈、后退、翅下垂或腿麻痹，安静时恢复常态，稍遇刺激即可发作。采食减少，排黄褐色或绿色稀粪。死亡率达 15％～25％。成年鸡或开产鸡症状不明显，主要表现为产蛋率急剧下降，下降幅度可达 40％～70％，同时，软壳蛋、畸形蛋、小型蛋增多，大约维持 10～20 d 后回升。

3. 病理变化

病死鸡眼观病变不明显，剖检多只病鸡，可表现出病理变化。雏鸡一般表现为喉头和气管明显充血、水肿、出血，有多量黏液；30％病鸡的腺胃乳头肿胀、出血；盲肠扁桃体肿大、充血，有时有轻微出血；直肠出血或溃疡。随着病程的延长，病鸡出现神经症状时，可见肠道某段出现枣核样肿大、出血。成年鸡病理变化不明显，仅见轻微的喉头和气管充血。蛋鸡卵巢出血，卵泡破裂后形成卵黄性腹膜炎。

4. 病原检查及确诊

本病因症状和病理变化均不典型，现场难以做出诊断，确诊应进行病毒分离、鉴定和血清学检查。方法同新城疫的实验室诊断和免疫监测方法。通过 HI 试验，可检测到非典型新城疫病鸡抗体水平高低不齐，有时高低相差达 5 个滴度（如图 1-1-3）。

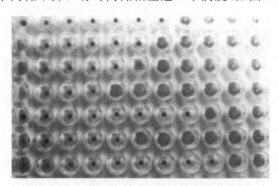

图 1-1-3　非典型新城疫抗体水平高低不齐

5. 发病原因

（1）免疫不当。黏膜免疫（气雾免疫）次数不足、超大剂量使用Ⅰ系冻干苗，首免和二免不当而受母源抗体的干扰，传染性法氏囊病等免疫抑制性疾病的干扰、疫苗的质量不良、免疫方法不当等均可能引起非典型新城疫的发生。

（2）饲养管理不当。饲养方式不合理，混养、不执行兽医卫生隔离、消毒和全进全出的饲养管理模式，或受应激因素的刺激，造成免疫力下降，使免疫失败，均易诱发非典型新城疫。

（3）超强毒存在。

6. 防治措施

（1）建立严格的隔离、消毒等卫生制度，深埋或焚烧病死鸡。

（2）加强饲养管理，全价饲养，减少应激。

（3）运用免疫监测手段，提高免疫应答的整齐度，避免"免疫空白期"和"免疫麻痹"。

（4）制定合理的免疫程序，运用合理的免疫方法开展免疫。少用饮水免疫，多次Ⅳ系苗滴鼻或气雾免疫。弱毒苗与灭活苗同时应用。参考免疫程序见表 1-1-13。

（5）做好传染性法氏囊病等免疫抑制性疾病的免疫，防止免疫抑制的发生。

（6）如有散发性新城疫，用Ⅳ系苗或 C-30 气雾免疫，可降低死亡率。

表 1-1-13 非典型新城疫参考免疫程序

免疫时间	疫苗种类	免疫方法
7 日龄	Ⅳ系苗或克隆－30 弱毒活苗	滴鼻、点眼
20 日龄	Ⅳ系苗 灭活苗半剂量	滴鼻 肌注
60 日龄	Ⅳ系苗 灭活苗 Ⅰ系	滴鼻 皮下注射 肌注
120 日龄	Ⅳ系苗 灭活苗 Ⅰ系	气雾 皮下注射 肌注
之后每 2～3 个月	Ⅳ系苗或克隆－30	气雾

（二）禽流感（AI）

禽流感也称欧洲鸡瘟、真性鸡瘟，是由 A 型流感病毒引起的鸡和其他禽类的一种急性、热性、高度致死性传染病。因病毒毒力不同，常表现为高致病性禽流感和低致病性禽流感两种类型。其中高致病性禽流感传播迅速，病程短，死亡率高，造成巨大的损失。禽流感列入 OIE（国际动物卫生组织）A 类疫病，我国将其列为一类疫病。

1. 诊断要点

（1）流行病学

易感动物 鸡和火鸡最易感，鸭和鹅也有一定的易感性，自然界的鸟类常带毒，水禽带毒最为普遍。

传染源及传播途径 病鸡和带毒的禽类是本病的传染源，其分泌物（鼻涕、眼泪、唾液等）、排泄物（粪便）宰杀时的血液等排出病毒，污染环境。禽类运输、销售和鸟类的迁徙等活动可散布病原。健康家禽主要通过消化道、呼吸道、眼结膜和损伤的皮肤等感染。

流行特点 欧洲曾广泛蔓延成为大流行，非洲一些国家不断受其侵害，美国、澳大利亚等国曾多次发生，造成巨大的经济损失。近年来，有人感染高致病性禽流感而发病死亡的报道，更受到世界各国的关注。

（2）临床症状

禽流感的症状由于病毒的毒力不同而表现多样，一般可分为高致病性和低致病性两种类型。

高致病性禽流感主要由 H_5N_1、H_7N_7 毒株引起，最急性病例常无先兆症状突然死亡。急性病例潜伏期短，采食量和饮水量急剧下降，发病率和死亡率可达 100%。蛋鸡发病时，产蛋率急剧下降，甚至停产。病程稍长时，病鸡体温升高，达 43℃以上，精神极度沉郁，头部肿胀，冠和肉髯发绀；腿部出血，呈现紫红色或紫黑色（见彩图 1-3），部分病程较长的病鸡出现神经症状，共济失调。

鹅和鸭感染高致病性禽流感病毒后，主要表现为头肿，眼分泌物增多，分泌物呈血水样，下痢，产蛋率下降，孵化率下降；出现神经症状，头颈扭曲，啄食不准；后期眼角膜混浊。死亡率不等，成年鹅、鸭一般死亡不多，幼龄鹅、鸭死亡率比较高。

低致病性禽流感主要由 H_9 毒株引起，呼吸道症状明显，主要表现沉郁、咳嗽、啰音、打喷嚏，张口伸颈、鼻窦肿胀。病鸡排黄绿色稀便。产蛋鸡的产蛋率明显下降，严重的可下降 80% 左右，甚至绝产；蛋壳粗糙，软皮蛋、褪色蛋增多。产蛋率的恢复需要较长时间。病程稍长的，发病率和死亡率相对较低。

（3）病理变化

典型的高致病性禽流感最具有特征性的病变在消化系统、呼吸系统和生殖系统。

消化系统病变：口腔黏膜、腺胃乳头、肌胃角质层下及十二指肠出血，腺胃有大量黏性分泌物，肌胃黏膜易剥离并伴有肌胃肌层出血（见彩图1-4）。

呼吸系统病变：喉头、气管出血。

生殖系统病变：卵巢及输卵管充血或出血，卵巢退化，卵泡变形、萎缩，卵黄破裂流入腹腔，引起卵黄性腹膜炎。

其他病变：头、颈、胸、腹部脂肪有散在的小出血点；肝脏、脾脏、肾脏、肺脏有灰黄色小坏死灶，腹腔及心包囊有纤维素性渗出物，脾脏、肝脏肿大出血，肾脏肿大、有尿酸盐沉积。

近年来，高致病性禽流感主要表现为剖检病变不典型，死亡鸡体温不高，无全身出血性变化，气管、喉头出血，肺部基本正常，输卵管内有大量黏液，心冠脂肪出血，肠道有时有出血。应多剖检几例病鸡，进行综合诊断。

低致病性禽流感：产蛋鸡剖检可见喉头、气管黏膜充血、水肿，有黏性分泌物，气囊混浊或增厚。卵泡出血、变形，后期可见输卵管萎缩，内有水泡样囊肿、白色脓性分泌物或干酪样渗出物，并伴有卵黄性腹膜炎。单纯的 H_9N_2 感染症状轻微，商品肉鸡多为混合感染，病变复杂。

（4）鉴别诊断

① 新城疫。各日龄鸡都可感染，雏鸡发病严重，死亡率高，发病鸡呼吸困难、嗉囊积液，后期出现神经症状。产蛋鸡多发生非典型新城疫，死亡率较低，主要表现产蛋量下降，产蛋量通常保持在 20%～60%。

② 传染性喉气管炎。不同年龄均有感染，但成鸡症状典型。表现为明显的呼吸困难，严重咳嗽，咳出带血渗出物，病死率较低。

③ 传染性支气管炎。仅发生于鸡，幼雏发病严重。肾型传染性支气管炎多发于3周龄左右雏鸡，产蛋鸡仅表现产蛋量下降，雏鸡病死率 25%～30%，6周龄以上病死率 0.5%～1%。典型病变是肾脏肿大，色淡，输尿管变粗，内有大量尿酸盐沉积。呼吸型传染性支气管炎有轻微的呼吸道症状，产蛋减少，产畸形蛋、软壳蛋、蛋清稀薄。

④ 败血支原体感染。4～8周龄雏鸡最易感，产蛋鸡引起产蛋量下降，多继发于其他疫病，发病率 5%～15%，死亡率 1%～10%。主要侵害呼吸道，病程长，眼窝、眶下窦肿胀，产蛋下降。使用药物治疗有效。

⑤ 传染性鼻炎。主要发生于育成鸡和产蛋鸡。本病传播迅速，病鸡流鼻涕、甩头、咳嗽；脸部大多数呈单侧性浮肿，使用磺胺类药物后，症状减轻。

⑥ 大肠杆菌病。严重的大肠杆菌引起鸡的败血症，可导致鸡的爪、腿鳞片出血。其

病型表现多样，但鸡群零星死亡，抗菌药物治疗有效。

（5）病原检查及确诊

禽流感病毒属于正黏病毒科流感病毒属，禽感染的主要是 A 型流感病毒。根据流感病毒的血凝素（H）和神经氨酸酶（N）的不同，可分为很多亚型。目前存在的禽流感亚型主要是 H_9N_2 和 H_5N_1，分别是引起低致病性禽流感和高致病性禽流感的最主要病毒亚型。病毒的抗原性和致病性很容易发生变异。A 型流感病毒具有血凝性，不仅能凝集鸡、鸭、鹅的红细胞，还可以凝集新城疫病毒不能凝集的马属动物及羊的红细胞，依此可初步区别于新城疫病毒。

对禽流感的诊断，因其临床症状与病理变化呈多样性，通常结合流行病学特点、临床症状观察、剖检病理变化，可做出初步诊断，确诊应根据病毒的分离鉴定和血清学检测。

对于发病率高、突然大量死亡的可疑高致病性禽流感，发病鸡群和鸭群，应立即报告当地兽医主管部门，然后将病料及时送往国家高致病性禽流感诊断中心进行确诊，一般的单位和个人严禁进行高致病性禽流感的病原分离和鉴定。

低致病性禽流感的实验室诊断方法：

① 病原的分离

死禽采集气管、肺、肝、脾、肾等组织样品经无菌处理，取组织匀浆上清液接种于 9～11 日龄 SPF 鸡胚尿囊腔，进行培养，分离出病原。

② 病毒的鉴定

禽流感病毒具有囊膜，囊膜表面具有血凝素，能凝集多种动物的红细胞，并能被特异的抗体所抑制。

首先，用鸡红细胞悬液检测尿囊液的血凝活性，将血凝阳性的尿囊液用于病毒鉴定。其次，用鸡新城疫抗血清进行 HI 试验，排除鸡新城疫病毒。最后，用琼脂扩散试验、免疫电泳等方法确定 A 型流感病毒。如有必要，进一步用鉴定亚型的 HA 和 HI 试验以及 PCR 试验鉴定 A 型流感病毒的亚型。

③ 血清学诊断

最好能收集发病前期及发病 2～4 周后两种血清。前期抗体略降低，且离散度大，个别会出现抗体较高的现象，后期抗体上升得较高。

常用的诊断方法：HI 试验、琼脂扩散试验、中和试验和酶联免疫吸附试验。

2. 防治措施

（1）处理

一旦发生高致病性禽流感，应立即上报有关主管部门，按照我国"高致病性禽流感疫情判定及扑灭技术规范"进行处理。

本病毒对热较敏感，65℃立即死亡，对低温耐受性强，在冻禽肌肉中可存活 250 d 以上。紫外线照射可迅速灭活，一般消毒药能很快将其杀死。

（2）预防

在没发生过高致病性禽流感的地区或曾发生但已扑杀的地区，应加强家禽防疫工作，定期检测鸡群，以防疫情传入；不使用 H_5 或 H_7 以及其他高致病亚型的流感疫苗；在疫区或受威胁区，紧急免疫接种农业部批准使用的鸡流感疫苗，于 10～12 日龄首免，35～40 日龄二免，产蛋鸡于开产前 2～4 周再免疫一次，以后每半年免疫一次。

【附】人感染禽流感

人感染禽流感是由致病性禽流感病毒引起的人类疾病。人感染后的症状主要表现为高热、咳嗽、流涕、肌痛等，多数伴有严重的肺炎，严重者心、肾等多种脏器衰竭导致死亡，病死率很高，通常人感染禽流感死亡率约为33％。此病可通过消化道、呼吸道、皮肤损伤和眼结膜等多种途径传播，区域间的人员和车辆往来是传播本病的重要途径。

禽流感病毒属甲型流感病毒，根据其致病性的不同，分为高、中、低/非致病性三级。由于禽流感病毒的血凝素结构等特点，一般只感染禽类，当病毒在复制过程中发生基因重组，致使结构改变，获得感染人的能力，才可能造成人感染禽流感。至今发现能直接感染人的禽流感病毒亚型有：H5N1、H7N1、H7N2、H7N3、H7N7、H9N2和H7N9亚型。其中，高致病性H5N1亚型和2013年3月在人体首次发现的新禽流感H7N9亚型尤为引人关注，不仅造成人类伤亡，同时重创了家禽养殖业。

1. 诊断要点

(1)流行病学

禽流感病毒通常只在禽类间引起感染和传播，一般不会感染人类。但1997年香港发生人类第一次有记录的禽流感疫情。自此以后，不断有禽流感感染人类的报道。截止到2013年3月，全球共报告了人感染高致病性H5N1禽流感622例，其中死亡了371例。病例分布在15个国家，我国发现45例，死亡30例。大多数感染H5N1禽流感病例为年轻人和儿童。2013年3月，我国首次发现人感染H7N9禽流感病例。到2013年5月1日，上海、安徽、江苏、浙江、北京、河南、山东、江西、湖南、福建等10省(市)共报告确诊病例127例，其中死亡26例。病例以老年人居多，男性多于女性。目前，该病是重要的人畜共患病。

目前研究发现，人感染禽流感的传染源为携带病毒的禽类。而传播途径仍需明确。研究认为，人感染H5N1亚型禽流感主要是密切接触病死禽，包括宰杀、拔毛和加工被感染禽类。当儿童在散养家禽频繁出现的区域玩耍时，感染家禽的粪便也被认为是传染源。目前研究的多数证据表明存在禽—人传播，可能存在环境(禽排泄物污染的环境)—人传播，以及少数非持续的H5N1人间传播。目前认为，H7N9禽流感病人是通过直接接触禽类或其排泄物污染的物品、环境而感染。人感染H7N9禽流感病例仍处于散发状态，虽然出现了个别家庭聚集病例，但目前，未发现该病毒具有持续的人与人之间传播能力。

(2)临床症状

根据现有人感染H7N9和H5N1禽流感病例的调查结果认为，潜伏期一般在7天以内。

H5N1型禽流感：重症患者一般均为H5N1亚型病毒感染。患者呈急性起病，早期表现类似普通型流感。主要为发热，体温大多持续在39℃以上，热程1～7天，一般为3～4天，可伴有流涕、鼻塞、咳嗽、咽痛、头痛、肌肉酸痛和全身不适。部分患者可有恶心、腹痛、腹泻、稀水样便等消化道症状。重症患者病情发展迅速，可出现肺炎、急性呼吸窘迫综合征、肺出血、胸腔积液、全血细胞减少、肾功能衰竭、败血症、休克等多种并发症。白细胞总数一般不高或降低。重症患者多有白细胞总数及淋巴细胞减少，并有血小板降低。

H7N9 型禽流感：人感染后潜伏期一般在 7 天以内。重症表现者体温多在 39℃ 以上，多在 5～7 天出现重症肺炎，可快速进展为急性呼吸窘迫综合征（ARDS），甚至多器官功能障碍。重症患者多为原发病毒性肺炎，病情进展较快，而一般流感继发细菌性肺炎较多。不同年龄段 H5N1 禽流感病例报告的首发症状有所不同，5 岁以下儿童常见流涕，大年龄儿童和成人报告头痛和肌痛较多，12～17 岁儿童，报告头痛较其他年龄段多。

（2）检查

血液检查：大部分感染禽流感患者的白细胞水平低于正常值，其中，淋巴细胞水平不高甚至降低。如果血小板水平降低，需考虑有无因重症感染导致弥散性血管内凝血的情况，应结合凝血分析、纤维蛋白原水平等结果综合鉴别。血生化检查多有肌酸激酶、乳酸脱氢酶、天门冬氨酸氨基转移酶、丙氨酸氨基转移酶升高，C 反应蛋白升高，肌红蛋白可升高。

影像学检查：发生肺炎的患者肺内出现片状影。重症患者病变进展迅速，呈双肺多发毛玻璃影及肺实变影像，可合并少量胸腔积液。发生急性呼吸窘迫综合征（ARDS）时，病变分布广泛。

病原学检查：在抗病毒治疗前，有条件的医疗单位尽可能采集呼吸道标本送检（如鼻咽分泌物、口腔含漱液、气管吸出物或呼吸道上皮细胞）进行病毒核酸检测（实时荧光定量 PCR 检测）和病毒分离。

患者除了禽流感病毒感染之外，往往在早期即合并或继发细菌感染，在较长时间或较大剂量使用抗菌药物和不适当使用糖皮质激素之后，也可合并真菌感染，因此，临床上应多次进行痰培养、呼吸道吸取物培养，检查细菌和/或真菌的类型，及其敏感或耐药类型，以便临床合理选择抗生素，指导临床治疗。

（3）诊断

按照 2008 年 5 月发布的《人感染禽流感诊疗方案（2008 版）》和 2013 年 4 月发布的《人感染 H7N9 禽流感诊疗方案（2013 年第 2 版）》中的标准，根据流行病学接触史、临床表现及实验室检查结果，可作出人感染 H5N1 或 H7N9 禽流感的诊断。在流行病学史不详情况下，应根据临床表现、辅助检查和实验室检测结果，特别是从患者呼吸道分泌物标本中分离出禽流感病毒，或禽流感病毒核酸检测阳性，或动态检测双份血清禽流感病毒特异性抗体阳转或呈 4 倍或以上升高，可作出人感染禽流感的诊断。

应主要依靠病原学检测与其他的不明原因肺炎进行鉴别，如季节性流感（含甲型 H1N1 流感）、细菌性肺炎、严重急性呼吸综合征（SARS）、新型冠状病毒肺炎、腺病毒肺炎、衣原体肺炎、支原体肺炎等疾病。

2. 治疗

在适当隔离的条件下，给予对症维持、抗感染、保证组织供氧、维持脏器功能等方面进行治疗。

对症维持主要包括卧床休息、动态监测生命体征、物理或药物降温。抗感染治疗包括抗病毒（如奥司他韦、扎那米韦、帕拉米韦等）和抗细菌及真菌。抗病毒药物在使用前应留取呼吸道标本，并应尽量在发病 48 小时内使用。

保证组织氧合是维持重症和危重症病人重要器官正常功能的核心，可通过选择鼻管、口/鼻面罩、无创通气和有创通气等方式进行。

具体治疗方法应当在专业医生指导下进行，以避免滥用药物和不当操作，造成耐药和贻误病情

3. 预防

目前认为，携带病毒的禽类是人感染禽流感的主要传染源。减少和控制禽类，尤其是家禽间的禽流感病毒的传播尤为重要。随着我国社会、经济发展水平的提高，急需加快推动传统家禽养殖和流通向现代生产方式转型升级，从散养方式向集中规模化养殖、宰杀处理及科学运输的转变，提高家禽和家畜的养殖、流通生物安全水平，从而减少人群与活禽或病死接触机会。持续开展健康教育，倡导和培养个人呼吸道卫生和预防习惯，做到勤洗手、保持环境清洁、合理加工烹饪食物等。需特别加强人感染禽流感高危人群和医护人员的健康教育和卫生防护。

同时做好动物和人流感的监测。及时发现动物感染或发病疫情，以及环境中的病毒状态，尽早的采取动物免疫、扑杀、休市等措施消灭传染源、阻断病毒禽间传播。早发现、早诊断禽流感病人，及时、有效、合理地实施病例隔离和诊治。做好疾病的流行病调查和病毒学监测，不断增进对禽流感的科学认识，及时发现聚集性病例和病毒变异，进而采取相应的干预和应对措施。

（三）传染性支气管炎（IB）

传染性支气管炎是由传染性支气管炎病毒引起的鸡的一种急性、高度接触性的呼吸道和泌尿生殖道传染病。其特征是咳嗽、气喘，打喷嚏，雏鸡流鼻液，成年鸡产蛋量下降，产畸形蛋。肾型传染性支气管炎肾脏肿大、肾小管和输尿管内有大量的尿酸盐沉积。国际动物卫生组织（OIE）将其列为动物疫病名录，在我国原为二类疫病，经2022年动物防疫法修订后，现为三类疫病。

1. 临诊要点

（1）流行病学

易感动物 本病仅发生于鸡，各种年龄的鸡都易感，但以雏鸡和产蛋鸡发病较多，尤其是4周龄以内的雏鸡发病最为严重，死亡率也高，6周龄以上的鸡很少死亡。

传染源及传播途径 病鸡是主要的传染源。病毒随分泌物和排泄物排出体外，康复鸡排毒可达5周以上。

本病主要的传播方式从呼吸道排毒，经空气中的飞沫和尘埃传给易感鸡，也可通过污染的种蛋、饲料、饮水、用具等经消化道感染。

流行特点 本病在鸡群中传播速度快，两周就可波及全群。一年四季均可发生，但以冬、春寒冷季节最为严重。过热、拥挤、温度过低、通风不良、饲料中的营养成分配比失当、缺乏维生素和矿物质及其他不良应激因素都会促进本病的发生。

（2）临床症状

自然感染潜伏期36～48 h。临床表现较复杂，一般可分为以下类型：

呼吸型 病鸡突然出现呼吸道症状，并迅速波及全群。4周龄以内雏鸡主要表现为伸颈、张口呼吸、咳嗽、打喷嚏，呼吸时有啰音。

5周龄以上的鸡明显症状是啰音，伴有一定程度的咳嗽和喘息，同时有绿色或黄白色下痢，症状可持续7～14 d，死亡率比雏鸡低，但增重慢。

成年鸡感染一般出现轻微的呼吸道症状，开产期推迟，产蛋鸡产蛋下降25%～50%，

并产软壳蛋、砂壳蛋、无壳蛋、畸形蛋或白壳蛋，蛋的质量变差，蛋黄颜色变浅，蛋清稀薄如水，蛋黄和蛋清分离以及蛋白黏于蛋壳膜上。康复后产蛋量很难恢复到患病前水平。

雏鸡如早期感染可导致输卵管永久损伤，虽然外观良好，但是不能产蛋，成为"假母鸡"，给蛋鸡饲养业造成重大损失。

肾型　主要见于 20～50 日龄鸡。初期表现轻微呼吸道症状，如啰音、咳嗽、气喘、喷嚏等，晚上安静时明显。持续 1～4 d 后，呼吸道症状消失，鸡群突然大量发病，并于 2～3 d 内逐渐加剧，表现为厌食、口渴、精神沉郁、拱背扎堆，排白色石灰乳样稀粪，内含大量尿酸盐，肛门周围羽毛污浊。病鸡因脱水而体重减轻，病情严重者鸡冠、面部及全身皮肤颜色发暗。发病 10～21 d 期间为死亡高峰期，21 d 后死亡停止，死亡率 30%。产蛋鸡感染后死亡不多，但出现产蛋量下降、产异常蛋和种蛋孵化时死胚率增加。

腺胃型　一般 30～80 日龄青年鸡发病，50～60 日龄是发病高峰。病初表现精神沉郁、食欲和饮水减退、流泪、眼部肿胀、咳嗽、打喷嚏等呼吸道症状，之后排白色或绿色稀便，病鸡缩头闭眼，羽毛蓬松、垂翅、跛行，逐渐消瘦，最后衰竭死亡。

（3）病理变化（该病变彩图见课程网站图片库）

呼吸型　鼻腔、气管、支气管中有浆液性、黏液性或干酪样的渗出物，有时有轻微的充血和出血；气囊轻度混浊增厚，上有黄色干酪样分泌物；肺水肿或出血。两周龄前雏鸡感染后，输卵管发育不全，长度变短，输卵管腔狭窄，管壁变薄，以至成熟期不能正常产蛋。

肾型　肾脏肿大，色苍白，肾小管和输尿管内充满白色的尿酸盐结晶，整个肾脏外观红白相间呈斑驳状，俗称"花斑肾"。严重时，其他脏器表面也有白色尿酸盐沉积，出现所谓的"痛风"。

腺胃型　腺胃显著肿大，外观变圆如球状，坚硬，胃壁增厚，黏膜出血、坏死、溃疡。腺胃乳头水肿、充血、出血、扁平或部分消失，乳头间界限不清。肌胃变小，肌肉松弛。肾脏肿大，有尿酸盐沉积。肠道（尤其是十二指肠）肿胀，卡他性炎症。

（4）鉴别诊断

① 新城疫。从临床表现来看，新城疫与禽流感的病情往往比传染性支气管炎严重，雏鸡常可见神经症状及内脏组织的出血和坏死。

② 传染性喉气管炎。传染性喉气管炎的呼吸道症状和病理变化比传染性支气管炎严重。传染性喉气管炎很少发生于雏鸡，而传染性支气管炎则雏鸡和成年鸡都能发生。

③ 产蛋下降综合征。产蛋下降综合征是以产蛋高峰期产蛋母鸡产蛋量突然下降为特征，无呼吸道症状和病理变化。

④ 慢性呼吸道病。慢性呼吸道病的特点是传播慢，病程长，气囊增厚并有大量干酪样物附着。

⑤ 传染性鼻炎。眼部明显肿胀和严重的流泪，传染性支气管炎无此病症。

⑥ 肾型传染性支气管炎常与痛风相混淆。痛风时一般无呼吸道症状，无传染性，且多与饲料配合不当有关，通过对饲料中蛋白、钙磷含量分析即可确定。

（5）病原检查及确诊

传染性支气管炎病毒属于冠状病毒科冠状病毒属的病毒，主要存在于鸡的呼吸道分泌物、肾、肝、脾、血液及法氏囊等部位。病毒感染鸡胚时，胚体发育受阻，矮小并蜷缩。

病毒容易发生变异，存在有多种不同的血清型和变异株。不同的血清型之间没有或仅有部分交叉免疫力。

由于传染性支气管炎病原体的血清型复杂、临床症状和病理变化多样，又常继或并发其他传染病，给诊断带来困难。根据流行病学、临诊症状、病理变化作出鸡传染性支气管炎的初步诊断，确诊必须进行实验室诊断。

① 病毒的分离与鉴定。选用肺、气管或气管拭子作为病料，无菌处理后将病料接种于 9～11 日龄鸡胚的尿囊腔中，接种后 2～7 d 鸡胚死亡，一般鸡胚病变不明显。收集尿囊液盲传 3～5 代，鸡胚出现特征性病变：接种 7 d，鸡胚发育迟缓，蜷缩，被毛干粗，羊膜增厚，紧贴胚体。卵黄囊缩小，尿囊液增多，称为"侏儒胚"。

② 动物接种。取病鸡支气管分泌物或气管组织，肾型传支取肾脏制成悬液，接种于易感雏鸡的口腔黏膜上，经 18～36 h，鸡出现典型的呼吸道症状。

③ 血清学试验。血清学试验可采用中和试验、间接血凝抑制试验、琼脂扩散试验和酶联免疫吸附试验(ELISA)等方法。其中中和试验是检测鸡传染性支气管炎的常规方法，有较高的敏感性和特异性，并可进行部分毒株血清型的鉴定。其操作方法为：

Ⅰ 将已知毒价的病毒原液用生理盐水稀释，使每 0.1 mL 中含有 100 个 LD_{50} 的病毒量；

Ⅱ 将被检血清用生理盐水作 4 倍、8 倍稀释；

Ⅲ 将稀释的各组血清与等量的病毒稀释液混合，于 37℃ 作用 1 h(30 min 时摇 1 次)，中和后每个稀释度的血清接种 10 日龄鸡胚 5～6 个，每个鸡胚尿囊腔接种 0.2 mL，37℃ 培养鸡胚 6 d。同时设已知的阳性血清对照和病毒对照，并设 5～6 个健康鸡胚对照。

结果判定：将接种后第 2～6 d 死亡的鸡胚及在 6 d 内仍能存活的侏儒胚(重量比健康对照最轻胚体少 2 g 以上)数量的总和计算。病毒对照组鸡胚发病和死亡应达到 3/5 以上。4 倍稀释血清的鸡胚发病和死亡总和达 3/5 以下者为可疑，8 倍稀释血清组达 3/5 以下者为阳性。

因为传染性支气管炎病毒各血清型之间没有交叉中和反应，所以中和试验只能测知已知的血清型。

2. 防治措施

(1)处理及治疗

目前对传染性支气管炎尚无特效药物治疗。鸡群发病后要严密隔离，及时捡走死鸡、病重鸡，进行焚烧处理。轻微病鸡隔离并对症治疗，严防继发感染。

鸡舍注意保暖和通风换气，鸡舍可用百毒杀等消毒药剂进行带鸡消毒。

目前没有特异疗法。可在饲料和饮水中添加一些抗病毒药物，如咳喘宁等进行治疗。对肾型传支，使用消除肾肿的药物，如肾肿解毒药、电解多维、复合无机盐等，可起到辅助治疗的作用，促进尿酸盐的排出。

为了防止继发细菌感染，在发病期间合理选用抗生素类药物，如环丙沙星、罗红霉素等有一定疗效。

近年来，常用强力喘宁散、毒菌净粉剂、喉炎康等中药制剂治疗传染性支气管炎。也可用黄芪、党参、板蓝根、大青叶、黄芩、贝母、桔梗、金银花、连翘等自拟中药方缓解临床症状，传统的中兽医学在治疗禽呼吸道疾病时大大提高治愈率，增强机体的免疫功能，因此要大力弘扬传统中兽医学，以进一步提高诊治水平。

（2）预防

①综合防治

鸡舍要注意通风换气，防止拥挤，注意保暖，补充维生素和矿物质饲料，增强鸡体抗病力。空栏时对全场彻底清洗消毒，进雏后定期消毒。同时严格执行隔离、检疫等卫生防疫措施，减少对病鸡群不利的应激因素。

②免疫接种

疫苗接种目前是主要的防疫措施，由于病原变异频繁，血清型多样，各型间交叉保护力弱，导致单一血清型疫苗免疫效果不理想，最好分离出当地毒株制备多价灭活疫苗接种鸡，效果较好。

活疫苗主要应用蛋鸡和种鸡开产前免疫；灭活疫苗主要应用于肉鸡和蛋鸡的首免。预防呼吸型的疫苗有 H_{120}、H_{52}。预防肾型的疫苗有 28/86、W 株活疫苗；MASS 株和 MA_5 株活疫苗抗原广谱，对两种类型都有较好的预防作用。

参考免疫程序：商品蛋鸡在 3～7 日龄用 H_{120} 滴鼻，21～35 日龄用 MA_5 滴鼻或饮水，100～120 日龄用 H_{52} 或油乳剂苗接种，肉仔鸡只免疫 2 次。种用蛋鸡在 280～300 日龄再接种 1 次油乳剂疫苗或 H_{52} 饮水或滴鼻。如按此程序仍有发病，并且以肾型为主时，应在 7～10 日龄，21～35 日龄用 H_{52} 及 MA_5 疫苗滴鼻免疫的同时，注射地方肾型毒株苗。

（四）传染性喉气管炎（AILT）

传染性喉气管炎是由传染性喉气管炎病毒引起的一种急性、接触性上呼吸道传染病。其特征是呼吸困难、气喘和咳出含有血样的渗出物。剖检时可见喉部、气管黏膜肿胀、出血和糜烂。本病传播快，死亡率较高，危害养禽业的发展。国际动物卫生组织（OIE）将其列为动物疫病名录，在我国原为二类疫病，经 2022 年动物防疫法修订后，现为三类疫病。

1. 诊断要点

（1）流行病学

易感动物　在自然条件下，本病主要侵害鸡，各种年龄及品种的鸡均可感染。但以成年鸡症状最具特征性。幼龄火鸡、野鸡、鹌鹑和孔雀也可感染，其他动物不易感。

传染源及传播途径　病鸡、康复后的带毒鸡和无症状的带毒鸡是主要传染来源。急性病鸡传播传染性喉气管炎比临诊康复带毒鸡的传播更为迅速。健康鸡主要经呼吸道及眼内感染，也可经消化道感染。由呼吸器官及鼻分泌物污染的垫草、饲料、饮水及用具可成为传播媒介，人及野生动物的活动也可机械地传播。

流行特点　本病一年四季均可发生，但以秋冬寒冷季节多发。鸡群拥挤、通风不良、冷热不均、缺乏维生素、寄生虫感染等都可促进本病的发生和传播。一旦传入鸡群，则迅速传播，感染率可达 90%～100%，死亡率 5%～70% 不等，一般在 10%～20%。耐过鸡可获得长期免疫力。康复鸡可带毒 2 年，并随时排毒污染环境，可以引起疾病的再度暴发流行。

（2）临床症状

自然感染病例潜伏期 6～12 d。因毒株毒力不同，所引起的临床症状不同，常见有以下两种：

喉气管型（急性型）　由高度致病性毒株引起，主要发生于成年鸡。鸡群发病迅速，羽毛松乱，头部和鸡冠发绀，食欲减少或废绝，有时排绿色粪便。病鸡初期流出浆液性或黏液性泡沫状鼻液，眼流泪，随后表现为特征性的呼吸道症状：严重的呼吸困难，蹲伏于地、张口伸颈吸气；明显的喘鸣声和湿啰音。痉挛性咳嗽，可咳出带血的黏液或血痰；甩头，血痰常附在鸡舍墙壁、垫草、鸡笼、鸡背羽毛或邻近鸡身上。口腔检查，可见喉头周围有泡沫状液体，喉头出血。若喉头被血液或纤维蛋白凝块堵塞，病鸡会窒息死亡。产蛋鸡的产蛋量迅速减少，可达35%或停止，出现软壳蛋、褪色蛋和粗壳蛋。病程一般为10～14 d，康复后长期带毒。

结膜型（温和型） 由低致病力的毒株引起，主要见于30～40日龄鸡。其特征为眼结膜炎：病初眼角积聚泡沫性分泌物，流泪，眼痒，不断用爪抓眼。随后，眼分泌物从浆液性变成黏液性，上下眼睑粘连，严重的眶下窦肿胀，眼内有干酪样物，失明。病鸡生长迟缓，偶见呼吸困难，死亡率约5%。病程长短不一，一般1～4周。

（3）病理变化

喉气管型 主要病变在气管和喉部组织，病初黏膜充血、出血、肿胀，有黏液，有时黏液呈凝块状堵塞喉和气管；或在喉和气管内有黄白色纤维素性干酪样物，形成管套状，很容易从黏膜脱落，堵塞喉腔，特别是堵塞喉裂部。气管上部气管环出血。严重时，炎症也可波及到支气管、肺和气囊等部位，甚至上行至鼻腔和眶下窦。产蛋鸡卵巢有时可出现卵泡充血、变性。

结膜型 主要表现为结膜炎。轻型病鸡多表现为眼结膜及眶下窦水肿、充血、浆液性炎症；重者表现为纤维素性炎症，眼睑粘连、角膜混浊，甚至眼球炎、结膜炎和眶下窦内有干酪样渗出物；少数病鸡在喉及气管黏膜上覆盖有黄白色干酪样假膜。

（4）鉴别诊断

①新城疫。病鸡虽然也有呼吸道症状，但后期主要表现为神经症状且病理剖检变化集中于胃肠道；腺胃出血，盲肠扁桃体出血和坏死，口腔内黏液分泌物增多等。

②慢性呼吸道病。病鸡有呼吸道症状，但发病时间长，无继发感染时死亡率低，一般利用抗菌药物可以治疗。

③传染性支气管炎。病鸡具有呼吸道症状，但剖检时可见支气管的下1/3段出血，肾型传染性支气管炎可见肾肿大，有大量尿酸盐沉积而呈"花斑肾"。而传染性喉气管炎为喉部与支气管的上1/3段出血。另外，传染性支气管炎可引起蛋的品质下降，而传染性喉气管炎一般不会。

④传染性鼻炎。病鸡一般头部肿大，鼻腔和鼻窦有浆液性和黏液性分泌物、眼睑水肿和结膜炎；肉髯明显水肿，尤其是公鸡。有时发生下呼吸道感染，引起呼吸啰音。剖检可见鼻腔和鼻窦黏膜充血肿胀，并有大量黏液、凝块和干酪样坏死；结膜炎严重时导致失明。

⑤维生素A缺乏症。肉鸡眼部症状明显，即潮红、肿胀、流泪、眼睑下积有大量干酪样物，常自眼角流出，上、下眼睑被黏在一起；呼吸道上皮损伤；常有黏液自鼻孔流出；蛋鸡产蛋量下降，蛋内有血斑，蛋品质下降。不具有传染性，且更换饲料可减轻病鸡症状，增添维生素A可治愈。

⑥黏膜型鸡痘。其喉头病变与传染性喉气管炎相似，但其没有气管黏膜出血变化，而且喉头上所形成的干酪样假膜不易剥离。

（5）病原检查及确诊

传染性喉气管炎病毒属于疱疹病毒科、α型疱疹病毒亚科的禽疱疹病毒Ⅰ型。该病毒虽只有一个血清型，但不同毒株的致病力不同。病鸡的气管组织及其渗出物中含病毒最多，用病料接种9～12日龄鸡胚绒毛尿囊膜，经4～5 d后可引起鸡胚死亡，在绒毛尿囊膜上可形成斑块病灶。

本病的临床症状、流行特点和病理变化具有特征性，可据此作出初步诊断，确诊需进行实验室诊断。

实验室诊断常用病毒的分离鉴定、血清学试验和动物接种的方法进行确诊。

① 检查气管或眼结膜组织中的核内包涵体。在发病早期（1～5 d），取喉头或结膜组织，通过甲醇固定、姬姆萨染色、无水甲醇脱色、干燥后镜检，能见到紫色或粉红色的核内包涵体。

② 病毒的分离。在发病早期，对急性病例采集气管渗出物或肺组织，研磨成10%悬液，无菌处理后，取上清液接种于鸡胚或鸡胚肝细胞、鸡胚肾细胞分离培养病毒。

③ 鸡胚接种试验。取病鸡的喉头、气管黏膜和分泌物，接种于10～12日龄鸡胚绒毛尿囊膜上，接种后4～5 d鸡胚死亡，绒毛尿囊膜增厚，有灰白色的坏死斑和核内包涵体。

④ 动物接种。用小毛刷将可疑的含毒材料（如气管分泌物等）涂擦接种于健康鸡的泄殖腔黏膜上，经24～48 h检查，泄殖腔黏膜出现水肿、充血等炎症变化者，判为阳性反应。

⑤ 血清学检查。可采用中和试验、琼脂扩散试验、荧光抗体技术、ELISA等方法进行。

2. 防治措施

（1）处理及治疗

发病后应隔离封锁病鸡群，对用具和鸡舍进行消毒，同时加强饲养管理。改善鸡舍通风条件，消除发病诱因，对环境进行消毒，严格执行各项兽医卫生防疫措施。

目前尚无疗效满意的治疗药物。为了缓解症状、减少死亡，可使用中草药清瘟败毒散、喉炎清等。用庆大霉素、环丙沙星等抗生素控制并发感染。在饮水中添加电解多维，以增强鸡的抵抗力。

（2）预防

① 免疫接种。可用弱毒苗滴鼻、点眼及饮水免疫。

参考免疫程序：30～40日龄首免，80～110日龄二免。

免疫注意事项：弱毒苗在接种8 d内对新城疫的免疫有干扰和抑制作用；因鸡接种后可带毒，故最好只在发生该病的地区进行免疫；接种后3～4 d可发生轻度眼结膜反应，个别鸡出现眼肿，甚至眼盲现象，可用庆大霉素或其他抗生素进行滴眼，缓解症状。

② 综合防治。平时加强饲养管理和兽医卫生工作，改善鸡舍通风条件，注意环境卫生，不引进病鸡，并严格执行消毒制度。

（五）马立克氏病（MD）

马立克氏病是由马立克氏病毒引起的最常见的一种淋巴组织增生性传染病，以外周神经、性腺、虹膜，各种脏器、肌肉和皮肤的单核性细胞浸润为特征。本病传播快、危害大，在我国原为二类疫病，经2022年动物防疫法修订后，现为三类疫病。

1. 诊断要点

(1)流行病学

易感动物 鸡是最重要的自然宿主。鹌鹑、火鸡和山鸡也可以自然感染，但一般不出现临床症状。

鸡的感染程度与年龄、品种、环境和毒株毒力等相关。感染日龄越早，发病率越高。1日龄鸡最易感，比10日龄以上的仔鸡易感性高出几百倍，且母鸡比公鸡易感。

肉鸡多在40～60日龄发病，蛋鸡多在60～120日龄发病，170日龄之后偶有个别鸡发病，可造成肉鸡的废弃率增高及蛋鸡的产蛋量下降等损失。

传染源及传播途径 病鸡和带毒鸡是主要的传染源，在羽毛囊上皮细胞中复制的传染性病毒，随羽毛、皮屑排出，随尘埃散布在鸡舍中，长期保持传染性。

带毒的尘埃经呼吸道将病毒感染给健康鸡。很多外表健康的鸡可长期持续带毒排毒。所以有病毒传入的鸡场，马立克氏病病毒在鸡群中广泛传播，在鸡性成熟时几乎全部感染。本病不发生垂直传播。

流行特点 本病的发病率和死亡率受许多因素的影响，如感染病毒的毒力、剂量感染途径、受感染鸡的日龄、性别、遗传特性及其他应激因素。总之，各种应激因素和免疫抑制性疾病均可促使马立克氏病的发生。此外，随着马立克氏疫苗的广泛使用，野外流行毒株毒力在不断增加。

(2)临床症状

本病是一种肿瘤性疾病，潜伏期较长，一般到3～4周才出现临诊症状和病理变化。根据病毒侵害部位不同，临床上可分为四种类型：

神经型 又称古典型，是最常见的一种类型，主要发生在3～4月龄的鸡。病毒主要侵害外周神经。由于侵害神经部位的不同，症状有所不同，以侵害坐骨神经最常见，步态不稳是最早看到的症状，之后两腿完全麻痹，不能行走，蹲伏地上，或表现为一腿伸向前方，另一腿伸向后方的特征性劈叉姿势（见彩图1-5）。臂神经受到侵害时，翅下垂（一侧性的或两侧性的）。控制颈肌的颈神经受害可导致头下垂或头颈歪斜。迷走神经受害可引起嗉囊扩张或喘息。

内脏型 又称急性型，临床上较常见，多发于肉用鸡。病鸡表现为精神委顿，食欲减退，羽毛松乱，鸡冠和肉髯苍白或萎缩，渐进消瘦，下痢，体质极度虚弱，病程较长，最后衰竭死亡。

眼型 有些病鸡虹膜受害，导致失明。一侧或二侧虹膜正常视力消失，呈同心环状或斑点状以至弥漫的灰白色。瞳孔开始时边缘变得不齐，后期则仅为一针尖大小的孔（见彩图1-6）。

皮肤型 较少见，主要表现为羽毛囊肿胀，毛囊周围形成大小不等的肿瘤结节，多在宰后发现。

上述四种类型在同一鸡群中经常同时存在。病程长的病例，有体重减轻、鸡冠和肉髯苍白、食欲不振和下痢等症状。死亡通常由饥饿、缺水或被同栏鸡踩踏所致。

(3)病理变化

最常见的病变部位是外周神经，以腹腔神经丛、前肠系膜神经丛、臂神经丛、坐骨神经丛和内脏大神经最常见。受害神经横纹消失，变为灰白色或黄白色，有时呈水肿样外观，局部或弥漫性增粗可达正常的 2～3 倍以上。病变常为单侧性，将两侧神经对比有助于诊断。

最常被侵害的内脏器官是卵巢，其次为肾、脾、肝、心、肺、胰、肠系膜、腺胃和肠道。肌肉和皮肤也可受害。在上述器官和组织中可见大小不等的肿瘤块，灰白色，质地坚硬而致密，有时肿瘤呈弥漫性，使整个器官变得很大。除法氏囊外，内脏的眼观变化很难与禽白血病等其他肿瘤病相区别。法氏囊通常萎缩，极少数情况下发生弥漫性肿瘤增生。皮肤病变常与羽毛囊有关，但不限于羽毛囊，病变可融合成片，呈清晰的白色结节，在拔毛后的胴体尤为明显。

（4）鉴别诊断

内脏型马立克氏病与鸡淋巴细胞性白血病、网状内皮组织增殖病都属于肿瘤性疾病，眼观变化很相似，其鉴别见表 1-1-14。

表 1-1-14　马立克氏病、禽白血病和网状内皮组织增殖病的鉴别诊断

鉴别要点	马立克氏病	禽白血病	网状内皮组织增殖病
病原	α-疱疹病毒	禽白血病病毒	网状内皮组织增殖病病毒
发病年龄	8～16 周龄	16 周龄以上	4 周龄以上
病程	常为急性	慢性	常为急性
垂直传播	否	是	是
病死率	10％～80％	3％～5％	1％
潜伏期	较短	较长	较短
瘫痪或轻瘫	通常有	无	无
虹膜变化	褪色，呈灰白色	无	无
周围神经和神经节肿大	通常有	无	少见
皮肤和肌肉肿瘤	可能有	通常无	少见
肠道病变	少见	常见	常见
心脏肿瘤	常见	少见	常见
法氏囊病变	常见萎缩	结节状肿瘤	常见萎缩

（5）病原检查及确诊

马立克氏病毒是一种细胞结合型病毒，属于疱疹病毒科中的Ⅱ型鸡疱疹病毒。该病毒可分为三个血清型：血清Ⅰ型为致瘤型，包括强毒株及其致弱毒株；血清Ⅱ型，在自然情况下存在于鸡体内，但不致瘤；血清Ⅲ型为火鸡疱疹病毒（HVT），不致瘤，多用来制备疫苗。

血清学方法，琼脂扩散试验可检测鸡羽毛囊病毒或血清中的抗体。但因马立克氏病毒经高度接触传染，实际上病毒在鸡群中普遍存在，可能只有小部分感染鸡最后发展成临诊马立克氏病。因此确诊应在琼脂扩散试验的基础上，根据临床症状和病理变化、结合流行病学调查进行综合诊断。

2. 防治措施

(1)疫情处理

对发病鸡群,按兽医卫生相关规定,采取隔离、扑杀、销毁、消毒、无害化处理、紧急免疫接种等措施进行处理。

(2)预防

① 免疫接种

免疫接种是迄今为止防治鸡马立克氏病的主要有效措施。

Ⅰ 常用的马立克氏病疫苗种类

根据疫苗保存条件的不同,疫苗可分为两类:一是鸡马立克氏病细胞结合性疫苗,又称液氮疫苗;二是脱离细胞的疫苗,又称冻干疫苗。

根据毒株血清型的不同,疫苗又可分为单价苗、二价苗、三价苗和基因工程苗 4 大类。养鸡生产中主要使用 3 种 MD 疫苗毒株制备 MD 的单价苗和多价疫苗,分别是:人工致弱的Ⅰ型 MDV(如 CVI_{988})、自然不致瘤的Ⅱ型 MDV(如 SB_1,Z_4)和Ⅲ型 MDV,也叫火鸡疱疹病毒(HVT)(如 FC_{126})。HVT 疫苗使用最广泛,因为制苗费用较低,而且可制成冻干制剂,保存和使用较方便。

单价苗主要有 HVT 冻干苗,因为生产成本低,便于保存,是使用最广泛的单价疫苗。CVI_{988} 是细胞结合性单价苗,需在液氮条件下保存;多价疫苗主要由Ⅱ型和Ⅲ型或Ⅰ型和Ⅲ型病毒组成。Ⅰ型毒和Ⅱ型毒只能制成细胞结合疫苗,需在液氮条件下保存和运输。免疫效果好于单价苗。

在使用疫苗时,为了克服母源抗体的干扰,可在鸡的不同代次交替使用不同血清型的疫苗。如父母代用 HVT,则子代用 SB-1 或 CVI_{988} 与 HVT/SB-1 双价苗交替使用,效果更好。也可使用细胞结合苗,尤其是Ⅱ型、Ⅲ型双价苗及由Ⅰ型、Ⅱ型、Ⅲ型组成的三价苗。

Ⅱ 免疫时间

必须在雏鸡出壳后 24 h 内进行免疫。

Ⅲ 免疫接种操作

操作一　鸡马立克氏病 HVT 冻干苗的使用方法:

a. 消毒器械　拆开连续注射器,与针头、胶管等一起先用清水反复冲洗,然后煮沸 15 min。

b. 检查稀释液　将疫苗专用稀释液保存于 2℃～15℃冷暗处。

注意:不能冰冻保存。稀释液瓶盖如有轻微松动,或液体有轻微混浊、变色都不能使用。

c. 预冷稀释液　稀释液临用前置于 2℃～8℃冰箱中冷藏 2 h,或在盛有冰块的容器中预冷。

d. 稀释疫苗　先用注射器吸取 5 mL 稀释液注入疫苗瓶中,溶解后抽出混匀的溶液,注入稀释瓶内,再向疫苗瓶注入稀释液冲洗 2 次。

注意:疫苗稀释配制要在 30 min 内完成。稀释液瓶放在冰水中,并隔 10 min 摇晃 1 次。

e. 注射　注于颈部背侧皮下,每只鸡 0.2 mL。

注意：注射部位不要太靠近头部。

操作二　鸡马立克氏病细胞结合性活疫苗(液氮苗)稀释及使用方法：

a. 取出疫苗　操作者戴上手套和护目镜，打开液氮罐，把装疫苗安瓿的金属筒提出液氮，达到一次能够取出安瓿的高度，取出疫苗安瓿，然后将金属筒插回液氮罐内，立即盖上盖子。

b. 融化疫苗　将取出的疫苗安瓿放入已准备好的水桶中，水温为 $15℃\sim26℃$ (或按产品说明)，用镊子夹着晃动，一般在 60 s 左右即可融化。

c. 稀释液预温　疫苗稀释液平时应于 $4℃$ 保存，稀释前应预温至 $15℃\sim26℃$ (或按产品说明)。

d. 打开安瓿　从水中取出完全融化的疫苗安瓿，轻轻摇动安瓿混匀疫苗，用手指轻弹安瓿颈部，使颈部或尖端的疫苗流入底部。一定不要用力甩下。用洁净的纱布擦干，并用纱布包着，远离操作者面部，于瓶颈处折断安瓿。

e. 稀释疫苗　用装 12 号针头的 5 mL 无菌注射器缓慢吸取安瓿中的疫苗，将其注入一瓶稀释液中。吸取稀释液反复冲洗安瓿 3 次，将冲洗液重新注入稀释液中。

f. 混匀、保存　沿稀释液瓶的纵轴正反轻轻转动 $8\sim10$ 次，使疫苗与稀释液充分混匀，应尽量避免产生气泡。稀释好的疫苗瓶应放在装有冰块的盘中。

g. 注射免疫　使用无菌连续注射器，按接种剂量调整好刻度，装上 7 号针头。颈部背侧皮下注射 0.2 mL。注射过程中，每 $5\sim10$ min 轻摇疫苗瓶 1 次。

Ⅳ 免疫接种注意事项

一般在出壳后 12 h 内注射，且一定要在孵化厅(已消毒)的接种室进行。

冻干苗和液氮苗都应按规定的羽份接种。稀释液中不能添加其他任何药品，疫苗稀释后需在 1 h 内用完。因此，一次稀释的疫苗量不宜太多。

② 综合防治措施

Ⅰ 孵化场应远离鸡舍。严格消毒，种蛋入孵前和雏鸡出壳后，孵化房均应用福尔马林熏蒸消毒；育雏舍应远离其他年龄鸡舍，入雏前应彻底清扫和消毒，入雏后加强饲养管理，密集饲养，保证禽舍内空气流通；雏舍内不饲养其他年龄的鸡；发病时，及时清除死鸡和病鸡，发病鸡舍彻底消毒并闲置一段时间后再使用。

Ⅱ 克服同源母源抗体的干扰，增加 HVT 苗免疫剂量，以补偿母源抗体中和作用所消耗的病毒。目前，一般使用 $2\sim3$ 倍剂量 HVT 苗并取得一定的效果；父母代与子代交替使用不同血清型的疫苗，如父母代鸡用Ⅰ型疫苗 CVI_{988} 免疫，商品代鸡则用Ⅲ型 HVT 疫苗免疫，以克服同源抗体的干扰。

Ⅲ 控制应激因素，尽量减少各种不良因素的刺激。育雏期间的光照、温度、湿度、密度应严格按规定执行，进行适当的通风，以减少氨气、硫化氢等气体的刺激。

Ⅳ 鸡场要特别注意预防免疫抑制病，如传染性法氏囊病、禽传染性贫血，防止免疫器官被破坏，保证 MD 疫苗的免疫效果。

(六)传染性法氏囊病(IBD)

传染性法氏囊病是由传染性法氏囊病病毒引起的一种严重危害雏鸡的免疫抑制性、高度接触性传染病。以骨骼肌条纹状出血，法氏囊前期肿大、出血、坏死，后期萎缩和花斑肾为主要特征。本病的特点是发病率高，病程短，并可诱发多种疫病或使多种疫苗免疫失败，在我国原为二类疫病，经 2022 年动物防疫法修订后，现为三类疫病。

1. 诊断要点

（1）流行病学

易感动物 鸡、火鸡、鸭、鹅均可感染，但自然感染病例仅见于鸡，主要发生于 2～15 周龄的鸡，其中 3～6 周龄的鸡最易发生。

传染源及传播途径 病鸡和带毒鸡是主要传染源，病鸡的粪便中含有大量的病毒。

主要通过消化道、呼吸道黏膜传染，直接接触或通过污染了该病毒的饲料、饮水、垫料、尘埃、用具、车辆、人员、衣物等间接传播，老鼠及甲虫也可间接传播，采集发生传染性法氏囊病 8 周后鸡舍中的甲虫，喂鸡后易感鸡发生传染性法氏囊病。此外，还可通过种蛋垂直传播。

流行特点 本病往往突然发生，传播迅速，当鸡舍发现有鸡感染时，在短时间内该鸡舍所有鸡只都可被感染，通常在感染后第 3 d 开始死亡，第 5～7 d 达到高峰，以后很快停息，表现为高峰死亡和迅速康复的曲线（如图 1-1-4）。

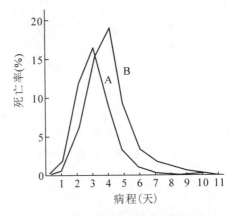

图 1-1-4 A、B 鸡场中法氏囊病死亡曲线

集约化饲养的鸡一年四季均可发生，但以夏季高温时最多发。卫生环境差，雏鸡饲养密度高的鸡舍多发，往往突然发生本病，发病率为 5%～34%，有时高达 74%，而感染率是 100%。由于各地流行的毒株的毒力及抗原性上的差异，以及因鸡的品种、日龄、母源抗体、饲养管理、营养状况、应激因素、发病后采取的措施的不同，因此发病后死亡率差异很大。

（2）临床症状

本病潜伏期 2～3 d，易感鸡群感染后突然发病，病程经过 7～8 d，呈一过性，典型发病群的死亡曲线呈尖峰式。

病初可见有些鸡啄自己的泄殖腔，病鸡羽毛蓬松，采食减少，病鸡畏寒，常挤堆在一起，精神委顿，随即腹泻，排出白色黏稠或水样稀便，内含细石灰渣样物，泄殖腔周围的羽毛被粪便污染。一些鸡身体轻微震颤，走路摇晃，步态不稳。随着病程的发展，饮欲减退，但饮水增加，翅膀下垂，羽毛逆立无光泽，严重发病鸡头垂地、闭眼，呈昏睡状态。感染 72 h 后体温常升高 1℃～1.5℃，仅 10 h 左右，随后体温下降 1℃～2℃，在后期体温低于正常，触摸病鸡有冷感，严重脱水，趾爪干燥，眼窝凹陷，最后极度衰竭而死。

（3）病理变化

病死鸡脱水，胸肌色泽发暗，腿肌和胸肌常见条纹状或斑块状紫红色出血（见彩图1-7），翅膀皮下、心肌、肌胃浆膜下、腺胃乳头周围，特别是腺胃和肌胃交界处出血点或出血斑。肾脏和输卵管因尿酸盐沉积，有不同程度的肿胀。

法氏囊病变具有特征性：病初期法氏囊水肿，比正常大2～3倍，囊壁增厚3～4倍，质硬，外形变圆，呈浅黄色；进一步发展为法氏囊明显出血，黏膜皱褶上有出血点或出血斑，严重的呈"紫葡萄"样外观（见彩图1-8），后期法氏囊开始萎缩，切开后黏膜皱褶多混浊，黏膜表面有点状出血或弥漫性出血。严重者法氏囊内有干酪样渗出物。

（4）鉴别诊断

① 淋巴细胞性白血病。马立克氏病和淋巴细胞性白血病有时也引起法氏囊的弥漫性增大或萎缩，与法氏囊病相似，但法氏囊病无神经症状，组织器官也无肿瘤形成。

② 磺胺类药物中毒及维生素K缺乏症。这两种疾病也会出现胸肌和腿肌出血，但无法氏囊肿胀、出血的变化，而且出血更为广泛，皮下、内脏等都有出血。通过了解用药及饲料情况可以排除。

③ 新城疫和肾型传染性支气管炎。典型新城疫也有腺胃出血、扁桃体出血和法氏囊病变，这些症状与法氏囊病相似，但法氏囊病没有呼吸道症状和神经症状，据此可以区分。肾型传染性支气管炎的肾脏病变与法氏囊病相似，但法氏囊无病变，而且腺胃和肌胃没有出血病变。

（5）病原检查及确诊

传染性法氏囊病病毒属于呼肠孤病毒科，双股RNA病毒。病毒有两个血清型，只有血清Ⅰ型对鸡有致病力。该型可分为6个亚型，这些亚型在抗原性上有明显差别。

在诊断中，本病根据流行病学特点、临床症状和病理变化可作出初步诊断，确诊需做病毒分离鉴定和血清学试验。

① 病毒分离鉴定。分离病毒的最佳时间是发病后的2～3 d，此时正是病毒血症期，法氏囊中的病毒含量最高，其次为脾脏和肾脏。发病鸡法氏囊中病毒感染可持续12 d，但脾和肾中的病毒5 d后就很难分离到。

从法氏囊中分离传染性法氏囊病毒可按以下操作：采取发病典型的法氏囊，剪碎后，制成匀浆，1 000 r/min离心10 min，取上清液，以0.2 mL剂量经点眼、口及眼感染SPF鸡，72 h后采集发病典型鸡的法氏囊。

将上述传代鸡病变典型的法氏囊制成5倍匀浆，每毫升匀浆材料中加入2万IU的庆大霉素，然后经绒毛尿囊膜接种SPF 10日龄鸡胚，收集3～5 d内致死的鸡胚的绒毛尿囊液。进行血清学检测。

② 血清学试验。常用琼脂扩散试验、荧光抗体试验、病毒中和试验等。其中琼脂扩散试验快速简便，可进行流行病学调查和检测疫苗接种后产生的抗体情况，亦可用阳性血清检测法氏囊组织中的病毒抗原，在感染后3～6 d即可检测到病毒，是临床中最常用的血清学试验方法。具体操作见相关信息单中项目2的实验室诊断部分。

荧光抗体技术可用于检测法氏囊组织中的病毒抗原，一般采取法氏囊组织做成冰冻切片，用特异性荧光抗体进行染色，镜检。双抗体夹心ELISA可用于病毒抗原的检测。

2. 防治措施

见"相关信息单"中项目2"传染性法氏囊病的防治措施"。

【附】非典型法氏囊病

近年来,鸡的法氏囊病出现了发病率低,死亡率低,临床症状不明显,病理变化不典型等新情况。经实验室诊断和综合评定,确诊为法氏囊病,称为非典型法氏囊病。

1. 流行病学特点

正常情况下普遍认为法氏囊病的高发期为20~50日龄,近年来调查发现,发病日龄提前,19日龄之前的发病率占14%。另外,免疫鸡群多呈隐性发病,多在首免后和二免前的期间发病,其死亡率低,多在0.1%~5.3%,病鸡与正常鸡区别不大,鸡群缓慢康复。一般发病越早,其病程越长,则法氏囊被破坏的程度、体液免疫和局部免疫应答的损害越重,继发感染率越高,机体的抗病能力越弱,治疗效果往往不佳。

2. 临床症状和病理变化

本病病势缓和,零星死亡,往往被忽视。发病后,可见病雏精神不振,采食减少,羽毛蓬乱,轻度水样腹泻,有的鸡伏卧闭眼,呈昏睡状,驱赶时能运动,也能采食和饮水。有的只是腿肌或胸肌局部充血,法氏囊不见明显病理变化,有的稍微肿大、潮红或充血,或表面稍有一层白色或茶色假膜状渗出物。总之,看不到典型法氏囊病的明显症状和病理变化。尤其是当非典型法氏囊病与新城疫、鸡白痢、大肠杆菌病、球虫病混合感染时,更易混淆而忽略该病。

3. 防治措施

(1)执行严格的生物安全制度

执行"全进全出"的饲养管理模式,防止交叉感染;饲养员、兽医和参观人员进入鸡舍前要彻底消毒,防止带入病毒;饲料、饮水、用具等按时清洗消毒,防止污染;及时清理粪便,定期环境消毒和舍内带鸡消毒,注意保温、通风、饲料的全价营养,提高机体的抵抗力。

(2)合理免疫

由于母源抗体的存在和过去本场发病情况的影响,其免疫程序不是固定不变的,必须根据本场发病史和本地区的流行情况制定合理的免疫程序。

免疫时注意疫苗的选择,如果某场未发生过法氏囊病,又有母源抗体时,可选择中等或中强毒疫苗,不可选用强毒疫苗,否则易引发非典型法氏囊病,或对法氏囊造成损害;如果鸡场中曾发生过传染性法氏囊病,可选强毒疫苗,既能克服母源抗体的干扰,又能获得较好的免疫效果。

(3)发病后的治疗

在发病初期怀疑本病时,应尽早应用高免血清或卵黄抗体,应用越早越好。同时,在饮水中添加糖、电解多维和抗病毒、抗菌药物,防止继发感染。在高免血清或卵黄抗体注射后7 d,再用中毒力疫苗免疫一次,防止复发。

(七)禽白血病(AL)

禽白血病是由禽白血病/肉瘤病毒群中的病毒引起的禽的多种肿瘤性疾病的统称。以在成年鸡中产生淋巴样肿瘤和产蛋量下降为特征。临诊上有多种表现形式,主要是淋巴细胞性白血病，其次是成红细胞白血病、成髓细胞白血病、骨髓细胞病、肾母细胞瘤、骨石病、血管瘤、肉瘤和皮肤瘤等。在我国原为二类疫病，经 2022 年动物防疫法修订后，现为三类疫病。

1. 诊断要点

（1）流行病学

易感动物　鸡是禽白血病病毒群的自然宿主。人工接种在野鸡、珍珠鸡、鸽、鹌鹑、火鸡和鹧鸪也可引发该病。不同品种或品系的鸡对病毒感染的抵抗力差异很大。母鸡的易感性比公鸡高，若发生在 18 周龄以上的鸡，呈慢性经过，病死率为 5%～6%。

传染源及传播途径　传染源主要是病鸡和带毒鸡。有病毒血症的母鸡，其整个生殖系统都有病毒繁殖，以输卵管病毒浓度最高，特别是蛋白分泌部，因此其产出的鸡蛋常带毒，孵出的雏鸡也带毒。这种先天性感染的雏鸡常有免疫耐受现象，它不产生抗肿瘤病毒抗体，长期带毒排毒，成为重要传染源。

经卵的垂直传播是本病的主要传播方式，也可通过接触水平传播，污染的粪便、飞沫、脱落的皮屑等可通过消化道传播。

流行特点　本病的感染虽很广泛，但临床病例的发生率相当低，一般多为散发。饲料中维生素缺乏、内分泌失调等因素可促进本病的发生。

（2）临床症状和病理变化

依据病理学和病原的不同，可分为以下几类：

① 淋巴细胞性白血病。是禽白血病中最常见的一种。本病的潜伏期长，用标准毒株接种易感鸡胚或 1～14 日龄的易感鸡雏后，于第 14～30 日龄之间出现本病。自然发病的鸡都在 14 周龄以上，到性成熟期后的发病率最高。

在临床上，本病无特征性症状，仅可发现病鸡不健壮或消瘦，鸡冠苍白，皱缩，偶见发绀，食欲不振或废绝，下痢，消瘦或衰弱，由于肝部肿大而导致病鸡腹部增大，羽毛有时被尿酸盐和胆色素污染。用手指经泄殖腔可触摸到肿大的法氏囊。肝肿大明显，常可从腹腔触摸出来。肿瘤主要见于肝、脾及法氏囊，也可侵害肾、肺、性腺、心脏等组织。肿瘤病变外观柔软、平滑而有光泽，呈灰白色或淡灰黄色，切面均匀如脂肪样。根据肿瘤病变的形态和分布，可分为结节型、粟粒型、弥漫型和混合型四种形式。

结节型淋巴细胞瘤单个散在或大量分布，呈球形、扁平形。粟粒型以肝脏最明显，均匀分布于整个器官实质中。弥漫型可使整个器官弥漫性增大，如肝脏可比正常增大数倍，色泽呈灰白色，质地脆弱，有时几乎整个腹腔被肝脏充满，所以本病也称为"大肝病"。脾脏的变化与肝脏相似，体积增大，呈灰棕色，表面和切面也有许多灰白色的肿瘤病灶。肾脏体积增大，颜色变淡，有时也形成肿瘤结节。心、肺、肠壁、卵巢和睾丸等器官，可能有灰白色肿瘤结节。

② 成红细胞白血病。可分为增生型和贫血型。两型病鸡的早期症状均表现为倦怠无力，鸡冠稍苍白。病情严重者，贫血型病鸡的鸡冠变为淡黄色乃至白色，后期病鸡消瘦、下痢，羽毛囊出血。

两型病鸡剖检都有全身性贫血，血液稀薄如血水样。皮肤羽毛囊出血。皮下组织、肌肉和内脏器官常有出血点。肝、脾可见血栓形成、梗死和破裂。肺、胸膜下水肿，心包积水、腹水以及肝脏表面有纤维素沉着。

增生型的特征变化为肝、脾显著肿大，肝脏常由于小叶的中央静脉周围变性，而呈纤细的斑影。骨髓呈暗红色或樱桃红色，柔软或水样。肾脏呈弥漫性肿大，质脆而软，桃红色到暗红色。贫血型的特征性变化是内脏器官萎缩，尤其是脾脏。骨髓色淡，呈胶冻状，骨髓空隙大多被海绵状骨质所代替。

③ 成髓细胞白血病。本病的自然病例很少见，其临床表现与成红细胞白血病相似。

剖检通常呈现贫血，各实质器官肿大，质地脆弱，肝脏出现灰白色、弥漫性肿瘤结节，偶然也在其他器官发生肿瘤性结节。骨髓常变坚实，呈灰红色或灰白色。严重的病例，在肝、脾和肾有弥漫性肿瘤组织浸润，使器官的外观呈斑纹状或颗粒状。

④ J-亚型白血病。又称为骨髓性白血病，是由 J-亚型白血病病毒引起的一种肿瘤性疾病，种鸡群初次感染时症状不明显，随后可见鸡冠苍白，羽毛异常。种公鸡感染本病后受精率降低；种母鸡感染本病，产蛋下降，死亡率明显增高，在整个产蛋期间死亡率可高达 6%。

在严重感染的成年鸡群中 60%～70% 的死鸡剖检可见肿瘤，通常在 17 周龄开始出现，病死鸡的肝脏、脾、肾和其他器官均可能发生肿瘤。由于肿瘤细胞的浸润，使得器官肿大并且在肋骨与肋软骨接合处、胸骨内侧、骨盆、下颌骨、颅骨等处有肿瘤形成。鼻腔的软骨、头盖骨也常发生骨髓细胞瘤。有时也见黄白色、柔软、结构复杂并具有一定韧性的纤维肿瘤组织。

(3)鉴别诊断

与内脏型马立克氏病、网状内皮组织增殖病均属于肿瘤性疾病，鉴别见"马立克氏病的鉴别诊断"部分。

(4)病原检查及确诊

禽白血病病毒属于反转录病毒科禽 C 型反转录病毒群。禽白血病病毒与肉瘤紧密相关，因此统称为禽白血病/肉瘤病毒群。鸡的白血病/肉瘤病毒群可分为 A、B、C、D、E 和 J 六个亚群。

主要依据临床症状、病理变化、血液学检查，结合流行病学调查，可进行初步诊断。确诊需进行实验室检查。

① 病原检查。取病鸡口腔冲洗物、粪便、血浆、血清、肿瘤、感染母鸡新产蛋的蛋清或正在垂直传播病毒的母鸡产的蛋所孵的 10 日龄鸡胚做病料。可通过鸡或鸡胚接种试验、抵抗力诱导因子试验等进行病毒的分离鉴定。

② 血清学检查。可用酶联免疫吸附试验、补体结合试验、荧光抗体试验等方法进行检查。

2. 防治措施

(1)处理

鸡群中发现病鸡、可疑鸡应坚决淘汰，并进行无害化处理，以消灭传染源。

(2) 预防

本病主要为垂直传播，病毒型间交叉免疫力低，雏鸡免疫耐受，对疫苗不产生免疫应答，所以对本病的控制尚无切实可行的方法。

减少种鸡群的感染率和建立无白血病的种鸡群是控制本病的最有效措施。种鸡在育成期和产蛋期各进行 2 次检测，淘汰阳性鸡。鸡场的种蛋、雏鸡应来自无白血病种鸡群，同时加强鸡舍孵化、育雏等环节的消毒工作，特别是育雏期封闭隔离饲养，并实行"全进全出"的饲养管理模式。雏鸡易感染此病，必须与成鸡严格隔离饲养。

目前正努力研制疫苗防治鸡白血病，但尚无有效疫苗可降低鸡白血病肿瘤死亡率。疫苗主要是提高雏鸡的母源抗体水平。

（八）禽传染性脑脊髓炎（AE）

禽传染性脑脊髓炎是由禽脑脊髓炎病毒引起的主要侵害雏鸡的病毒性传染病，以神经症状为主要特征，表现为共济失调和快速震颤，特别是头颈部的震颤，故又称流行性震颤。本病在经济上的损失主要是雏鸡的死亡或淘汰和产蛋鸡暂时性产蛋率下降，在我国原为二类疫病，经 2022 年动物防疫法修订后，现为三类疫病。

1. 诊断要点

（1）流行病学

易感动物　自然感染见于鸡、雉、野鸡、鹌鹑、火鸡和珍珠鸡等，鸡对本病最易感。各种日龄均可感染，但 3 周龄以内雏鸡易感性最高，有明显的临床症状。8 周龄以上的鸡对本病有抵抗力，多为隐性感染。

传染源及传播途径　病鸡和隐性感染鸡是主要的传染源。传播主要有两种方式：一是经卵垂直传播，种鸡带毒，所产种蛋也带毒，孵出的雏鸡先天性感染本病毒而发病；二是水平传播，雏鸡患病后由粪便排毒，排毒时间为 5～14 d，感染鸡的日龄越小，排毒时间越长。病毒对环境的抵抗力很强，在垫料中可存活 4 周以上，垫料等污染物是同栏鸡之间、鸡栏与鸡栏之间、鸡舍与鸡舍之间传播的主要传播媒介。健康鸡经消化道感染。

流行特点　本病一年四季均可发生，发病率及死亡率随易感鸡只的多少、病原的毒力强弱、感染日龄等的不同而有所不同。雏鸡的发病率一般为 40%～60%，死亡率 10%～25%，甚至更高。

（2）临床症状

经胚胎感染的雏鸡潜伏期为 1～7 d，而通过接触传播或经口接种时至少 11 d。自然发病通常在 1～2 周龄，但也可见出雏时即发病的。

病鸡的最早症状是目光呆滞，随后发生进行性共济失调，驱赶时很易发现。病情加重时，常以跗关节着地，驱赶时勉强用跗关节走路并拍动翅膀，最终倒卧一侧。病雏在发病 3 d 后出现麻痹而倒地侧卧。头颈震颤在发病 5 d 后逐渐出现，一般呈阵发性，当受到刺激或骚扰可诱发病雏的震颤，持续时间长短不一，并经不规则的间歇后再次发作。共济失调通常在颤抖之前出现，但有些病例仅出现颤抖而无共济失调。共济失调通常发展到不能行走时，病雏疲乏、虚脱、最终死亡。少数出现症状的鸡可存活，但部分病雏晶状体混浊变蓝而失明。

本病有明显的年龄抵抗力。2～3 周龄后感染很少出现临诊症状。成年鸡感染可引起暂时性产蛋下降（5%～10%），蛋壳颜色基本正常，经 1～2 周恢复正常，但不出现神经症状。

（3）病理变化

禽传染性脑脊髓炎唯一的眼观变化是腺胃的肌层有细小的灰白区，须细心观察方能发现。个别雏鸡可发现小脑水肿。组织学变化表现为非化脓性脑炎，脑部血管有明显的管套现象；脊髓背根神经炎，脊髓根中的神经原周围有时聚集大量淋巴细胞。此外尚有心肌、肌胃肌层和胰脏淋巴小结的增生、聚集以及腺胃肌肉层淋巴细胞浸润。

（4）鉴别诊断

本病的临床表现与维生素 B_1、维生素 B_2、硒和维生素 E 缺乏症、马立克氏病有相似之处，应注意鉴别。

维生素 B_1、维生素 B_2 缺乏时，病鸡也表现腿部麻痹和行走困难，但维生素 B_1 缺乏时，病鸡常出现颈部伸肌痉挛，头向背后极度弯曲，呈"观星"姿势；维生素 B_2 缺乏时，病鸡的趾爪向内蜷缩，剖检可见坐骨神经和臂神经肿胀。

硒和维生素 E 缺乏时，病鸡由于脑软化出现共济失调和肌肉痉挛。

马立克氏病发病日龄一般比禽传染性脑脊髓炎晚，而且脏器主要是以淋巴细胞浸润为主的肿瘤病变和周围神经的病变，还有虹膜和消化道症状。而禽传染性脑脊髓炎的外周神经无这种病变。

（5）病原检查及确诊

禽脑脊髓炎病毒属于小核糖核酸病毒科、肠道病毒属，只有一个血清型。自然分离的毒株，有的具有嗜肠性，有的为嗜神经性。

本病由于缺乏典型的剖检变化，同时瘫痪的症状在雏鸡病因很多，并且本病的实验室诊断需要一定的条件和较长时间，所以可根据幼龄鸡出现数量较多的病鸡头颈震颤，结合来自于同一孵化场或鸡群的其他雏鸡同时有发病的调查，可做出初步诊断。确诊应进行实验室诊断。

① 病原学检查

样品采集：无菌操作采取病、死鸡的脑组织，储存于 $-20℃$ 下。研磨或用组织捣碎机制成 1:10 生理盐水组织匀浆，1 500 r/min 离心 15 min，收集上清液，分别加入 1 000 IU/ mL 的青霉素和链霉素，置 4℃ 冰箱中过夜备用。

病毒分离：将制备的脑组织悬液 $0.2\sim0.5$ mL 接种于 24 个 6 日龄鸡胚的卵黄囊内，在接种后 12 d 检查其中半数鸡胚的病变。眼观病变包括鸡胚不运动，腿肌萎缩，鸡胚有死亡。如果没有病变，则让其余半数鸡胚孵出，并在孵出后的 10 d 内观察雏鸡状态，如出现脑脊髓炎症状，则可做出肯定判断。

② 病毒组织学检查

取病鸡的脑、腺胃、胰腺，用 10% 福尔马林固定，通过常规切片观察，如见到非化脓性脑炎的病变，腺胃肌层、胰腺内淋巴细胞增生等，即可做出肯定判断。

③ 血清学诊断

免疫荧光抗体法：疑似病雏的某些组织（如十二指肠、胰腺、腺胃、肝脏、脾脏及脑组织、脊髓等），可用间接或直接荧光抗体试验测定是否有 AEV 抗原的存在来确诊。

琼脂扩散试验：用易感鸡胚于 6 日龄经卵黄囊接种 AEV 鸡胚适应标准毒株后，继续孵化 $9\sim10$ d，收集有病变鸡胚的脑和胃肠道，称重后用玻璃匀浆器磨碎制成乳剂。加等量的 pH7.2PBS，冻融 $3\sim4$ 次，然后经不同转速离心后收集沉淀物，悬浮于含 EDTA 的 Tris 缓冲液中，用超声波处理后作为琼脂扩散抗原。该抗原具有良好的特异性。

采集被检鸡的血清，用上述制备的禽脑脊髓炎抗原，测定血清中的抗体。此种方法简易、可靠、特异性强。

此外，用补体结合反应、间接血凝试验和 ELISA 试验可以进行诊断。

2. 防治措施

(1)处理及治疗

淘汰发病和发育不良的鸡雏；饲料中添加抗生素和病毒灵，可缓解病情。产蛋鸡发病后 3～4 周，种蛋内的母源抗体即可保护雏鸡顺利出壳并不再发病，无须药物治疗。

(2)预防

① 免疫接种。是防治禽传染性脊髓炎的有效措施。目前使用的疫苗有活疫苗和灭活苗两种。种鸡群在生长期接种疫苗，保证其在性成熟后不被感染，以防止病毒通过种蛋传播给子代。母源抗体还可在关键的 2～3 周龄内保护雏鸡不受 AEV 感染，接种疫苗也可防止蛋鸡群感染 AEV 所引起的暂时性产蛋下降。

常用疫苗的种类及使用方法：

活疫苗：一种是用 1143 毒株制成的活苗，可通过饮水法免疫，鸡接种 1～2 周后，其排出的粪便中能分离到 AEV，这种疫苗可通过自然扩散感染且具有一定的毒力，故小于 8 周龄的鸡不可使用，以免引起发病。处于产蛋期的鸡群也不能接种这种疫苗，否则可使产蛋率下降 10%～15%，并持续 10 d 至 2 周。建议于 10 周龄以上，但不迟于开产前 4 周接种疫苗；另一种是 AE 活苗与鸡痘弱毒苗制成的二联苗，一般于 10 周龄以上至开产前 4 周之间进行翅内刺种。

灭活苗：是用 AEV 野毒株或鸡胚适应株接种 SPF 鸡胚，取其病料经灭活制备而成，AE 油乳剂灭活苗最为常用。这种疫苗安全性好，免疫接种后不带毒、不排毒，特别适用于无 AE 病史的鸡群，可与种鸡开产前 1 个月经肌肉注射接种。

参考免疫程序：10～12 周龄经饮水或滴眼接种一次弱毒疫苗，在开产前 1 个月接种一次油乳剂灭活苗。

② 综合防治。做好消毒与隔离。不从有 AE 的种禽场引进种蛋和雏鸡，种鸡感染后 1 个月内所产种蛋不能用于孵化。

(九)产蛋下降综合征(EDS$_{76}$)

产蛋下降综合征是由禽腺病毒引起的以产蛋下降为特征的一种传染病，其主要特点是在饲养管理条件正常的条件下，蛋鸡群产蛋达高峰时骤然下降，蛋质量低劣，软壳蛋和畸形蛋增加，褐色蛋蛋壳颜色变淡。鸡群感染后影响整个产蛋期的生产，造成较大的经济损失，在我国原为二类疫病，经 2022 年动物防疫法修订后，现为三类疫病。

1. 诊断要点

(1)流行病学

易感动物　自然宿主为鸭、鹅和野鸭，但鸡最易感，鸡的品种不同易感性有差异，其中产褐色蛋的肉用种母鸡最易感。本病主要侵害 26～32 周龄鸡，35 周龄以上较少发病。幼龄鸡感染后不表现症状，血清中也查不出抗体，在性成熟开始产蛋后，血清才转为阳性。

传染源及传播途径　带毒禽及患病禽是主要的传染源。自然宿主可感染并排毒，但无临床症状，也是重要的传染源。

本病主要垂直传播。感染母鸡所产的种蛋孵出雏鸡，在肝脏可回收到 EDS$_{76}$ 病毒。水平传播也是重要的方式，因从鸡输卵管、泄殖腔、粪便、肠内容物都能分离到病毒，可向外排毒经水平传播给易感鸡。

流行特点 当该病毒侵入鸡体后，在性成熟前对鸡不表现致病性，在产蛋初期由于应激反应，病毒活化使产蛋鸡发病。日本学者用 Jap-1 株接种产蛋鸡，在接种后 7～9 d 各器官能检出病毒，其后较难检出病毒，但在 10～14 d 后，在母鸡子宫及输卵管峡部上皮细胞中，经荧光抗体检查，可查到病毒抗原，一直到 80 d 后，感染鸡开始产畸形蛋和软壳蛋，输卵管蛋壳分泌部有明显炎症。

(2)临床症状

发病主要集中在 26～43 周龄。刚进入产蛋期的青年鸡感染后不能于开产后 2～4 周内达到产蛋高峰。感染鸡无明显症状，主要表现为群体性突然产蛋下降为特征，病鸡精神、采食、饮水无明显变化，有时腹泻，产蛋率下降达 20%～50%，病初有色蛋壳的色泽变淡甚至消失，紧接着产畸形蛋(薄壳、软壳、无壳蛋和小型蛋)，蛋壳粗糙呈砂粒样，蛋壳变薄易破，蛋品质下降。异常蛋蛋黄周围的蛋清浓稠混浊，其余蛋清则透明如水。软壳蛋增多，占 15% 以上。经 4～10 周后才逐渐恢复，但仍达不到预定的产蛋水平，产蛋曲线呈典型的"双峰形"。受精率正常，但孵化率明显降低，死胚率高达 10%～12%。

(3)病理变化

无明显病理变化，有时可见卵巢停止发育、变小、萎缩、子宫和输卵管黏膜出血和卡他性炎症。输卵管管腔内有黏液渗出，黏膜水肿、苍白、变厚，因卵黄坠入腹腔，引起卵黄性腹膜炎。

(4)鉴别诊断

产蛋下降综合征无临床症状，表现在产蛋率下降及产异常蛋。其他疾病，如鸡慢性呼吸道病同样没有明显症状且引起产蛋率降低，但不产异常蛋；传染性支气管炎虽然也产异常蛋，产蛋率下降，但多数伴有呼吸道症状，较易区别。

(5)病原检查及确诊

产蛋下降综合征病毒为腺病毒群中的一种病毒，目前已知只有一个血清型，但分离到的毒株很多。本病毒能凝集鸡、鸭、火鸡、鹅、鹌鹑、鸽、孔雀等禽类的红细胞，不能凝集大鼠、兔、马、绵羊和猪的红细胞。病毒存在于病鸡的卵巢、输卵管、鼻咽、泄殖腔和软壳蛋、畸形蛋和蛋白中。

本病根据流行病学特征和症状可作出初步诊断，确诊需进行实验室诊断。

① 病原检查。可按下列步骤进行。

病料采集：无菌操作取病鸡的输卵管、泄殖腔、变性卵泡、无壳软蛋等作为被检材料。

病料处理：把组织磨碎制成乳剂，冻融 3 次，离心，取上清液每毫升加入青霉素 1 000 IU、链霉素 1 000 IU，置于 4℃作用 2 h。对其他病料作无菌处理后，供病毒分离和攻毒用。

鸭胚接种：取处理好的病料接种 9～12 日龄鸭胚的尿囊腔，38℃继续孵育，弃去 24 h 内死胚，收获 48～96 h 存活的鸭胚尿囊液，将收获的鸭胚尿囊液继续接种 10～12 日龄鸭胚尿囊腔进行传代培养。每代鸭胚尿囊液都用鸡红细胞做血凝试验检测尿囊液中的血凝素，对阴性尿囊液也应盲传 2～3 代。

细胞培养：将病料接种于单层的鸭胚成纤维细胞，37℃继续培养数日，观察细胞病变和核内包涵体，然后收获，反复冻融，做血凝试验，如无细胞病变，则应至少盲传 2～

3代。

鉴定病毒：人工感染试验；用分离毒株接种无本病毒抗体的产蛋鸡，若观察到与自然病例相同的症状及产蛋异常变化，即可为诊断提供依据。

② 免疫学检查。分离的病毒发现有血凝现象，再用已知抗 EDS_{76} 病毒血清，进行 HI 试验鉴定，如果鸡群 HI 效价在 1∶8 以上，证明此鸡群已感染。也可采用中和试验、ELISA 试验、荧光抗体和琼脂扩散试验等方法进行检查。

2. 防治措施

（1）处理及治疗

隔离病鸡，病鸡产的蛋禁止做种用。本病尚无特异性治疗方法，鸡群一旦发病，可进行紧急免疫接种，以缩短病程。对发病鸡群补充维生素、钙或蛋白质，加入抗菌药物等，可减少损失。在产蛋恢复期，在饲料中添加一些增蛋灵之类的中药制剂，可促进产蛋的恢复。

（2）预防

① 免疫接种。油佐剂灭活苗对鸡免疫接种起到良好的保护作用。鸡在 110～130 日龄进行免疫接种，免疫后 HI 抗体效价可达 8～9 log2，免疫 7～10 d 后可测到抗体，免疫期 10～12 个月。试验证明以新城疫病毒和 EDS_{76} 病毒制备二联油佐剂灭活苗，对这两种病有良好保护力。

② 综合防治。本病主要是经胚垂直传播，所以应从非疫区鸡群中引种，引进的种鸡要严格隔离饲养，产蛋后经 HI 试验监测，确认 HI 抗体阴性者，方可留作种用。

严格执行兽医卫生措施，加强鸡场和孵化中消毒工作，在日粮配合中，必须注意氨基酸、维生素的平衡。

（十）禽痘（FP）

禽痘是由禽痘病毒引起的禽类的一种急性、接触性传染病。其特征为在体表无毛或少毛处皮肤发生痘疹，或在口腔、咽喉部黏膜形成纤维素性坏死假膜。本病流行于世界各地，幼鸡发病严重，成年鸡影响其产蛋性能，在我国原为二类疫病，经 2022 年动物防疫法修订后，现为三类疫病。

1. 诊断要点

（1）流行病学

易感动物　本病主要发生于鸡和火鸡，不分年龄、性别和品种都可感染。但以雏鸡和中雏最常发病，且病情严重，死亡率高。鸭、鹅也可发病，但不严重。鸟类，如金丝雀、麻雀、鸽、鹌鹑、野鸡等都有易感性，但病毒类型不同，一般不交叉感染。

传染源及传播途径　病禽是主要的传染来源，脱落和碎散的痘痂是禽痘病毒散播的主要形式之一。本病主要通过皮肤或黏膜的伤口侵入体内，常见于头部、冠和肉垂外伤或经过拔毛后从毛囊侵入；有些吸血昆虫，特别是蚊子能够传播病毒，是秋季禽痘流行的一个重要传染媒介。

流行特点　本病一年四季都可发生。南方地区春末夏初由于气候潮湿，蚊虫多，更多发生，病情也更严重。某些不良环境因素，如拥挤、通风不良、阴暗、潮湿、体外寄生虫、啄癖或外伤、饲养管理不良、维生素缺乏等，可加速禽痘的发生或加重病情，如有慢性呼吸道疾病等并发感染，则可造成大批的家禽死亡。

（2）临床症状

禽痘的潜伏期4～10 d，根据症状和病变的部位，可以分为皮肤型、黏膜型和混合型三种，一般夏秋季易发生皮肤型，冬季黏膜型较多。

皮肤型　主要发生在无毛和少毛区，如鸡冠，肉垂，脸部，鼻孔和眼周围等处，生成一种疣状的痘。发病初期，在皮肤上出现一种灰白色的小结节，结节迅速增大并呈黄色，与邻近的结节互相融合，形成干燥、粗糙、棕褐色的大结痂，突出在皮肤表面（见彩图1-9）。如果把结痂剥掉，皮肤上就露出一个出血的病灶。结痂的数量多少不一，多的时候可以布满整个头部的无毛部分。结痂可以存在3～4周之久，以后逐渐脱落，留下一个平滑的灰白色疤痕。若发生在口角，则影响家禽的采食。若痘长在眼及眼周，引起流泪，怕光，眼睑粘连甚至失明。皮肤型禽痘一般无全身症状，但在严重的病禽，可见精神委靡，食欲消失，甚至引起死亡，产蛋鸡则产蛋减少。

黏膜型（白喉型）　多发生在口腔、咽喉和气管黏膜上。病禽表现为精神委顿、厌食，病初为鼻炎症状，鼻孔流出的液体初为浆液黏性，以后变为淡黄色的脓液。若波及眶下窦和眼结膜，则眼睑肿胀，结膜充满脓性或纤维素性渗出物。鼻炎出现2～3 d后，先是黏膜上（口腔和咽喉等处）生成一种黄白色小结节，以后小结节迅速扩大和互相融合在一起，形成一层黄白色干酪样的假膜，覆盖在黏膜表面，这些假膜是由坏死的黏膜组织和炎症渗出物凝固而成的，像人的"白喉"，所以也叫白喉型。如果把这层假膜撕去，下面即露出一个红色的出血性溃疡灶。随着病程的发展，口腔和喉部黏膜的假膜不断扩大和增厚，阻塞口腔和喉部，影响病禽的吞咽和呼吸，嘴往往无法闭合，张口呼吸，由于采食困难，体重迅速减轻，出现生长不良，个别病禽因呼吸困难而窒息死亡。

混合型　有些病鸡皮肤、口腔和咽喉黏膜同时受到侵害和发生痘斑，称为混合型。病情严重，死亡率高。

（3）病理变化

皮肤型　主要表现为在无羽毛或少羽毛的皮肤上可见白色小病灶、痘疹、坏死性痘痂及痂皮脱落的瘢痕等不同阶段的病理变化。

黏膜型（白喉型）　此型病变最初是在黏膜上出现稍隆起、白色不透明结节，结节迅速增大并常常融合而变成黄色、干酪样、坏死性伪膜，主要分布在舌、嘴角、腭、咽部、喉头入口处，有时也见于气管、食管黏膜（见彩图1-10）。

混合型　皮肤和口腔黏膜同时发生病变，病情严重，病死率高。剖检变化除以上特征性病理变化外，还可见到肠黏膜有点状出血，肝脏、脾脏和肾脏常肿大，心肌有时呈实质变性。

（4）鉴别诊断

黏膜型鸡痘有呼吸困难，易与传染性喉气管炎相混淆。主要鉴别见表1-1-15。

表 1-1-15　黏膜型鸡痘与传染性喉气管炎的鉴别

鉴别点	黏膜型鸡痘	传染性喉气管炎
相同点	呼吸困难、喉头气管有假膜	
剥离情况	由痘疹形成，难剥离	由渗出形成，易剥离
是否有皮肤病变	同时在鸡群中发生皮肤型鸡痘，出现皮肤病变	无

(5)病原检查及确诊

禽痘病毒属于痘病毒科禽痘病毒属的双股 DNA 病毒，主要存在于病变部分的上皮细胞内和病鸡的呼吸道分泌物中。在发生病变的皮肤表皮细胞和感染鸡胚的绒毛尿囊膜上皮细胞的细胞浆内，可形成卵圆形至圆形的包涵体。用鸡胚绒毛尿囊膜复制病毒，在接种痘病毒后的第 6 d，在鸡胚绒毛尿囊膜上形成一种局灶性、灰白色痘斑，这种培养方法不仅可以用来增殖病毒，而且可以用作检测病毒的依据。

本病根据流行病学、特征性症状和剖检变化容易做出现场诊断，确诊需进行实验室诊断。

① 病毒的分离和鉴定。将痘疹病变组织制成 10％乳剂，用此乳剂刺种易感鸡，若 5～7 d 后发生典型的皮肤损害(形成痘疹)，即可确诊；也可将病料接种于 10～11 日龄鸡胚的绒毛尿囊膜，若有病毒存在，接种后 3～5 d 接种局部出现灰白色病灶，绒毛膜出现增厚和水肿变化。

② 病理组织学诊断。取皮肤或黏膜初期的病变组织，用 HE 染色或姬姆萨染色后镜检，在明显增殖的上皮细胞浆内，检出嗜伊红性包涵体者即可确诊。

③ 动物接种。取病变组织(痘痂或假膜)用生理盐水做成 1∶5 乳剂，加抗生素处理 2 h，取上清液在易感鸡的冠部划种或刺种，或在拔毛的腿部毛囊涂擦，如有痘病毒存在，接种 3～4 d 后可见接种部位出现痘肿。

2. 防治措施

(1)处理及治疗

对病死鸡尸体、内脏及排泄物等进行焚烧或深埋。对鸡舍、用具等使用1％醋酸、1％火碱溶液进行紧急消毒。

皮肤上的痘痂可用消毒剂如 0.1％高锰酸钾溶液冲洗后，用镊子小心剥离痘痂，然后在伤口处涂上碘酊、龙胆紫或石炭酸凡士林。剥离的痘痂、假膜或干酪样分泌物应集中销毁，以防病毒的扩散；口腔、咽喉黏膜上的病灶，可用镊子将假膜轻轻剥离，用 0.1％高锰酸钾溶液冲洗，再用碘甘油涂擦口腔。此外，以等量的硼砂和硫黄，加少许冰片配成散剂，或用冰片散、喉风散和醋酸可的松软膏涂擦口腔。如有继发感染时，应注意同时治疗。

(2)预防

① 免疫接种

目前应用最广泛的鸡痘疫苗是鹌鹑化鸡痘弱毒疫苗，安全有效，适用于幼雏和不同年龄的鸡。

首免一般在 25～30 日龄，二免应在开产前(120 日龄)进行。鸡痘疫苗的免疫通常采用刺种的方法，具体操作按如下步骤进行：

Ⅰ稀释疫苗　将 1 000 羽的鸡痘疫苗用 25 mL 灭菌生理盐水稀释，混匀。

Ⅱ刺种　用清洁的刺种针或清洁的钢笔尖蘸取疫苗稀释液，将针尖刺进鸡翅膀内侧无血管的三角区处。一般小鸡刺 1 针，较大鸡刺 2 针。

Ⅲ接种效果检查　接种后一周左右检查刺种部位，若见刺种部位皮肤上产生绿豆大小的小疱，以后干燥结痂，说明接种成功。鸡群中 80％以上的鸡接种成功，说明接种合格，否则需更换疫苗再行接种。

②综合防治

对本病的预防应着重做好平时的卫生防疫工作。加强饲养管理，搞好环境卫生，做好消毒工作。在蚊子等吸血昆虫活动期应加强鸡舍内的驱杀昆虫工作，以防感染；不同日龄、不同品种的禽应分群饲养，鸡舍的布局应合理，通风要良好，饲养密度合理，饲料应全价，避免各种原因引起啄癖或机械性外伤；新引进的鸡要经过隔离饲养观察，证实无禽痘存在方可合群。

(十一)鸡包涵体肝炎(IBH)

鸡包涵体肝炎是由禽腺病毒引起的鸡的一种急性传染病，其特征是突然发病死亡，肝脏肿大、脂肪变性、出血和坏死，肝细胞出现核内包涵体。我国将其列为三类疫病。

1. 诊断要点

(1)流行病学

易感动物　本病主要发生于鸡、火鸡、鸽子，野鸭和鹌鹑也可感染发病。主要感染3～15周龄的鸡，以3～9周龄的鸡最易感，成年鸡很少发病。其中肉鸡比蛋鸡易感。

传染源及传播途径　病禽和带毒禽是主要的传染源。本病可垂直传播和水平传播。病鸡和带毒鸡所产的蛋中含有病毒，由这些蛋孵化出的雏鸡易被感染，刚孵化的雏鸡并不排毒，正常情况下3周后开始排毒。肉鸡排毒高峰期在4～6周龄，蛋鸡排毒高峰期在5～9周龄，在14周龄仍可达排毒量的70%。在产蛋高峰前后有一个二次排毒期，造成种蛋中仍含有病毒。

水平传播也很重要。病毒可在粪便、气管、鼻黏膜和肾脏中存在，病毒可随粪便和口鼻分泌物排出，其中粪便的含毒量最高，通过污染饲料、饮水、运输工具等经消化道传播给易感鸡。病毒也可通过呼吸道和眼结膜感染易感鸡。

(2)临床症状

潜伏期24～48 h。

一般感染后3～4 d突然出现死亡高峰，通常第5天停止，也有持续2～3周的。病鸡发热、嗜睡，羽毛蓬乱无光，食欲不振，出现黄疸，排白色水样稀便，鸡冠、肉髯、脸部苍白，常不见前驱症状而突然死亡。

(3)病理变化

主要病变在肝脏，表现为肝脏肿大、苍白、质脆易碎，表面和切面上有点状或斑状出血，并有胆汁淤积的斑纹；肾脏常肿大，色泽苍白，皮质出血；全身浆膜、皮下、肌肉等处也有出血点；血液稀薄。法氏囊萎缩变小。

(4)鉴别诊断

本病因有肌肉出血的病变，应注意与传染性法氏囊病和磺胺类药物中毒引起的再生障碍性贫血相区别。

传染性法氏囊病有典型的法氏囊肿大、出血和浆膜下胶冻样水肿的变化，可以区分；是否药物中毒可从过量用药史来确定。

(5)病原检查及确诊

包涵体肝炎病毒属于禽腺病毒科的Ⅰ群禽腺病毒，为双股DNA病毒。病毒血清型众多，已认定的有12个血清型。在同一病鸡体内可分离到不同的血清型。

　　根据主要症状和剖检特征，结合流行病学调查可做出初步诊断。确诊需进行实验室检验。

　　① 组织学检查。肝脏的冰冻切片，经 HE 染色发现细胞核内包涵体，边界清晰，大而圆或形状不规则，包涵体可能为嗜酸性，也可能为嗜碱性。

　　② 病毒分离鉴定。无菌采取病鸡的肝脏或肾脏，经常规处理后接种于 9～12 日龄的 SPF 鸡胚或无母源抗体的鸡胚卵黄囊或绒毛尿囊膜上，经 2～7 d 鸡胚死亡，胚体全身充血或出血，肝脏上有黄色坏死灶，在其肝细胞可检出嗜碱性核内包涵体。

　　③ 血清学试验。间接免疫荧光抗体试验敏感、快速。酶联免疫吸附试验可用来检查群特异性抗体。琼脂扩散试验检测群抗原。中和试验可鉴别病毒的血清型。

　　2. 防治措施

　　目前本病尚无特殊疗效和有效的疫苗免疫，防治可采取如下措施：

　　(1)做好环境消毒。可选用福尔马林、碘伏或次氯酸钠等进行环境消毒。

　　(2)引进健康雏鸡，加强饲养管理。

　　(3)可在饲料中添加抗生素，以防止继发感染。也可应用利肝胆、助消化药物，缓解症状。

　　(十二)鸡传染性贫血(CIA)

　　鸡传染性贫血是由鸡传染性贫血病毒引起雏鸡的一种免疫抑制性疾病。其特征是精神沉郁，发育受阻，再生障碍性贫血，全身淋巴组织萎缩。由于免疫抑制，本病经常合并、继发和加重病毒、细菌和真菌性感染，危害很大。在我国原为二类疫病，经 2022 年动物防疫法修订后，现为三类疫病。

　　1. 诊断要点

　　(1)流行病学

　　易感动物　鸡是本病唯一的自然宿主。各年龄鸡都易感，但主要发生在 2～3 周龄的雏鸡，其中 1～7 日龄雏鸡最易感。随着日龄的增加，其易感性、发病率和死亡率逐渐降低。

　　传染源及传播途径　病鸡和带毒鸡是主要的传染源。本病既可经蛋垂直传播，也可水平传播。污染的鸡舍、器具和人员携带病原体，感染其他健康鸡。水平感染通常只引起鸡抗体反应，一般不发病。垂直传播是主要的传播途径，母鸡经人工感染 8～14 d 后，即可经卵传播。

　　(2)临床症状

　　本病的潜伏期为 10～14 d。

　　鸡感染后是否表现临床症状，与鸡的年龄、病毒的毒力及是否伴发或继发其他疾病有关。主要临床特征是贫血。病鸡皮肤苍白，发育迟缓，精神沉郁，消瘦，喙、肉髯和可视黏膜苍白，翅膀皮炎或蓝翅，全身点状出血，2～3 d 后开始死亡，死亡率不一，通常为 10%～50%，濒死鸡可见腹泻。继发感染可阻碍病鸡康复，加剧死亡。

　　(3)病理变化

　　剖检最明显的变化是贫血，可视黏膜苍白，肌肉、内脏器官苍白，血液稀薄如水；病毒主要侵害骨髓和胸腺。胸腺、法氏囊和脾脏萎缩，尤其是胸腺萎缩最为明显。骨髓萎缩为特征性病理变化，骨髓呈脂肪色、淡黄色或粉红色。

特征性组织学变化是再生障碍性贫血和全身淋巴组织萎缩。骨髓造血细胞严重减少，几乎完全被脂肪组织所代替。法氏囊、脾脏、盲肠、扁桃体及其他免疫器官的淋巴细胞严重缺失，网状细胞增生。

(4)鉴别诊断

本病应注意与马立克氏病和传染性法氏囊病引起的淋巴样组织萎缩相区别。这两种疾病都有显著病理变化，但自然发病不引起贫血症。

磺胺类药物及真菌毒素中毒也可导致再生障碍性贫血，并破坏免疫系统。这些疾病与本病的区别在于，前者均有引起中毒的病史，肾脏损伤、肿大明显。

(5)病原检查及确诊

根据本病流行病学特点、临床症状和病理变化可做出初步诊断。确诊需进行实验室诊断。

① 血液化验。由于贫血，红细胞压积值降为20%以下，红细胞数低于200万个/mm³，白细胞数低于5 000个/mm³，血小板低于27%。此指标可作为诊断的参考依据。

② 病毒分离及鉴定。病鸡肝脏中含有高滴度的病毒，无菌采取肝脏制成匀浆，经常规处理后接种于5～10日龄的鸡胚卵黄囊或尿囊腔，10～14 d后毒价最高，但鸡胚发育正常，没有特异性胚胎病变，孵化出的小鸡发生贫血和死亡。

③ 血清学诊断。目前检测方法有中和试验、免疫荧光试验、免疫过氧化物酶试验及酶联免疫吸附试验等。

④ 分子生物学诊断。目前核酸探针技术和PCR技术等可用于鸡传染性贫血的诊断，其敏感性和特异性较高。

2. 防治措施

(1)处理

淘汰病死鸡。本病目前尚无特异性治疗方法，对发病鸡群，可用广谱抗生素控制继发感染。

(2)预防

① 免疫接种。用鸡传染性贫血病毒弱毒冻干苗对12～16周龄鸡饮水免疫，能有效抵抗病毒的攻击，在免疫后6周产生坚强的免疫力，并持续到60～65周龄。种鸡免疫6周后所产的蛋可留作种蛋。也可用病雏匀浆提取物饲喂未免疫种鸡，或用该病耐过鸡的垫料掺于未免疫青年种鸡的垫料中进行人工感染，均可取得满意的免疫效果。

该病毒极易产生母源抗体，并对子代鸡提供免疫保护。种鸡在13～14周龄时免疫，能有效预防子代暴发该病，但不能在首次产蛋前3～4周实施免疫接种，以防通过种蛋传播疫苗病毒。

② 综合防治。防止从外地引入带毒鸡，以免将本病传入健康鸡群。重视日常的饲养管理和兽医卫生措施，防止环境因素及其他传染病导致的免疫抑制。

对基础种鸡群施行普查，了解鸡传染性贫血病毒的分布及隐性感染和带毒状况，淘汰阳性鸡，切断垂直传播源。

(十三)禽病毒性关节炎(AVA)

禽病毒性关节炎是由呼肠孤病毒引起的禽传染病，也叫做传染性腱鞘炎。病毒主要侵害关节滑膜、腱鞘和心肌，引起足部关节肿胀，腱鞘发炎，继而使腓肠腱断裂。病鸡表现为关节肿胀、发炎，行动不便，不愿走动或跛行，采食困难，生长停滞。由于病鸡运动障碍，生长停滞，消瘦，饲料转化率低，淘汰率增高，给养鸡业造成很大的经济损失。我国将其列为三类疫病。

1. 诊断要点

（1）流行病学

易感动物 目前已知的可被呼肠孤病毒感染的动物只有鸡和火鸡。以 1 日龄无母源抗体雏鸡的易感性最高，随着日龄的增加，易感性逐渐降低，感染后病情也轻。本病常发生于 2～16 周龄的鸡，尤其是 4～7 周龄的鸡多见。也可见于较大的鸡，可发生于各种类型的鸡群，但肉用仔鸡比其他鸡的发病率高。鸡群的发病率常为 100%，死亡率小于 6%。

传染源及传播途径 病鸡和带毒鸡是主要的传染源。病毒在鸡群中的传播有两种方式：水平传播和垂直传播。病毒主要经空气传播，也可通过污染的饲料经消化道传播。经蛋垂直传播的概率很低，不到 2%。

（2）临床症状

本病大多数野外病例均呈隐性感染或慢性感染，要通过血清学检测和病毒分离才能确定。急性感染时，病鸡表现为跛行，部分鸡生长受阻；慢性感染跛行更明显，少数病鸡跗关节不能运动。病鸡食欲和活力减退，不愿走动，喜坐在关节上，驱赶时或勉强移动，但步态不稳，继而出现跛行或单脚跳跃。

病鸡因得不到足够的水和饲料而日渐消瘦，贫血，发育迟滞，少数病例逐渐衰竭而死。检查病鸡可见单侧或双侧跗关节肿胀。在日龄较大的肉鸡中可见腓肠腱断裂导致顽固性跛行。

（3）病理变化

病鸡跗关节周围肿胀，切开皮肤可见到关节上部腓肠腱水肿，滑膜内经常有充血或点状出血，关节腔内含有淡黄色或血样渗出物，少数病例的渗出物为脓性，与传染性滑膜炎病变相似，这可能与某些细菌的继发感染有关。其他关节腔淡红色，关节液增加。根据病程的长短，有时可见周围组织与骨膜脱离。青年或成鸡易发生腓肠腱断裂。换羽时发生关节炎，可在病鸡皮肤外见到皮下组织呈紫红色。慢性病例的关节腔内的渗出物较少，腱鞘硬化和粘连，在跗关节远端关节软骨上出现凹陷的点状溃烂，然后变大、融合，延伸到下方的骨质，关节表面纤维软骨膜过度增生。有的在切面可见到肌和腱连接处发生不全断裂和周围组织粘连，关节腔有脓样、干酪样渗出物。有时还可见到心外膜炎，肝脏、脾脏和心肌上有细小的坏死灶。

（4）鉴别诊断

与下列疾病有相似症状，应注意区别：

① 禽脑脊髓炎。病原为禽脑脊髓炎病毒，受害者多为雏鸡，头、颈和腿部震颤，常以跗关节着地，轻瘫渐至麻痹，晶状体混浊失明。

② 传染性滑膜炎（滑膜炎支原体病）。病原为滑膜炎支原体，受害鸡跛行，蹲于地上，关节和腱鞘肿胀，趾、足关节常见黏稠的滑液渗出物。

③ 维生素 E-硒缺乏症。跗关节肿大，跛行，肌肉有灰条纹，粪便中尿酸盐增多，肌肉肌酸减少。

④ 胆碱缺乏症。关节肿大，步态不稳，产蛋率下降，骨粗短，跗关节轻度肿胀，并

有针尖状出血，后期跗关节变平，跟腱与髁骨滑脱；肝肿大，颜色变黄，表面有出血点，质脆，有的肝脏破裂，腹腔有凝血块。

⑤ 钙磷缺乏和比例失调。关节肿大，少数关节不能运动，跛行，产蛋率下降；幼禽喙与爪较易弯曲，肋骨末端有串珠状小结节；成年鸡产薄壳蛋、软壳蛋，后期胸骨呈"S"状弯曲。

⑥ 家禽痛风。采食减少，消瘦，贫血；关节肿胀，跛行；病鸡排白色半黏液状稀粪，含有多量尿酸盐，关节出现豌豆大结节，破溃后流出黄色干酪样物；内脏表面及胸腹膜有石灰样白色尿酸盐结晶薄膜，关节也有白色结晶。

(5)病原检查及确诊

禽病毒性关节炎的病原为禽呼肠孤病毒，目前查明的有 11 个血清型。该病毒能在鸡胚中培养，其中以卵黄囊和绒毛尿囊膜接种效果较好，也可在禽原代细胞培养物中培养增殖。

本病根据流行病学特点、临床症状和病理变化可做出初步诊断，通过鉴别诊断区分类似疾病。确诊需做病毒的分离鉴定和血清学试验。

① 病毒的分离鉴定。是最确切的诊断方法。无菌采取病鸡的关节滑液囊或水肿的腱鞘液，制成 10% 悬液，或取脾脏制备悬液，接种于 5～7 日龄鸡胚的卵黄囊中，每只鸡胚接种 0.1～0.2 mL，37℃恒温培养，接种后 3～5 d 死亡鸡胚，可看到胚体明显出血，呈淡紫色，内脏器官充血或出血。存活胚矮小，肝脏、脾脏、心脏增大，有坏死点。

② 血清学诊断。常用的血清学方法如下：

Ⅰ 琼脂扩散试验　禽呼肠孤病毒具有群体特异性抗原，可用琼脂扩散试验检测出来。血清中的沉淀抗体在鸡群受到感染后的第 17 d 即可检测到。在有关节病变的鸡，抗体可能长期存在，但多数鸡在感染后 4 周消失。自然感染的鸡群中，95% 以上的鸡呈阳性反应。

Ⅱ 荧光抗体试验　可用荧光素标记的呼肠孤病毒抗体检测病鸡滑膜或细胞培养物中细胞浆内的抗原。

Ⅲ 中和试验　用于鉴定病毒的血清型。

2. 防治措施

(1)处理

由于病鸡长时间向外排毒，因此要坚决淘汰病鸡。目前尚无有效的治疗办法。

(2)预防

① 免疫接种。免疫接种是目前条件下防治鸡病毒性关节炎的最有效方法。

Ⅰ 疫苗的种类　目前使用的疫苗有活疫苗和灭活苗两种。活疫苗主要用于 7 日龄或更大日龄的雏鸡。灭活苗主要用于种鸡，以保证雏鸡体内含有一定水平的母源抗体。

Ⅱ 参考免疫程序　种鸡 1～7 日龄和 4 周龄各接种一次弱毒苗，开产前接种一次灭活苗。

Ⅲ 注意事项　1 日龄接种时可能影响马立克氏病疫苗的免疫效果，所以最好种鸡在开产前 2～3 周注射油乳剂灭活苗，使雏鸡获得较高水平的母源抗体，保护其在最初 3 周内不受感染。

没有母源抗体的雏鸡，病毒性关节炎疫苗和马立克氏病疫苗接种时间应相隔 5 d 以上。可在 6～8 日龄用病毒性关节炎活苗首免。

② 综合防治。加强卫生管理及鸡舍的定期消毒。采用"全进全出"的饲养方式。彻底清洗鸡舍后，用 3% NaOH 溶液消毒，可以灭活由上批感染鸡留下的病原。

（十四）网状内皮组织增殖病（RE）

网状内皮组织增殖病是由反转录病毒——网状内皮组织增殖病病毒群引起的鸡、火鸡、鸭和其他禽类的一组症状不同的综合征。该病包括急性网状细胞瘤、矮小综合征、淋巴组织和其他组织的慢性肿瘤。我国将其列为三类疫病。

1. 诊断要点

（1）流行病学

易感动物 自然宿主包括火鸡、鸭、鸡、雉、鹅和日本鹌鹑等。其中鸡和火鸡常作为实验宿主。本病在商品禽，尤其是火鸡和鸭危害较严重。鸡见于 3～7 周龄发病。肉仔鸡发病高于蛋用鸡。

传染源及传播途径 病禽和带毒禽是主要的传染源。本病主要通过接触水平传播，经消化道、呼吸道和眼结膜等途径传播；也可经种蛋垂直传播，但垂直传播的发生率很低；还可通过蚊子等生物因素传播；污染该病毒的禽用疫苗是该病传播的重要因素。

流行特点 发生传染性法氏囊病的鸡易感染本病。其他应激因素（寒冷、过热、断喙）可促进本病发生。

（2）临床症状及病理变化

① 急性网状细胞瘤。潜伏期短，死亡快。多无明显的临床症状而突然死亡，病程长的死前精神委顿，嗜睡。

病理变化主要表现为肝脏和脾脏的急性肿大，其表面或切面可见弥漫性或结节性灰白色肿瘤病灶。肾脏、胰脏及性腺也可能出现肿瘤病灶。

② 矮小综合征。通常由于 1 日龄雏鸡接种了污染该病毒的生物制品造成。病程漫长，表现为严重的生长停滞或迟缓。羽毛生长不正常，在身体躯干部位羽小支紧贴羽干。

剖检可见尸体消瘦，血液稀薄；腺胃糜烂或溃疡，肠炎、坏死性脾炎；胸腺和法氏囊萎缩；有时可见肾脏稍肿大、两侧坐骨神经肿大，横纹消失。

③ 慢性肿瘤。较少见，其病程也很长，病鸡从发病到死亡的整个期间，精神委顿，食欲不振，体质衰弱，羽毛稀少，全身性贫血和黄疸，腹泻。剖检可见尸体极度消瘦，血液稀薄；生长的肿瘤为淋巴细胞瘤。

（3）鉴别诊断

见马立克氏病的鉴别诊断。

（4）病原检查及确诊

网状内皮组织增殖病病毒属于反转录病毒科、禽 C 型肿瘤病毒，是一种在免疫学、形态学和结构上都不同于禽白血病病毒和肉瘤群的反转录病毒。

由于本病缺乏特征性的临床症状和病理变化，并且疾病的表现形式多样，易与其他肿瘤性疾病相混淆，因此确诊需进行病毒的分离鉴定和血清学试验。

① 样品采集。病料可采集口腔和泄殖腔拭子、病变组织或肿瘤、血浆、全血和外周血液淋巴细胞。其中最好的是外周血淋巴细胞。

② 病原分离。病料用加有青霉素、链霉素的组织培养液冲洗制备。病变组织制成匀

浆低速离心，收集上层黄色血浆和少许中层白细胞，高速离心，弃上清，沉淀用组织培养液悬浮制备。以上制备物分别接种在置有盖玻片的鸡胚成纤维细胞单层（CEF）上，盲传两代，每代培养 7 d。观察细胞病变，可用血清学诊断进行鉴定。

③ 病原鉴定。可应用中和试验，用 1：5 稀释的病毒抗血清进行滴定，动物接种后，可产生抗体及出现特征性病变。腹腔接种 1 日龄雏鸡，观察 8 周，可见到明显病变：法氏囊和胸腺萎缩，外周神经肿大，羽毛发育异常。也可采用 PCR 直接检测病毒。

2. 防治措施

(1) 处理

迅速隔离发病及感染鸡群，病鸡淘汰、捕杀、烧毁；对感染鸡舍彻底清洗、消毒，防止水平传播。

目前对本病尚无有效的治疗方法。

(2) 预防

目前尚无商品用疫苗。预防本病及时监测种鸡群抗体，淘汰阳性鸡，净化种鸡群，禁止发病鸡场种蛋进入市场，杜绝垂直传播的机会。

(十五) 鸭瘟 (DP)

鸭瘟是由鸭瘟病毒感染引起的鸭、鹅的一种急性、热性、败血性传染病。其临床特征为体温升高，两腿麻痹、绿色下痢、流泪和部分病鸭头颈肿大。病变特征主要是组织器官出血、食道黏膜上有丘疹，淋巴器官损伤和实质器官变性。本病传播迅速，发病率和病死率都很高，是严重威胁养禽业的重要传染病之一，我国将其列为二类疫病。

1. 诊断要点

(1) 流行病学

易感动物 不同年龄和品种的鸭均可感染。以番鸭、麻鸭易感性较高，北京鸭次之，自然感染潜伏期通常为 2～4 d，30 日龄以内雏鸭较少发病。在人工感染时小鸭较大鸭易感，自然感染则多见于大鸭，尤其是产蛋的母鸭，这可能由于大鸭常放养，有较多机会接触病原而被感染。鹅也能感染发病，但很少形成流行。野鸭和雁也会感染发病。

传染源及传播途径 病禽和带毒禽是主要的传染源。健康禽和病禽在一起放牧，或在水中相遇，或放牧时通过发病地区，都能感染。被病鸭和带毒鸭的排泄物污染的饲料、饮水、用具和运输工具等，都是造成鸭瘟传播的重要因素。

本病主要经消化道传播，还可通过交配、眼结膜和呼吸道传染；吸血昆虫也可能成为本病的传播媒介。

流行特点 本病在一年四季都可发生，但该病的流行同气温、湿度、鸭群的繁殖季节及农作物的收获等因素有一定关系，一般以春夏之际和秋季流行最为严重。

(2) 临床症状

自然感染的潜伏期为 3～5 d，人工感染的潜伏期为 2～4 d。

病初体温高达 43℃ 以上，精神委顿，食欲减退，渴欲增加。头颈缩起，羽毛松乱。翅膀下垂，两脚麻痹无力，伏卧地上不愿移动，强行驱赶时常以双翅扑地行走，病鸭不愿下水，排绿色或灰白色稀粪，肛门周围的羽毛被玷污或结块。肛门肿胀，严重者外翻。眼睑水肿、流泪，分泌浆液性或脓性分泌物，使眼睑周围羽毛粘湿。眼结膜充血或出血。病鸭鼻中流出稀薄或黏稠的分泌物，呼吸困难，呼吸音粗厉。部分病鸭头颈肿胀，故俗称"大头瘟"。产蛋鸭产蛋量下降。病程一般为 3～4 d，病鸭极度衰竭而死，死亡率达 90%以上。

鹅感染鸭瘟后临床症状与鸭相似。

（3）病理变化

鸭瘟的主要病理变化表现为急性败血症，全身浆膜、黏膜和内脏器官不同程度地出血或坏死。

皮下组织发生不同程度的炎性水肿。"大头瘟"的典型病例，头颈部的皮肤肿胀，切开时流出淡黄色的透明液体。舌根、咽部、腭部及食道、肠道、泄殖腔黏膜表面常有淡黄、灰黄或草黄色不易剥离的伪膜覆盖，刮落后即露出鲜红色、大小不一、外形不规则的出血性溃疡灶（见彩图 1-11）。腺胃黏膜有出血斑点，有时在食道膨大部与腺胃交界处，有一条灰黄色坏死带或出血带（见彩图 1-12）。肌胃角质膜下充血或出血。肝脏不肿大，肝表面有大小不等的出血点及灰黄色或灰白色的坏死灶，少数坏死灶中间有小出血点，这种病变具有诊断意义。雏鸭感染鸭瘟时，法氏囊呈深红色，表现有针尖状坏死灶，囊腔充满白色的凝固性渗出物。

鹅感染鸭瘟病毒后的病变与鸭相似。

（4）鉴别诊断

本病应注意与鸭病毒性肝炎、小鹅瘟等相区别。

鸭病毒性肝炎主要发生于 3～21 日龄的雏鸭。病雏表现共济失调，角弓反张，急性死亡。病理变化为肝脏肿大和出血。可用鸭病毒性肝炎弱毒疫苗或抗血清进行预防和治疗。

小鹅瘟多发生于 3 周龄以内的雏鹅和雏番鸭，不感染其他品种的鸭。临床特征表现为急性下痢，小肠中后段出现纤维素性渗出物、坏死脱落的肠黏膜等组成的香肠状栓子。可用相应的血清或疫苗来预防和治疗。

（5）病原检查及确诊

鸭瘟病毒是疱疹病毒科的成员之一。在病鸭的各内脏器官、血液、骨髓、分泌物及排泄物中都含有病毒，肝和脾中含量最多。此病毒对禽类和哺乳动物的红细胞没有凝集作用。可在鸭胚和鹅胚中繁殖和继代，能适应鸭胚、鹅胚和鸡胚成纤维细胞。

根据本病的流行病学特点、临诊症状及病理剖检变化可做出初步诊断。确诊需做病毒的分离鉴定、易感雏鸭接种试验、中和试验和琼脂扩散试验。

① 病毒的分离鉴定。采集病死鸭的肝脏、脾脏等组织，匀浆后取上清液，无菌处理后通过尿囊腔或绒毛尿囊膜途径接种 9～14 日龄非免疫鸭胚和 9～11 日龄鸡胚。如病料中含有鸭瘟病毒，则部分鸭胚在接种后 4～6 d 死亡，剖检胚胎可见致死的胚体皮肤出血、水肿，肝脏有坏死灶及出血。而接种病料的鸡胚发育正常。

也可将病料接种于鸭胚成纤维细胞培养，根据所形成的细胞病变和空斑初步诊断。对培养物用已知鸭瘟血清做中和试验，即可确诊。

② 易感雏鸭接种试验。将病料或病毒的分离物（尿囊液或细胞培养上清液）无菌处理后，接种于 1 日龄非免疫健康雏鸭，肌肉注射，每只 0.2 mL。攻毒后 3～12 d 内注意观察是否出现该病的特征症状及病理变化。

③ 血清学诊断。主要采用中和试验、琼脂扩散试验、ELISA 等方法。

2. 防治措施

（1）处理

发生鸭瘟时，立即采取隔离和消毒措施，淘汰病死鸭，对鸭群用疫苗进行紧急免疫接种。要禁止病鸭外调和出售，停止放牧，防止病毒扩散。在受威胁区内，所有鸭和鹅应注射鸭瘟弱毒疫苗。

（2）预防

加强饲养管理，坚持自繁自养。需要引进种蛋、种雏或种鸭时，一定要从无病鸭场引进，并经严格检疫。禁止到鸭瘟流行区域或野生水禽出没的水域放牧。

定期接种鸭瘟疫苗。目前使用的疫苗有鸭瘟鸭胚化弱毒苗和鸭瘟鸡胚化弱毒苗。雏鸭20日龄时首免，4～5月后加强免疫1次即可。母鸭接种最好安排在停产期，或者产蛋前一个月。

（十六）鸭病毒性肝炎（DVH）

鸭病毒性肝炎是由鸭肝炎病毒引起的雏鸭的一种急性、高度致死性传染病。本病的特征是发病急、传播快、死亡率高，临诊表现为角弓反张，病理变化为肝脏肿大和出血。本病常给养鸭场造成重大的经济损失，在我国原为二类疫病，经2022年动物防疫法修订后，现为三类疫病。

1. 诊断要点

（1）流行病学

易感动物 本病主要感染鸭，1～3周龄的雏鸭较常见，尤其是5～10日龄的雏鸭最多见，成年鸭隐性感染。野生水禽可能成为带毒者。在自然条件下不感染鸡、火鸡和鹅。

传染源与传播途径 病鸭和隐性感染鸭、野生水禽是主要的传染源。

主要通过健康鸭与病鸭接触，经消化道和呼吸道感染。在野外和舍饲条件下，本病可迅速传播给鸭群中的全部易感雏鸭，表明它具有极强的传染性。雏鸭的发病率可达100%，死亡率20%～95%不等，1周龄内的雏鸭死亡率可达95%以上，随着日龄的增长，发病率和死亡率降低，1月龄以上发病的几乎不死亡。

病毒的传播多由于从发病场或有发病史的鸭场购入带毒的雏鸭引起。也可通过人员的参观，饲养人员的串舍及污染的用具、垫料和车辆等传播。鼠类也可机械性地传播本病。

流行特点 本病一年四季均可发生，但主要发生在孵化季节，我国南方多在2～5月和9～10月间，北方多在4～8月间，然而在一些养肉鸭的舍饲条件下，可常年发生，无明显季节性。饲养管理不当，鸭舍内湿度过高，饲养密度过大，卫生条件差，维生素和矿物质缺乏等都能促使本病的发生。

（2）临床症状

鸭肝炎病毒有3个血清型，即血清Ⅰ、Ⅱ、Ⅲ型。我国流行的鸭肝炎病毒主要为血清Ⅰ型。

Ⅰ型肝炎病毒所引起的鸭病毒性肝炎的症状主要表现为：潜伏期1～2 d，发病急，传播迅速，一般死亡多发生在3～4 d内。雏鸭初发病时表现为精神委靡、缩颈、翅下垂、不爱活动、行动呆滞或跟不上群，常蹲下，眼半闭，厌食，发病半日到1日即发生全身性抽搐，病鸭多侧卧，头向后背，故称"背脖病"，两脚痉挛性地反复踢蹬，有时在地上旋转。出现抽搐后，十几分钟即死亡（见彩图1-13）。喙端和爪尖淤血呈暗紫色，少数病鸭死前排黄白色和绿色稀粪。

Ⅱ型和Ⅲ型鸭肝炎病毒所引起的鸭病毒性肝炎的临床症状与Ⅰ型相似。

（3）病理变化

主要病变在肝脏；肝肿大，质脆，色暗或发黄，肝表面有大小不等的出血斑点（见彩图 1-14），胆囊肿胀呈长卵圆形，充满胆汁，胆汁呈褐色，淡茶色或淡绿色。脾有时见有肿大呈斑驳状。许多病例肾脏肿胀、充血。

（4）鉴别诊断

应注意与鸭瘟的鉴别，见鸭瘟的"鉴别诊断"。

（5）病原检查及确诊

鸭肝炎病毒属于小核糖核酸病毒科、肠道病毒属成员。血清Ⅰ型、Ⅱ型和Ⅲ型在血清学上有明显的差异，无交叉免疫性。本病毒与人和犬的肝炎病毒的康复血清不发生中和反应。我国常见的血清Ⅰ型能在 8～10 日龄鸡胚中增殖。鸡胚适应毒在鸭胚成纤维细胞上培养，可产生细胞病变。鸭胚肝或肾原代细胞可用来培养肝炎病毒。

突然发病，迅速传播和急性经过为本病的流行病学特征，结合肝肿胀和出血的病变特点可作出初步诊断，确诊需进行实验室诊断。

① 病毒分离。无菌取病死鸭肝脏，常规处理后接种非免疫的 10～12 日龄鸭胚或 9～11 日龄鸡胚，观察胚体死亡情况。10％～60％的鸡胚在接种病毒后 5～6 d 死亡，鸡胚发育不良或水肿、出血。收集鸭胚或死亡鸡胚的尿囊液做进一步鉴定。

② 病毒鉴定。

Ⅰ 中和试验　可用已知的 DHV 阳性血清和病毒作用后，接种鸭胚或鸡胚，观察病毒致死胚体的能力。

Ⅱ 血清保护试验　用 1～5 日龄易感雏鸭进行，每只皮下注射 1～2 mL DHV 阳性血清，1～3 d 后，每只肌注 0.2～0.5 mL 病毒分离物（尿囊液）或病料上清液，接种 DHV 阳性血清的雏鸭保护率达 80％～100％，而对照组鸭死亡率 50％以上。

以上两种试验特异性高，诊断准确，但用时较长，可根据实际情况选用。

③ 对照试验。将病料接种 1～7 日龄非免疫敏感雏鸭，复制出该病的典型症状和病理变化，而接种同一日龄的具有母源抗体的雏鸭，则有 80％～100％受到保护。此方法敏感可靠。

2. 防治措施

（1）处理

淘汰病死鸭，深埋或焚烧。对鸭群中没有母源抗体的雏鸭，可在 1～2 日龄用鸭病毒性肝炎高免血清或高免卵黄液每只皮下注射 0.5～1 mL。对发病初期雏鸭，用高免血清或高免卵黄液每只皮下注射 1.5～3 mL，同时选择头孢噻呋钠、氨苄西林钠等抗生素控制继发感染。在饮水中添加维生素 C，可增强机体抵抗力。

（2）预防

① 免疫接种。目前最常使用的疫苗为鸭肝炎鸡胚化弱毒疫苗。使用时分两种情况：

种鸭免疫：在收集种蛋前 4 周，用鸡胚化鸭肝炎弱毒疫苗给临产母鸭免疫，共两次，每次 1 mL，间隔两周。这些母鸭的抗体至少可维持 4 个月，其后代雏鸭母源抗体可保持 2 周左右，如此可度过最易感的危险期；但在一些卫生条件差，常发本病的鸭场，雏鸭在 10～14 日龄时仍需进行一次主动免疫。

雏鸭免疫：未经免疫的种鸭群，其后代应在 1 日龄皮下注射 0.5～1.0 mL 鸭肝炎鸡胚化弱毒苗，3～7 d 后可产生免疫力。

② 常规措施。做好孵化室、鸭舍及周围环境的卫生消毒。对4周龄以下的雏鸭单独饲养。加强饲养管理，配制全价日粮，坚持自繁自养和"全进全出"的饲养管理制度。

（十七）小鹅瘟

小鹅瘟是由小鹅瘟病毒引起的危害雏鹅的一种急性或亚急性败血症。临床特征为精神委顿、食欲废绝、严重下痢。主要病变为渗出性肠炎，小肠黏膜脱落，与凝固的纤维素性渗出物一起形成栓子，堵塞于肠腔。本病主要侵害4～20日龄雏鹅，传染迅速且病死率高，造成很大的危害，我国将其列为二类疫病。

1. 诊断要点

（1）流行病学

易感动物　自然感染病例仅见于鹅和番鸭的幼雏。白鹅、灰鹅和狮头鹅幼雏的易感性相似。雏鸭和雏鸡均有抵抗力。雏鹅的易感性随年龄的增长而减弱。1周龄以内的雏鹅死亡率可达100%，10日龄以上者死亡率一般不超过60%，20日龄以上的发病率低，而1月龄以上则极少发病。

传染源及传播途径　发病雏鹅和带毒种鹅是主要的传染源。最严重的暴发发生于病毒垂直传播后的易感雏鹅群。成年鹅呈亚临床或潜伏感染，作为带毒者并通过蛋将病毒传给孵化器中的雏鹅。病原体对不良环境的抵抗力很强，蛋壳上的病原体虽经一个月孵化期也未被消灭。孵坊环境及用具的严重污染，使孵出的雏鹅大批发病。此外，传染源可随粪便向外界排出大量病毒，健康鹅通过直接或间接接触而迅速感染。

流行特点　在每年全部更新种鹅的地区，本病的暴发与流行具有明显的周期性，在大流行后的一两年内都不致再次流行。用流行次年的雏鹅作人工感染试验，有75%能耐过，说明大流行之后的幸存者都获得坚强的免疫力，并传给下一代。有些地区在淘汰部分种鹅后，现补充种鹅，这些地区本病的流行不表现明显的周期性，每年均有发病，但死亡率较低，在20%～50%之间。

（2）临床症状

小鹅瘟的潜伏期与感染时雏鹅的日龄有关，出壳即感染者潜伏期为2～3 d，1周龄以上感染的潜伏期为4～7 d。根据病程可分为最急性型、急性型和亚急性型。

最急性型　3～7日龄发病者多见。常无前驱症状，发生败血症而突然死亡，或者一发现即极度衰弱，倒地乱划，挣扎几下就死亡，数日内即可传播全群。

急性型　多见于7～15日龄内的大多数病例。患病雏鹅表现精神沉郁，食欲减退或废绝，羽毛松乱，头颈缩起，闭眼呆立，离群独处，不愿走动，行动缓慢；病初虽能随群采食，但将啄得饲草随即甩去；半日后行动落后，打瞌睡、拒食，多饮水，排灰白或淡黄绿色稀粪，常混有气泡；呼吸用力，鼻端流出浆性分泌物，喙端色泽变暗；有个别患病雏鹅临死前出现颈部扭转或抽搐、瘫痪等神经症状。病程1～2 d。

亚急性型　15日龄以上雏鹅病程稍长的，一部分转为亚急性型，或发生于流行的末期、20日龄以上的雏鹅，其症状轻微，主要以行动迟缓，走路摇摆，下痢，采食量减少，精神状态略差为特征。病程一般4～7 d或更长，极少数病鹅可以自愈，但雏鹅吃料不正常，生长发育受到严重阻碍，成为"僵鹅"。

（3）病理变化

最急性型　剖检时仅见十二指肠黏膜肿胀、充血，有时可见出血，在其上面覆盖有大量的淡黄色黏液；肝脏肿大、充血、出血，质脆易碎；胆囊胀大、胆汁充盈，其他脏器的病变不明显。

急性型　表现为全身性败血症，全身脱水，皮下组织显著充血。心脏变圆，心房扩张，心肌松弛、晦暗无光，苍白。肝脏肿大，充血、出血，质脆；胆囊胀大，充满暗绿色胆汁。脾脏肿大，呈暗红色；肾脏稍肿大，呈暗红色，质脆易碎。本病特征性病变是空肠和回肠的急性卡他性、纤维素性、坏死性肠炎，整片肠黏膜坏死脱落，与凝固的纤维素性渗出物形成栓子或包裹在肠内容物表面形成假膜，堵塞肠腔。靠近卵黄蒂与回盲部的肠段，外观极度膨大，质地坚实，长 2～5 cm，状如香肠，肠管被一淡灰黄或淡黄色的栓子塞满。这一变化在亚急性病例更易看到（见彩图 1-15）。

亚急性型　剖检可见十二指肠的黏液增多，黏膜呈现橘黄色，小肠中后段膨大增粗，肠壁变薄，里面有容易剥离的凝固性栓子。肝脏肿大，呈棕黄色，胆囊明显膨大，胆汁充盈。胰腺颜色变暗，个别病例胰腺出现小白点。心肌颜色变淡，肾脏肿胀。法氏囊质地坚硬，内部有纤维素性渗出物。

（4）鉴别诊断

本病应注意与巴氏杆菌病、副伤寒和鹅球虫病进行鉴别诊断。见表 1-1-16。

表 1-1-16　小鹅瘟与巴氏杆菌病、副伤寒以及球虫病的鉴别诊断

病　名	流行特点	症　状	剖检变化
小鹅瘟	主要发生于 5～20 日龄雏鹅或番鸭，死亡率极高，成年鹅及其他禽类不发病	排黄白色或青绿色稀便	肠炎，肠管内有纤维素性栓子
巴氏杆菌病	除雏鹅外，其他禽类均可发病	通常突然发病和死亡，常有腹泻，粪便呈黄色或绿色	心冠脂肪、心外膜有出血点；肝脏有许多灰白色小坏死点；十二指肠黏膜弥漫性出血
副伤寒	1 周龄至 1 月龄鹅多发，发病率、死亡率较低	雏鹅感染后多呈败血症经过，突然死亡，下痢	肝脏肿大呈古铜色，有条纹状或针尖状出血和灰白色小坏死灶；心包积液
球虫病	1 周龄至 2 月龄鹅多发	粪便稀薄，常呈鲜红色或酱红色、棕色和棕褐色，并混有脱落的肠黏膜	小肠黏膜弥漫性出笼血，黏膜面粗糙不平，肠内容物为红色或红褐色液体

（5）病原检查及确诊

小鹅瘟病毒属于细小病毒科、细小病毒属的病毒，主要存在于病鹅的脑、肝、脾、血液和肠道内。本病毒没有血凝活性，与其他细小病毒没有抗原关系，与番鸭细小病毒存在显著差异。病毒可用鹅胚和番鸭胚分离。

本病具有特征的流行病学表现，遇有孵出不久的雏鹅群大量发病及死亡，结合症状和特有的病变，即可作出初步诊断。可通过实验室检查进行确诊。

① 病毒分离

无菌取病雏的脾、胰或肝脏等组织。把病料匀浆制成乳剂，离心后取上清液备用。取病料接种 12～15 日龄鹅胚尿囊腔，38℃继续孵育，弃去 24 h 内死胚，继续培养。由于病

毒的复制，鹅胚在 5～7 d 内致死，收获鹅胚尿囊液。胚体的主要病理变化为皮肤充血、出血及水肿，心肌变性呈瓷白色，肝脏变性或有坏死灶。

也可将病料接种于单层的鹅胚原代细胞培养，培养的细胞在接种后 3～5 d 出现细胞病变，用 HE 染色可见核内包涵体和合胞体形成。

② 病毒鉴定

上述培养结果可以通过免疫学检查进一步证实。主要方法有病毒中和试验、琼脂扩散试验和 ELISA。

③ 血清学试验

可采用中和试验、琼脂扩散试验、免疫荧光技术和 ELISA 等方法进行确诊。

2. 防治措施

(1)处理

① 处理病死鹅。对病死鹅尸体、内脏及排泄物等进行无害化处理。

② 隔离治疗。对病鹅及早注射抗小鹅瘟高免血清能制止 80%～90% 已被感染的雏鹅发病。但由于病程太短，对于症状严重的病雏，抗血清的疗效甚微。把鹅群按临床表现分群，进行紧急免疫接种，接种顺序为：假定健康鹅群→可疑鹅群→病鹅群。

③ 紧急消毒。使用 5%～10% 漂白粉、2% 火碱溶液，随时消毒污染的环境及用具。

(2)预防

① 免疫接种。在本病严重流行的地区，用小鹅瘟弱毒苗或强毒苗免疫母鹅是预防本病最经济有效的方法。但在未发病、受威胁区不用强毒免疫，以免散毒。

目前常用小鹅瘟鸭胚化弱毒苗。可在留种前一个月进行第一次接种，每只种鹅肌注绒毛尿囊腔弱毒苗原液 100 倍稀释物 0.5 mL，15 d 后进行第二次接种，每只肌注绒毛尿囊腔弱毒苗原液 0.1 mL。再隔 15 d 方可留种蛋。免疫母鹅所产后代全部能抵抗自然及人工感染，其效果能维持整个产蛋期。如种鹅未进行免疫，而雏鹅又受到威胁时，也可用雏鹅弱毒苗对刚出壳的雏鹅进行紧急预防接种，每只雏鹅皮下接种 1∶50～1∶100 倍稀释的弱毒疫苗 0.1 mL。

② 常规措施。小鹅瘟主要通过孵坊传播，因此孵坊中的一切用具设备，在每次使用后必须清洗消毒，收购来的种蛋应用福尔马林熏蒸消毒。如发现分发出去的雏鹅在 3～5 d 发病，即表示孵坊已被污染，应立即停止孵化，将房舍及孵化、育雏等全部器具彻底消毒。刚出壳的雏鹅要注意不与新引进的种蛋和大鹅接触，以防感染。对于已污染的孵坊所孵出的雏鹅，可立即注射高免血清。

● ● ● ● ● **拓展阅读**

我国科学家团队揭示新型 H_5N_1 禽流感病毒进化全貌

计 划 书

学习情境 1	禽传染病		
子情境 1	禽病毒性传染病		
计划方式	小组讨论、同学间互相合作共同制订计划		
序号	实施步骤	使用资源	备注

制订计划说明	

计划评价	班　级		第　　组	组长签字	
	教师签字			日　期	
	评语:				

决策实施书

学习情境 1	禽传染病
子情境 1	禽病毒性传染病

| | 讨论小组制订的计划书，做出决策 |

	组号	工作流程的正确性	知识运用的科学性	步骤的完整性	方案的可行性	人员安排的合理性	综合评价
计划对比	1						
	2						
	3						
	4						
	5						
	6						

| | 制订实施方案 |

序号	实施步骤	使用资源
1		
2		
3		
4		
5		

实施说明：

班　级		第　　组	组长签字	
教师签字			日　期	

评语：

评价反馈书

学习情境1	禽传染病				
子情境1	禽病毒性传染病				
评价类别	项目	子项目	个人评价	组内评价	教师评价
专业能力 （60%）	资讯（10%）	查找资料，自主学习（5%）			
		资讯问题回答（5%）			
	计划（5%）	计划制订的科学性（3%）			
		用具材料准备（2%）			
	实施（25%）	各项操作正确（10%）			
		完成的各项操作效果好（6%）			
		完成操作中注意安全（4%）			
		使用工具的规范性（3%）			
		操作方法的创意性（2%）			
	检查（5%）	全面性、准确性（3%）			
		操作中出现问题的处理（2%）			
	结果（10%）	提交成品质量			
	作业（5%）	及时、保质完成作业			
社会能力 （20%）	团队协作 （10%）	小组成员合作良好（5%）			
		对小组的贡献（5%）			
	敬业、吃苦 精神（10%）	学习纪律性（4%）			
		爱岗敬业和吃苦耐劳精神（6%）			
方法能力 （20%）	计划能力 （10%）	制订计划合理			
	决策能力 （10%）	计划选择正确			
意见反馈					

请写出你对本学习情境教学的建议和意见

	班　级		姓　名		学　号		总　评	
	教师签字		第　组		组长签字		日　期	
评价 评语	评语：							

子情境 2　禽细菌性及真菌性传染病

●●●●● **学习任务单**

学习情境 1	禽传染病	学　时	48
子情境 2	禽细菌性及真菌性传染病	学　时	22
布置任务			

学习目标	知识目标 　　1. 明确禽常见细菌性及真菌性传染病的种类及其基本特征。 　　2. 明确禽常见细菌性及真菌性传染病的主要流行特点、典型的临床症状和病理变化。 技能目标 　　1. 能够综合运用流行病学调查、临床诊断、病理剖检诊断方法，对禽细菌性和真菌性传染病进行现场诊断。 　　2. 熟悉禽常见细菌和真菌的形态，能够根据细菌和真菌的特性选择实验室诊断方法，准确诊断疾病。 　　3. 能够根据细菌病和真菌病的诊断结果，正确选择药物予以治疗。 　　4. 能针对鸡场细菌病和真菌病发病情况予以综合防治。 　　5. 对鸡场常见细菌性和真菌性疾病，能够提出合理的防治方案，并正确实施操作。 素养目标 　　1. 强化团队合作习惯，养成严谨认真，安全生产的工作态度。 　　2. 建立良好的职业自信，培养工匠精神，提升职业道德和树立爱岗敬业意识。
任务描述	1. 通过解答资讯问题和完成教师布置的课业，对禽常见细菌性和真菌性传染病种类和各种疾病的基本特征有初步认识。 　　2. 针对病例进行鸡场的流行病学调查，查清鸡场发病的流行病学基本情况，并对调查的情况进行归纳、整理和分析。 　　3. 针对病例进行临床诊断，查清鸡群发病症状和病(死)鸡的临床表现。 　　4. 对病例中的病(死)鸡进行病理剖检，查清其病理变化。 　　5. 结合资讯内容，查找相关资料，对病例做出诊断。 　　6. 针对怀疑诊断，结合病原特征，设计实验室诊断方法，并进行操作。 　　7. 针对实验室诊断结果，得出确诊结论。 　　8. 结合资讯内容，查找相关资料，对确诊的疾病提出预防措施，合理选择药物并给药；设计免疫程序，选用合适的疫苗，并正确实施免疫。 　　9. 学习"相关信息单"中的"相关知识"内容，熟练掌握禽常见细菌性和真菌性传染病的诊断要点和防治措施，能正确解答"资讯问题"。

学时分配	资讯 10 学时	计划 2 学时	决策 1 学时	实施 6 学时	考核 2 学时	评价 1 学时

续表

提供资料	1. 相关信息单 2. 教学课件 3. 禽病防治网：http：//www. yangzhi. com/zt2010/dwyy _ dwmz _ qin. html 4. 中国禽病论坛网：http：//www. qinbingluntan. com/
对学生 要求	1. 以小组为单位完成各项任务，体现团队合作精神。 2. 严格遵守禽场、剖检室和传染病诊断室消毒、防疫制度。 3. 严格按照操作规范处理抗原和诊断液。 4. 严格按照规范做好人身防护，避免自身感染及成为病原传播媒介。 5. 严格遵守诊所和实训室各项制度，爱护各种诊断工具。

●●●●● 任务资讯单

学习情境 1	禽传染病
子情境 2	禽细菌性及真菌性传染病
资讯方式	学习"相关信息单"中的"相关知识"、观看视频、到本课程网站和相关网站查询资料、到图书馆查阅相关书籍。向指导教师咨询。
资讯问题	1. 禽沙门氏菌病有几种类型？各类型有何特点？ 2. 鸡白痢的临床症状及剖检变化是什么？ 3. 怎样进行鸡白痢的实验室诊断？ 4. 一旦发生鸡白痢应采取哪些措施？ 5. 如何对鸡群进行鸡白痢监测？ 6. 禽伤寒有哪些流行特点？ 7. 禽伤寒的临床表现和剖检变化是什么？ 8. 如何进行禽伤寒的实验室诊断？ 9. 发生禽伤寒疫情后怎样治疗？治疗时应注意什么？ 10. 禽副伤寒有哪些流行特点？ 11. 禽副伤寒的临床表现和剖检变化是什么？ 12. 禽副伤寒有何公共卫生特点？ 13. 禽霍乱的病原是什么？有何主要生物学特征？ 14. 禽霍乱有哪些流行特点？ 15. 禽霍乱的主要临床表现和剖检变化是什么？ 16. 如何进行禽霍乱的实验室诊断？ 17. 发生禽霍乱疫情后怎样治疗？治疗时应注意什么？ 18. 禽大肠杆菌病的病原是什么？有何主要生物学特征？ 19. 禽大肠杆菌病有哪些流行特点？ 20. 禽大肠杆菌病分几种类型？各类型有何临床表现和剖检变化？ 21. 如何进行禽大肠杆菌病实验室诊断？ 22. 发生禽大肠杆菌病疫情后怎样治疗？治疗时应注意什么？ 23. 预防禽大肠杆菌病有哪些措施？ 24. 鸡葡萄球菌病在临床上有哪几种类型？各类型有哪些主要特点？

续表

| 资讯问题 | 25. 鸡葡萄球菌病流行特点是什么？如何预防？
26. 鸡葡萄球菌病主要的临床症状和病理变化特点是什么？
27. 鸡葡萄球菌病如何治疗和预防？
28. 传染性鼻炎的病原是什么？如何分离培养该病原菌？
29. 传染性鼻炎有哪些主要临床症状和病理变化？
30. 如何治疗和预防传染性鼻炎？
31. 鸡坏死性肠炎的病原是什么？其有何主要生物学特征？
32. 鸡坏死性肠炎有哪些流行特点？
33. 鸡坏死性肠炎的临床症状及剖检变化是什么？
34. 怎样进行鸡坏死性肠炎的实验室诊断？
35. 发生鸡坏死性肠炎疫情后怎样治疗？治疗时应注意什么？
36. 禽弯曲杆菌性肝炎的病原是什么？有何主要生物学特点？
37. 禽弯曲杆菌性肝炎的主要症状和病理变化是什么？
38. 鸡绿脓杆菌病的病原是什么？有何主要生物学特点？
39. 鸡绿脓杆菌病的主要症状和病理变化是什么？
40. 雏鸡绿脓杆菌病暴发和流行的主要原因是什么？如何防治？
41. 鸭传染性浆膜炎的病原是什么？有何主要生物学特点？
42. 鸭传染性浆膜炎有哪些流行病学特点？
43. 鸭传染性浆膜炎主要临床症状和病理变化是什么？
44. 鸡慢性呼吸道病的病原是什么？有何主要生物学特征？
45. 鸡慢性呼吸道病有何流行病学特点？
46. 鸡慢性呼吸道病如何治疗？
47. 鸡慢性呼吸道病有哪些切实可行的预防措施？
48. 滑液囊支原体感染临床症状和病理变化有何特征？
49. 如何防治滑液囊支原体病？
50. 鸭传染性窦炎有哪些主要临床症状和病理变化？
51. 禽曲霉菌病的病原是什么？有何生物学特点？
52. 禽曲霉菌病是怎么发生和传播的？
53. 禽曲霉菌病有哪些主要临床症状和病理变化？
54. 如何诊断和防治禽曲霉菌病？
55. 如何诊断禽念珠菌病？
56. 如何诊断禽弯曲杆菌性肝炎？ |
| 资讯引导 | 1. 在信息单中查询；
2. 进入相关网站查询；
3. 查阅相关资料。 |

●●●● **相关信息单**

【学习情境1】

禽传染病

【子情境2】

禽细菌性及真菌性传染病

项目1　禽细菌性传染病病例的诊断与防治(1)

 病例1

某养鸡户从外地购进海兰灰雏鸡苗3 000只，7日龄时开始发病，当日死亡70多只，而后死亡逐日增多，10日龄时死亡超过一半。病雏表现为精神委顿，闭眼，缩头，拱背，羽毛逆立。怕冷寒战，常聚集成堆，身体蜷缩成团，不吃饲料，翅及尾下垂，姿态异常。排白色黏稠稀便，有的玷污肛门周围绒毛，干后与肛周绒毛结成石膏样硬块，堵塞肛门，排粪时常发出尖叫声。一些病鸡气喘，呼吸困难。有些病鸡出现胫跗关节和附近的滑膜鞘肿胀，表现跛行，严重时蹲伏地上。病鸡很快死亡。对病鸡使用氟苯尼考治疗，症状缓解，全群死亡减少。经询问饲养人员，该鸡群已进行新城疫、马立克氏病的首次免疫接种。

兽医人员剖检病死鸡8只，发现死鸡眼睛下陷，脚趾干枯。肝脏肿大、充血，并有条纹状出血，有些病鸡肝脏表面有"雪花样"坏死灶；肺脏形成灰白至灰黄色坏死性结节。脾脏肿大、充血；卵黄吸收不良，未吸收的卵黄干枯呈带黄色的奶油状或干酪状。盲肠膨大，内有奶酪样凝结物。有的病死鸡在脾脏、心肌、肌胃、肠管等部位可见隆起的白色结节。

任务1　诊断病例

一、现场诊断

(一)流行病学调查

根据流行病学调查的基本方法，对病例中的鸡场进行流行病学调查，整理该病例的流行病学特点，通过查阅"提供材料"和学习"相关知识"，对病例的流行病学特点进行分析，见表1-2-1。

表 1-2-1 病例的流行病学表现及分析

病例表现	特点概要	分 析
某养鸡户从外地购进海兰灰雏鸡苗 3 000 只，7 日龄时开始发病，当日死亡 70 多只，而后死亡逐日增多，10 日龄时死亡超过一半。对病鸡使用氟苯尼考治疗，症状缓解，全群死亡减少。经询问饲养人员，该鸡群已进行新城疫、马立克氏病的首次免疫接种。	①病程短，传播快。 ②死亡率高。 ③雏鸡发病。 ④从外地购进。 ⑤抗生素治疗有效。 ⑥已进行新城疫、马立克氏病免疫。	①传染性疾病。 ②疑似为细菌性传染病。 ③本病鸡雏危害严重。

（二）临床检查

按照临床检查的基本方法和检查内容，对案例发病鸡群进行检查，并在查阅"提供材料"和学习"相关知识"的基础上，对其症状进行整理分析，见表 1-2-2。

表 1-2-2 病例的临床表现及分析

临床症状	特点概要	分 析
病雏表现为精神委顿，闭眼，缩头，拱背，羽毛逆立。怕冷寒战，常聚集成堆，身体蜷缩成团，不吃饲料，翅及尾下垂，姿态异常。排白色黏稠稀便，有的玷污肛门周围绒毛，干后与肛周绒毛结成石膏样硬块，堵塞肛门，排粪时常发出尖叫声。一些病鸡气喘，呼吸困难。有些病鸡出现胫跗关节和附近的滑膜鞘肿胀，表现跛行，严重时蹲伏地上。病鸡很快死亡。	①雏鸡发病。 ②沉郁，畏寒，厌食。 ③白色糊状稀便，污染肛门。 ④呼吸困难。 ⑤关节炎。	症状与鸡白痢、禽伤寒、禽副伤寒、禽大肠杆菌病的症状相似。发病年龄与鸡白痢、禽副伤寒更接近。

（三）病理剖检

按照鸡剖检的术式和检查方法，对病例鸡群的病鸡或死鸡进行剖检。在查阅"提供材料"和学习"相关知识"的基础上，找出该病例的特征性病理变化，进行整理分析。分析情况见表 1-2-3。

表 1-2-3 病例的病理变化及分析

病理剖检变化	剖检特点	分 析
病死鸡脱水，眼睛下陷，脚趾干枯。肝脏肿大、充血，并有条纹状出血，有些病鸡肝脏表面有"雪花样"坏死灶；肺脏形成灰白至灰黄色坏死性结节。脾脏肿大、充血；盲肠膨大，内有奶酪样凝结物。病程稍长时，在肝脏、脾脏、心肌、肌胃、肠管等部位可见隆起的白色结节。卵黄吸收不良，未吸收的卵黄干枯呈带黄色的奶油状或干酪状。	①肝脏肿大充血，呈条纹状出血，有些病鸡肝脏表面有"雪花样"坏死灶。 ②肺脏有灰白至灰黄色坏死性结节。 ③盲肠膨大，内有奶酪样凝结物。 ④脾肿大，充血。 ⑤多组织脏器的白色结节。 ⑥卵黄吸收不良。	与鸡白痢、禽副伤寒的病理变化相似。

（四）现场诊断结果

通过流行病学调查、临床检查和病理剖检，初步诊断该病例可能为鸡白痢或禽副伤寒。进一步确诊需进行实验室诊断。

二、病原检查及确诊

在现场初步诊断为鸡白痢、禽副伤寒的基础上，针对沙门氏菌的特点，采用细菌的分离培养和鉴定的方法进行实验室诊断。

鸡白痢平板
凝集实验

（一）材料准备

器材：显微镜、酒精灯、接种环、载玻片、擦镜纸、吸水纸、超净工作台、微量移液器及滴头、采血针头、玻璃铅笔等。

染色液及试剂：革兰氏染色液、美蓝染色液、香柏油、二甲苯等。

培养基：SS 琼脂平板、麦康凯琼脂平板、三糖铁琼脂培养基、三糖铁半固体培养基。

抗原及血清：沙门氏菌 A-F 多价 O 血清、O_9 因子血清、O_{12} 因子血清、H-a 因子血清、H-d 因子血清、H-g. m 因子血清和 H-g. p 因子血清。

实验动物：病例 1 中的病鸡。

（二）操作过程

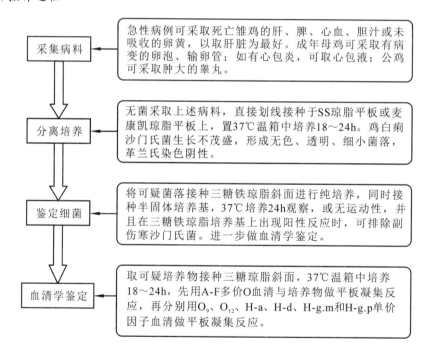

（三）实验室检测结果

培养物与 O_9、O_{12} 血清呈阳性反应，与 H-a、H-d、H-g. m 和 H-g. p 呈阴性反应，鉴定病原为鸡白痢沙门氏菌。

三、确定诊断，开具诊断报告

在现场诊断提出怀疑诊断的基础上，根据实验室诊断结果，确诊该病例为鸡白痢。

任务2 鸡白痢的防治

一、疫情处理

(1)处理病死鸡：对病死鸡尸体、内脏及排泄物等进行焚烧或深埋。

(2)发病鸡群：迅速隔离，应用药物治疗。最好先做药物敏感性试验，选择敏感药物进行治疗。目前常用氟苯尼考、恩诺沙星或阿莫西林饮水，按说明剂量添加，重症加倍，或饲料中按饮水剂量的1倍量添加。最好三种药物交替使用，每种用3 d。

(3)假定健康鸡群：可使用以上的药物进行预防。

(4)紧急消毒：对鸡舍、用具等使用2%～3%来苏儿、0.1%升汞、0.2%福尔马林溶液进行消毒。

二、治疗

鸡场一旦发生鸡白痢，可选择呋喃类、磺胺类、氨苄青霉素、喹诺酮类药物、庆大霉素、阿米卡星、链霉素等对本病都有很好的疗效，最好在药敏试验的基础上选择药物，并注意交替用药。常用药物给药方法及参考剂量：

(1)氟苯尼考：每千克体重20 mg拌料，一日2次，连用3～5 d。

(2)每只鸡每天用氨苄青霉素2 000 IU拌料喂服，连用7 d。

(3)每千克饲料加入磺胺脒(或碘胺嘧啶)10 g(即20片)或磺胺二甲基嘧啶5 g(即10片)拌料喂鸡，连用5 d。

(4)每千克饲料加入氟哌酸(环丙沙星或恩诺沙星)30 mL(即三支)，连用3～5 d。

三、预防

(一)药物和微生态制剂预防

药物和微生态制剂预防是控制本病的有效方法。对本病易感年龄雏鸡，使用敏感药物预防本病可收到良好的效果。出壳后1～2 d的雏鸡可用0.1%高锰酸钾饮水。10～20日龄的雏鸡可在饲料和饮水中加入微生态制剂，如促菌生、抗痢全、乳酸杆菌等。使用时应注意，微生态制剂是活菌剂，不能与抗微生物药物同时应用。

(二)常规措施

1.加强饲养管理

采用自繁自养、全进全出的管理措施和生产模式。雏鸡入舍前，对鸡舍、设备、用具及环境进行彻底消毒。在育雏阶段要注意保持室内清洁，温度、湿度要恒定。定期进行带菌鸡消毒。要注意通风换气，鸡群饲养密度要适当，供给全价饲料。

2.做好孵化消毒

种蛋必须来自健康鸡场。对收集的种蛋先用0.1%的新洁尔灭消毒，然后放入种蛋消毒柜，做甲醛熏蒸消毒，然后再送入蛋库中储存。种蛋放入孵化器后进行第二次熏蒸，排气后按孵化程序进行孵化。出雏60%～70%时，再用半量的甲醛、福尔马林熏蒸消毒15 min。

3.加强检疫，做好种鸡场净化

鸡白痢主要是通过种蛋垂直传播的，因此淘汰种鸡群中的带菌鸡是控制本病的最重要措施。种鸡(包括公鸡)在40～70日龄时逐只用全血平板凝集试验进行第一次检疫，阳性鸡和可疑鸡淘汰或转为商品鸡。以后每隔一个月检疫一次，连续3次。公鸡要求在12月龄后再进行 1～2 次检疫，阳性者淘汰或转为商品鸡。

种鸡的检测办法通常采用全血平板凝集试验。具体操作方法如下：

（1）材料准备

器材：白瓷板、玻璃铅笔、微量加样器、吸头、75% 酒精棉、采血针等。

生物制品：鸡伤寒和鸡白痢多价全血平板凝集染色抗原、鸡白痢强阳性血清、弱阳性血清、阴性血清。

（2）操作步骤

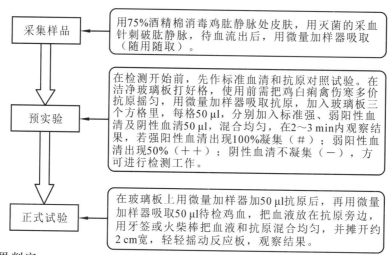

采集样品 → 用 75% 酒精棉消毒鸡肱静脉处皮肤，用灭菌的采血针刺破肱静脉，待血流出后，用微量加样器吸取（随用随取）。

预实验 → 在检测开始前，先作标准血清和抗原对照试验。在洁净玻璃板打好格，使用前需把鸡白痢禽伤寒多价抗原摇匀，用微量加样器吸取抗原，加入玻璃板三个方格里，每格 50 μl，分别加入标准强、弱阳性血清及阴性血清 50 μl，混合均匀，在 2～3 min 内观察结果，若强阳性血清出现 100% 凝集（♯）；弱阳性血清出现 50%（＋＋）；阴性血清不凝集（－），方可进行检测工作。

正式试验 → 在玻璃板上用微量加样器加 50 μl 抗原后，再用微量加样器吸取 50 μl 待检鸡血，把血液放在抗原旁边，用牙签或火柴棒把血液和抗原混合均匀，并摊开约 2 cm 宽，轻轻摇动反应板，观察结果。

（3）结果判定

①凝集反应判定标准：

100%（♯）凝集：紫色凝集块大而明显，混合液稍混浊（如图 1-2-1）；

75%（＋＋＋）凝集：紫色凝集块较明显，混合液有轻度混浊；

50%（＋＋）凝集：出现明显的紫色凝集颗粒，但混合液较为混浊；

25%（＋）凝集：仅出现少量的细小颗粒，而混合液混浊。

0%（－）凝集：无凝集颗粒出现，混合液混浊。

②在 2 min 内，被检全血与抗原出现 50%（＋＋）以上凝集者为阳性，不发生凝集则为阴性，介于两者之间为可疑反应。将可疑鸡隔离饲养 1 个月后再做检疫，若仍为可疑反应，按阳性反应判定。

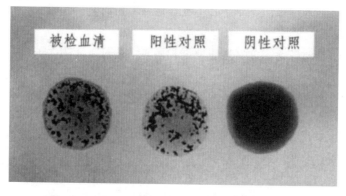

图 1-2-1　全血平板凝集反应被检血清 100% 凝集

（4）注意事项

①抗原在使用前必须充分摇匀，若有沉淀或已经过期失效，则不能用。

②试验前必须做阴性、阳性血清对照。

③试验温度要求 20℃以上；若达不到 20℃，可用酒精灯加热。

④采血针头只能使用一次，微量加样器的吸头每次一换，不重复使用。

项目 2 禽真菌性传染病病例的诊断与防治（2）

 病例 2

2009 年夏，双城市持续阴雨连绵。某种鸡场外购种鸡雏 7 500 只，在饲养一周后个别雏鸡开始精神不振、不愿走动、翅膀下垂、羽毛松乱，常常呆立在鸡舍中，闭眼嗜睡，采食量下降，饮水量稍减少，呼吸困难、喘息。将雏鸡放在耳边仔细听可听见细小的水泡音。有些病鸡摇头、甩鼻、打喷嚏，鼻孔周围有黏液性的分泌物，黏液和附着的脏物形成痂垢，病鸡每天死亡 3～5 只，到 10～12 日龄时，半数以上鸡发病，病鸡出现顽固性腹泻，腹泻物呈黄绿色糊状。呼吸道症状严重，有的病鸡张口呼吸，有的甩头、打喷嚏。有的病鸡头向后仰或趴在地上昏睡。个别病鸡结膜潮红，眼睑肿大，瞬膜下有一个小隆起，用力挤压可以挤出黄白色的干酪样的坏死物，有的病例角膜出现混浊、溃疡。极个别的病鸡出现头后仰，旋转等神经症状，这时死亡率增高，每天死亡 20～30 只。饮水中添加氟苯尼考、氧氟沙星等药物后，病情不见好转。发病持续 3 周，死亡雏鸡 854 只，死亡率 11.36%。

兽医人员剖检病死鸡，发现病理变化主要集中在肺脏、气囊等部位。肺脏表面有纤维素性坏死渗出物，肺脏常与胸壁粘连，表面粗糙不平。肺脏的坏死结节从粟粒到绿豆大小不等，结节呈灰白色、黄白色，整个肺脏都有分布。用手轻轻按压肺脏可以感觉到柔软的肺组织内有硬的坏死性结节。切开坏死性结节，中间的内容物呈干酪样，有层状结构。气囊表面有灰白色的坏死点，气囊壁增厚、混浊，有的有灰白色结节，或灰绿色斑块。肾脏肿胀，有灰白色结节。病程较长的病鸡肝脏肿大，呈土黄色，表面有灰白色的坏死性结节。腹壁上有黄绿色菌斑。

任务 1 诊断病例

一、现场诊断

（一）流行病学调查

通过采用流行病学调查的基本方法进行调查，了解病例鸡群发病的基本情况。在查阅"提供材料"和学习"相关知识"的基础上，针对病例的流行病学特点，进行病例分析。分析情况见表 1-2-4。

表 1-2-4　病例的流行病学调查情况及分析

病例表现	特点概要	分　析
气候阴雨连绵。某种鸡场外购种鸡雏 7 500 只，在饲养一周后发病。病鸡每天死亡 3～5 只，到 10～12 日龄时，半数以上鸡发病，每天死亡 20～30 只。饮水中添加氟苯尼考、氧氟沙星等药物后，病情不见好转。发病持续 3 周，死亡雏鸡 854 只，死亡率 11.36%。	①气候潮湿。 ②雏鸡发病。 ③传播迅速，发病率半数以上。 ④死亡率 10% 以上。 ⑤氟苯尼考、氧氟沙星治疗无效。	①可能为传染病。 ②非细菌性传染病的可能性大。

（二）临床检查

通过对鸡场的群体检查和病鸡的个体检查，查明病例的临床症状，并在查阅"提供材料"和学习"相关知识"的基础上，对症状进行整理分析，见表 1-2-5。

表 1-2-5　病例的临床症状及分析

病例表现	特点概要	分　析
雏鸡开始精神不振、不愿走动、翅膀下垂、羽毛松乱，常常呆立在鸡舍中，闭眼嗜睡，采食量下降，饮水量稍减少，呼吸困难、喘息。将雏鸡放在耳边仔细听可听见细小的水泡音。有些病鸡摇头、甩鼻、打喷嚏，鼻孔周围有黏液性的分泌物，黏液和附着的脏物形成痂垢，到 10～12 日龄时，病鸡出现顽固性腹泻，腹泻物呈黄绿色糊状。呼吸道症状严重，有的病鸡张口呼吸，有的甩头、打喷嚏。有的病鸡头向后仰或趴在地上昏睡。个别病鸡结膜潮红，眼睑肿大，瞬膜下有一个小隆起，用力挤压可以挤出黄白色的干酪样的坏死物，有的病例角膜出现混浊、溃疡。极个别的病鸡出现头后仰，旋转等神经症状。	①急性经过。 ②雏鸡沉郁，采食、饮水下降。 ③呼吸困难，有啰音，流鼻液。 ④腹泻，黄绿色糊状。 ⑤个别鸡出现眼炎。 ⑥麻痹、跛行等神经症状。	与鸡曲霉菌病、败血支原体感染、雏鸡白痢症状基本符合。

（三）病理剖检

按照鸡剖检的术式和检查方法，对病例鸡群的病鸡或死鸡进行剖检。在查阅"提供材料"和学习"相关知识"的基础上，找出该病例的特征性病理变化，进行整理分析。分析情况见表 1-2-6。

表 1-2-6　病例的病理变化及分析

病理剖检变化	特点概要	分　析
兽医人员剖检病死鸡，病理变化主要集中在肺脏、气囊等部位。肺脏表面有纤维素性坏死渗出物，肺脏常与胸壁粘连，表面粗糙不平。肺脏的坏死结节从粟粒到绿豆大小不等，结节呈灰白色、黄白色，整个肺脏都有分布。用手轻轻按压肺脏可以感觉到柔软的肺组织内有硬的坏死性结节。切开坏死性结节，中间的内容物呈干酪样，有层状结构。气囊表面有灰白色的坏死点，气囊壁增厚、混浊，有的有灰白色结节，或灰绿色斑块。肾脏肿胀，有灰白色结节。病程较长的病鸡肝脏肿大，呈土黄色，表面有灰白色的坏死性结节。腹壁上有黄绿色菌斑。	①肺脏有坏死性结节。 ②气囊增厚，有灰白色结节或灰绿色霉菌斑。 ③肾脏、肝脏和腹壁上有结节或菌斑。	与鸡曲霉菌病的剖检变化相似。

（四）现场初步诊断结果

综合流行病学特点、临床症状及剖检变化，初步诊断病例 2 为鸡曲霉菌病，进一步确诊需进行实验室诊断。

二、病原检查及确诊

曲霉菌病的病原菌主要是烟曲霉菌，因此病原检查以检查烟曲霉为目标。

（一）材料准备

（1）器材：显微镜、接种环、剖检针、载玻片、盖玻片、酒精灯等。

（2）试剂：美蓝染色液、乳酸酚棉蓝染色液、10％氢氧化钠等。

（3）培养基：沙堡弱琼脂培养基、马铃薯琼脂培养基。

（4）病例中的待检病鸡病料。

（二）操作过程

1. 镜检

无菌取发病或新死鸡肺脏和气囊上的结节病灶，置于载玻片上，滴加 10％ 的 NaOH 1 滴，盖上盖玻片，再用一张载玻片轻轻按压，镜检可以看见曲霉菌的菌丝和孢子。

曲霉菌的形态特征为分生孢子呈串珠状，在孢子柄膨大形成烧瓶形的顶囊，囊上分生孢子呈放射状排列（图 1-2-2）。

2. 病原分离和鉴定

无菌操作挑取肺脏、肝脏、气囊等组织的坏死性结节，以点种法接种于沙堡弱琼脂培养基或马铃薯琼脂培养基，28℃培养，第 3 d 开始出现霉菌的菌落，培养 5～6 d 后菌落生长到直径 2～3 cm 的大菌落（图 1-2-3）。初期菌落为白色，菌丝体密集，随着分生孢子的形成，菌落变为黄色，稍带绿色，菌落边缘为白色；有的菌落为橄榄绿色，表面有褶皱。此菌落的特征与烟曲霉菌落特征相符合。滴加 1 滴美蓝染色液，用剖检针挑取适量菌落置于载玻片上，加盖盖玻片镜检，可见曲霉菌。

3. 检查和鉴定结果

确检为曲霉菌。

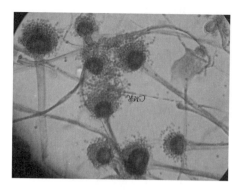

图 1-2-2　曲霉菌分生孢子形态　　　　　图 1-2-3　曲霉菌菌落

三、确定诊断，开具诊断报告

在现场诊断提出怀疑诊断的基础上，根据实验室诊断结果，确诊该病例为鸡曲霉菌病。

任务 2　鸡曲霉病防治

一、预防

主要预防措施是加强日常饲养和卫生管理制度。

(1)保持鸡舍环境卫生清洁干燥，加强通风换气，及时清洗和消毒水槽。经常翻晒垫料，妥善保存。尤其是阴雨季节，防止霉菌生长繁殖。

(2)种蛋库和孵化室经常消毒，保持卫生清洁、干燥。对污染的育雏室进行严格处理，彻底消除霉变的垫料，然后用福尔马林熏蒸消毒或用 0.4% 过氧乙酸喷雾消毒。经过通风、更换清洁垫料后方可使用。

(3)饲料应保证质量，防止发霉。不使用发霉的垫料和饲料。在饲料加工、配制、运输、存储过程中，尽量防止霉变。饲料中可添加一些抗真菌制剂，以防止真菌生长。

二、处理及治疗

(一)处理

确诊为本病后，对发病禽群，针对发病原因，立即更换垫料、停喂和更换霉变饲料，清扫和消毒禽舍，给病禽群用链霉素饮水或饲料中加入土霉素等抗菌药物，防止继发感染，这样可在短时期内降低发病和死亡，从而控制本病。

(二)治疗

目前尚无特效的治疗方法。用制霉菌素防治有一定效果，剂量为每 100 只雏鸡用 50 万 IU，拌料喂服，日服 2 次，连用 2~3 d。或用克霉唑(三苯甲咪唑)，每 100 只雏鸡用 1 g，拌料喂服，连用 2~3 d。

● ● ● ● ● **必备知识**

一、细菌性传染病的实验室诊断方法

细菌是原核生物界中一大类个体微小、形态和结构简单的具有细胞壁的单细胞微生物，经过染色后可以在光学显微镜下观察到。各种细菌在一定的环境条件下，具有相对恒

定的形态结构、培养特性和生理生化特性，可以把这些特性作为鉴定细菌的依据。

细菌性传染病的实验室诊断应结合患禽的流行病学情况、临床症状和病理变化等情况有目的地进行，并尽可能以简便、快速的方法获得诊断结果。

由于细菌种类繁多，生物学性状复杂，故一种细菌的科、属、种、型的确定需要多种鉴定方法。禽细菌性传染病的实验室诊断程序如图 1-2-4 所示。

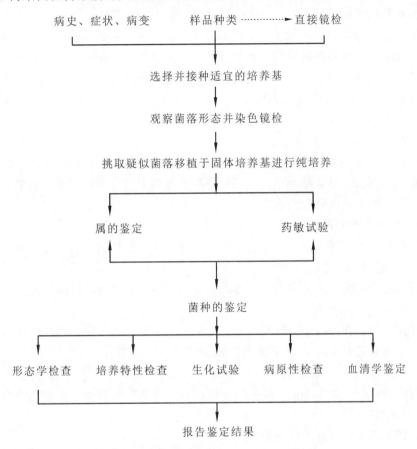

图 1-2-4 禽细菌性传染病的实验室诊断程序

二、禽细菌性传染病的药物治疗注意事项

禽细菌性传染病大多可选择适当的抗生素类药物进行治疗。治疗中要注意结合禽类的生理特点，按照食品安全要求，选择和使用适当的药物。

(一)鸡的生理特点及选药注意事项

1. 鸡的消化道呈酸性，而呋喃类药物在酸性条件下，效力和毒力同时增强，易发生中毒，故对鸡使用呋喃类药物时要严格控制用量。

2. 鸡的蛋白质代谢产物为尿酸，尿液的 pH 与家畜有明显区别，一般为 5.3 左右，在使用磺胺类药物时应予以注意，易造成肾脏的损伤。

3. 鸡一般无逆呕动作，所以不宜使用催吐药物，所以当鸡服药过多或发生中毒时，应采用嗉囊切开术加以排除。

4. 鸡的味觉功能较差，所以苦味健胃药对鸡不适用。鸡对咸味没有鉴别能力，所以饲料中如食盐过多易中毒。

5. 鸡有气囊，气体经过肺运行，并循着肺内管道进出气囊，所以气雾法是适用于鸡的给药途径。

（二）使用抗菌药时的注意事项

1. 防止滥用抗菌药

对于禽病，要在正确诊断的基础上，应用适当的药物，有条件的最好做药敏试验，选择最敏感的药物用于防治。使用药物时应严格控制剂量和用药次数与时间，首次剂量宜大，以保证药物在体内的有效浓度。疗程不能太短或太长。用药期间应密切注意药物可能产生的不良反应，及时停药或换药。若有疗效好、来源广、价格便宜的中草药，应尽量选择，代替抗菌药使用。微生物制剂防治禽细菌性下痢效果较好，通过消化道内竞争性排斥作用抑制病原菌，维持肠道内的正常菌群，促进有益菌的生长繁殖。安全、无毒、无污染，不产生副作用与耐药性。

2. 发挥协同作用，防止配伍禁忌

抗菌药物联合使用时，应尽量发挥其协同作用，考虑是否出现配伍禁忌，并注意避免。如新诺明与甲氧苄氨嘧啶合用，抗菌效果可增强数十倍，而红霉素与青霉素、磺胺嘧啶钠合用，可产生沉淀而降低药效。

3. 防止细菌产生耐药性

除了掌握抗生素的适应症、剂量、疗程外，还应注意选择敏感药物交替用药。

4. 选择合适的给药方法

使用药物时应严格按照说明书及标签上规定的给药方法给药，以确保药物的疗效。

5. 适当停药

对毒性强的药物在使用时应特别小心，以免发生中毒。为了防止鸡肉、蛋产品中的药物残留，鸡在出售或屠宰前 5～7 d 必须停药。

6. 减少抗菌药对疫苗的影响

在注射疫苗或疫苗尚未形成足够的抗体期间，禁用抗生素和磺胺类药物。碱性强的药物不宜与疫苗同时使用。

三、禽常见细菌性及真菌性传染病

（一）鸡白痢

鸡白痢是由鸡白痢沙门氏菌引起的，主要侵害 2～3 周龄雏鸡和雏火鸡，以排白色糊状粪便为特征的传染病。病理特征为肝脏表面"雪花样"坏死灶，肺脏形成灰白至灰黄色坏死性结节。雏鸡的发病率和死亡率很高，成年鸡呈慢性或隐性感染。

1. 诊断要点

（1）流行病学

易感动物　本病主要侵害雏鸡和火鸡，2～3 周龄内雏鸡发病率、死亡率最高，中鸡偶然亦可爆发高死亡率的疫情，成鸡主要是呈隐性或慢性感染。

传染源及传播途径　病鸡、带菌鸡是主要传染源。本病既可以经过消化道、呼吸道等途径水平传播，也可以垂直传播。经蛋垂直传播（包括蛋壳污染和蛋内带菌）是本病最重要的传播方式。带菌鸡所产的蛋约 30％带菌，大部分带菌蛋的胚胎在孵化过程中死亡或停止发育。少数能孵出雏鸡，这种带菌的雏鸡往往在出壳后不久发病，成为重要的传染源。病雏胎绒的飞散、粪便的污染，使孵化室、育雏室内的用具、饲料、饮水、垫料及其环境都被严重污染，可使同群雏鸡感染。感染后的雏鸡多数死亡，但有一部分带菌的雏鸡始终不表现症状，但长大后大部分成为带菌鸡（图1-2-5）。

流行特点　饲养管理不当，环境卫生恶劣，鸡群过于密集，育雏温度偏低或波动过大，环境潮湿，虫、鼠等大量滋生等因素对本病的流行具有明显的促进作用。

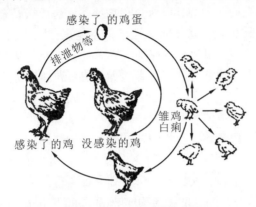

图1-2-5　鸡白痢的循环传播

（2）临床症状

雏鸡　病雏精神委顿，不吃饲料，怕冷、寒战，羽毛逆立，缩头，身体蜷缩，翅膀下垂，精神沉郁或昏睡，排白色浆糊状稀粪，肛门周围羽毛有石灰样粪便玷污，甚至堵塞肛门，排粪时发出"吱、吱"叫声（见彩图1-16）。部分病雏双目失明，或出现胫跗关节和其他关节及附近的滑膜鞘肿胀，表现为跛行。严重时蹲伏地上，不久即死。有的不见下痢症状，因肺炎病变而出现呼吸困难，伸颈张口呼吸。耐过鸡生长缓慢，消瘦，腹部膨大。

育成鸡　多为病雏未彻底治愈，转为慢性，或育雏期感染所致。鸡群偶尔可看到急性感染，有一定数量的鸡死亡。病鸡鸡冠萎缩、贫血、两翅下垂、头颈卷缩、下痢、少食或不食，病程一般为4～5 d，短者1 d即可死亡。

成年鸡　成年鸡感染，多为隐性带菌者，常为无症状感染。只有感染严重时表现精神委靡，排黄绿色或蛋清样稀便，产蛋率、受精率和孵化率均处于低水平。鸡的死淘率明显高于正常鸡群。

（3）病理变化

雏鸡　突然死亡雏鸡病变不明显，可见内脏器官充血。病程稍长者可见肝脏肿大、充血，并有条纹状出血。在肝脏、脾脏、心肌、肺脏、肾脏、肌胃等器官形成黄白色坏死灶或大小不等的灰白色结节（见彩图1-17）。脾脏肿大，胆囊充盈。盲肠有白色干酪样物质，阻塞肠腔，即"盲肠芯"。病程长的可见卵黄吸收不良，内容物呈黄色的奶油状或干酪状。部分病鸡有心包炎，肾脏充血或贫血，腹膜炎。肝脏是眼观变化出现频率最高的部位，依次是肺脏、心脏、肌胃和盲肠。

育成鸡　肝脏和脾脏显著肿大，质脆易碎，肝脏被膜下散在出血点或灰白色坏死灶。常呈青铜色，故称"青铜肝"（见彩图1-18）。心脏可见肿瘤样黄白色结节，严重时心脏变形。此结节也可见于肌胃和肠管。

成年鸡　慢性带菌母鸡最常见的病变多见于生殖系统。母鸡卵泡变形、变色、变质、无光泽，呈淡青色或铅黑色，内容物呈油脂状或干酪样。卵巢和输卵管的机能紊乱，导致向腹腔排卵或阻塞输卵管，有的卵泡破裂引起卵黄性腹膜炎。公鸡睾丸肿大或萎缩，内有小坏死灶，输精管扩张，内有渗出物。病鸡常发生心包炎，心包液增多、混浊，心包膜与心外膜粘连。心包、心外膜和心包液的变化决定于疾病过程持续的时间。轻者只见心包膜透明度较差，心包液增多、微混浊。进一步发展，则心包囊增厚，不透明，心包液大量增多，有很多渗出物。病久则心包和心外膜永久性增厚，心包腔因粘连而部分阻塞。

急性感染的成年鸡，其病变与鸡伤寒急性感染不能区分。主要病变为心脏肿大变形、质地柔软，心肌有灰白色结节；肝脏肿大呈黄绿色，质地粗糙；脾肿大、质脆；肝和脾常有灰色坏死灶；肾脏肿大有实质变性；各脏器表面覆有纤维素性渗出物。

（4）鉴别诊断

雏鸡白痢应注意与禽曲霉菌病、鸡球虫病等进行鉴别诊断。

雏鸡感染曲霉菌后的发病日龄、死亡规律、症状及病变均似鸡白痢。这两种病的肺部均有结节性变化，但曲霉菌病的肺结节明显突出肺表面，柔软有弹性，内容物呈干酪样，与雏鸡白痢的肺病变不同，且肺、气囊、气管等处有霉菌斑。

鸡球虫病有血性下痢，在小肠或盲肠损害部刮取黏膜在显微镜下检查可发现球虫卵囊。

育成鸡和成年鸡感染后眼观变化不明显或仅为心包或卵巢等处的局部病变，与大肠杆菌病、葡萄球菌病及其他沙门氏菌病引起的病变难以区别，确诊必须进行细菌的分离培养及鉴定。

有些饲养管理不当、卫生防疫措施不力的鸡群，发生鸡白痢的同时往往继发或并发其他疾病，如大肠杆菌病、马立克氏病、其他沙门氏菌感染、曲霉菌病等，使诊断更加复杂。

（5）病原检查及确诊

鸡白痢的病原是白痢沙门氏菌，属于肠杆菌科沙门氏菌属 D 血清群，为两端钝圆的小杆菌，无鞭毛，不能运动，革兰氏染色阴性。其培养特征和生化特性见表 1-2-7 和表 1-2-8。

表 1-2-7　沙门氏菌在鉴别培养基上的菌落特征

培养基	普通琼脂	麦康凯琼脂	远滕氏琼脂	伊红美蓝琼脂	SS 琼脂
菌落特征	细小、圆形、光滑，半透明，灰白色	圆形、白色	无色菌落	淡蓝色菌落，无金属光泽	无色透明、圆形菌落

表 1-2-8　沙门氏菌主要生化特性

生化试验	葡萄糖	乳糖	麦芽糖	甘露醇	蔗糖	吲哚试验	MR 试验	VP 试验	枸橼酸盐	H_2S 试验
结　果	⊕	−	⊕	⊕	−	−	+	−	+/−	+/−

注：⊕ 产酸产气、＋ 阳性、− 阴性、＋/− 大多数菌株阳性/少数阴性。

本菌只有 O 抗原，没有 H 抗原，其中 O 抗原为 O_1、O_9、O_{12}，O_{12} 可发生变异。成年鸡感染后 3～10 d 能检出相应的凝集抗体，所以常用凝集试验检测隐性感染鸡。鸡白痢沙门氏菌与鸡伤寒沙门氏菌具有很高的交叉凝集反应。

沙门氏菌的血清型非常多。将该菌的纯培养物用生理盐水洗下，与 A-E 组多价 O 血清做平板凝集试验，再用各种单因子血清进行分群，可鉴定沙门氏菌的血清型。

本病根据临床症状和剖检变化，结合流行病学调查可做出初步诊断，确诊需进行细菌的分离培养和鉴定(具体操作见相关信息单病例 1 的实验室诊断)。成年鸡无明显的临床症状，仅根据临床观察是难以做出诊断的，除病原学检查外，还可用血清学的诊断方法检出阳性病鸡(具体操作见相关信息单病例 1 的免疫监测)。

2．防治措施

见相关信息单病例 1 的防治措施。

(二)禽伤寒

禽伤寒是由鸡伤寒沙门氏菌引起的鸡、鸭和火鸡的一种急性或慢性败血性传染病。主要特征是腹泻，肝肿大呈青铜色、脾肿大。主要感染鸡和火鸡，特别是生长期和产蛋期的母鸡。

1．诊断要点

(1)流行病学

易感动物　火鸡、鸭、珍珠鸡、孔雀、鹌鹑、松鸡、雉鸡、鸡对本病最易感，亦是主要感染动物，尤以 1～5 月龄育成鸡及成年鸡最易感，雏鸡发病与鸡白痢不易区别。

传染源及传播途径　病鸡和带菌鸡是主要传染源。病鸡的排泄物含有病原菌，污染土壤、饲料、饮水、栏舍、用具和车辆等可散播此病。主要经消化道感染和通过感染种蛋垂直传播，也可通过眼结膜感染，带菌的鼠类、野鸡、蝇类和其他动物也是传播病菌的媒介。

流行特点　本病发生无季节性，但以春、冬两季多发，特别是饲养条件不良时较易发生。流行形式一般呈散发，较少全群暴发。

(2)临床症状

潜伏期 4～5 d，虽然禽伤寒常见于育成鸡、成年鸡及火鸡，但也可通过种蛋垂直传播，在雏鸡与雏火鸡中暴发，症状与鸡白痢相似。

雏鸡与雏火鸡　如用感染的蛋孵雏，从孵化器中取出的雏盘中发现发病垂死的雏与死雏。其他雏表现为嗜睡、生长不良、虚弱、食欲不振、肛门周围粘附着白色物。由于疾病波及肺部，可见呼吸困难或张口喘气。

中雏和成年鸡　急性暴发时，精神委顿，食欲减退，羽毛松乱，鸡冠和肉髯暗紫色或苍白皱缩，排黄绿色稀便。病初 2～3 d 体温上升 1℃～3℃，一般经 5～10 d 死亡，病死率 5%～30%。亚急性或慢性病例，多表现为腹泻，生长不良，病死率低，耐过者长期带菌。

火鸡群暴发时，表现为渴欲增加、食欲不振、精神委靡、离群独处、绿色或黄绿色下痢。体温可达 44℃～45℃；死前体温降低。有的不见明显症状突然死亡。初发本病时死亡严重，随后间歇性复发，死亡率低。雏鸡和成年鸡自然发病的病死率在 10%～50%或者更高。

(3)病理变化

雏鸡　病变与鸡白痢相似。肺、心肌和肌胃有灰白色小坏死灶。

成年鸡　最急性病例眼观病变不明显，病程长的可见肝、脾、肾脏充血肿大；亚急性及慢性病例，肝脏呈淡绿色或青铜色，俗称"青铜肝"，心肌和肝表面有粟粒大小灰白色坏死灶、心包炎，胆囊充盈，卵泡出血、变形；常见有卵黄性腹膜炎和卡他性肠炎。公鸡睾丸有大小不等的坏死灶。在火鸡常见出血性肠炎和明显的肠道溃疡。

雏鸭　感染时可见心包膜出血，脾轻度肿大，肺及肠卡他性炎症。成年鸭感染后，卵巢和卵泡有病理变化，与成年母鸡类似；腺胃黏膜易脱落；肌胃内含有食物，其内角质膜易撕下；肠道贫血，整个肠道可见少数溃疡，其中以十二指肠最严重。肝脏肿大，表面有红色与青铜色条纹；脾肿大；心脏有坏死区；肺呈灰色，为本病的特征性病变。

（4）鉴别诊断

应注意与鸡白痢相区别。鸡白痢主要发生于3周龄以内的雏鸡，成年鸡呈慢性或隐性，最后鉴别依靠病原分离培养和鉴定以及血清学试验，鉴别沙门氏菌的类型后予以区分。

（5）病原检查及确诊

禽伤寒沙门氏菌与白痢沙门氏菌的形态、培养和生化特性相似。

根据本病临诊症状和剖检变化，结合流行病学调查可做出初步诊断，确诊需进行细菌的分离和鉴定或用血清学的诊断方法。方法见鸡白痢的实验室诊断。

2. 防治措施

参考鸡白痢的防治。

（三）禽副伤寒

除鸡白痢和鸡伤寒沙门氏菌外，凡对禽有致病性的沙门氏菌引起的传染病通称为禽副伤寒。其特征是下痢和内脏器官的灶性坏死。其中以鼠伤寒沙门氏菌最常见，各种禽均可感染。

1. 诊断要点

（1）流行病学

易感动物　本病最常见于鸡、火鸡、鸭、鸽子等，通常2周龄内感染发病，6～10日龄雏禽死亡最多。1月龄以上的家禽有较强的抵抗力，一般不引起死亡，成年禽往往不表现临诊症状。

传染源及传播途径　病禽、带菌禽及其他带菌动物是其主要的传染源。主要通过蛋及消化道感染传播，但也能通过呼吸道或损伤的皮肤传染。感染禽的粪便中含有大量病原菌，会污染饲料、饮水和蛋壳，成为主要传染因素，另外，野鸟、猫、鼠、蛇、苍蝇及饲养人员也可成为机械传播者。

流行特点　禽舍闷热、潮湿、卫生条件不好、过度拥挤，饲料缺乏维生素或矿物质等都有助于本病的流行。其他疾病，如球虫病、传染性法氏囊病、营养代谢病等也会增加禽对本病的易感性。此外，本病常呈地方流行性。

禽副伤寒沙门氏菌不但危害禽类，还能危害多种动物，甚至还可从畜禽传染给人，造成人沙门氏菌性食物中毒。

（2）临床症状

潜伏期12～18 h或稍长，2周龄以内的幼禽多呈急性败血症，日龄较大的禽呈亚急性、慢性或隐性经过。

雏鸡　经带菌卵感染或在孵化器感染病原菌，出壳后不久很快死亡，看不到明显症状。10日龄以上雏鸡，表现嗜眠呆立、垂头闭眼、两翼下垂、羽毛松乱、食欲减少或消失，饮水增加，排水样稀粪，肛门周围常有稀粪玷污。怕冷而靠近热源或相互拥挤，少见有呼吸系统症状。常在1～4 d内死亡。病程长的表现为虚弱、流泪、结膜炎、失明等。

雏鸭　雏鸭感染主要经卵传播，1～3周龄雏鸭最易感。病鸭食欲消失，可见颤抖、喘息和眼睑肿胀，眼和鼻流出清水样分泌物，肛门有稀粪粘着。动作迟钝不协调，步态不稳，头向后仰等神经症状。常猝然倒地死亡，故称"猝倒病"。

雏鹅　一般无神经症状，常出现跛行，关节肿胀和疼痛。慢性腹泻的病鹅，有时出现粪便带血。

成年禽　症状不明显，多为慢性带菌者，病菌存在于内脏器官及肠道中，可达9～16个月之久。有时出现精神沉郁、厌食、倦怠、水样下痢，两翅下垂等症状，大多数能自行康复，但长期带菌。

（3）病理变化

雏鸡　急性死亡的病雏，常无明显病变。病程稍长者可见消瘦，脱水，卵黄凝固。肝充血、肿大，呈条纹状出血和针尖大小的灰白色坏死灶。胆囊扩张，胆汁充盈。脾、肾充血。常有心包炎、心包膜与心外膜粘连，心包积液，常含有纤维素性渗出物。小肠出血性炎症，以十二指肠最严重，盲肠扩张，肠腔中有时有淡黄色的干酪样物质堵塞。10日龄以内的幼雏，常有肺炎病变。

雏鸭　肝呈青铜色，有灰白色坏死灶，气囊轻微混浊，有黄色纤维蛋白样斑点。北京鸭感染鼠伤寒沙门氏菌和肠炎沙门氏菌时，可见肝、脾显著肿大，有时有坏死灶。盲肠内形成干酪样物，直肠肿大并有出血斑，内充满秘结的内容物。还有心包炎、心外膜炎及心肌炎。肾脏变苍白色。

成年禽　急性感染的病例可见肝、脾、肾充血、肿胀，出血性或坏死性肠炎。心包炎及腹膜炎，心脏有坏死性结节。在产蛋鸡中，可见输卵管坏死和增生，卵巢坏死及化脓，常发展为腹膜炎。腿部关节炎。慢性感染的病例常无明显病变，可见尸体消瘦。

（4）鉴别诊断

常与鸡白痢、鸡大肠杆菌病相鉴别。

（5）病原检查及确诊

此类细菌有鞭毛，能运动。其他特性与白痢沙门氏菌相似。

根据本病的流行病学、临床症状、尸体剖检可做出初步诊断。确诊必须进行细菌的分离、鉴定。由于引起禽副伤寒的沙门氏菌种类多，且与其他肠道菌可发生交叉凝集反应，所以血清学方法在临床中应用不多，对本病慢性和隐性感染的病例，目前还无可靠的检测方法。

2. 防治措施

（1）处理及治疗

对急性病例，要迅速隔离、治疗。对死禽及病重濒死的禽只应淘汰、深埋，并严格消毒，防止疫情扩散。

药物治疗可降低本病的死亡率，并有助于控制病情的发展和传播。但治愈后家禽成为长期带菌者，不能做种用。不同的沙门氏菌对药物的敏感性不同，因此，有条件的禽场最好在药敏试验的基础上选用敏感药物。

发病后，可采用抗生素、磺胺类、喹诺酮类和呋喃类药物进行治疗。用呋喃类药物治疗本病，可以抑制凝集素产生。

（2）预防

由于禽副伤寒沙门氏菌血清型众多，目前尚无有效菌苗可用，故预防本病重在严格实施一般性的卫生消毒和隔离检疫措施。

严格做好平时的饲养管理、卫生消毒和隔离检疫工作。病禽和隐性带菌禽是本病的主要传染源。因此要在每年春秋两季定期对禽群普查，方法是将灭菌棉拭子插入被检家禽的泄殖腔或被检蛋的蛋黄内，取出并放于亮绿增菌培养基中培养 24～48 h，再对分离到的细菌做进一步鉴定。及时隔离或淘汰查出的阳性禽。

孵化场和养禽场实施严格的卫生防疫措施。从无病群引进种蛋，实行全进全出的养禽制度，防止各种野鸟、昆虫及啮齿类动物进入场内，及时消毒和无害化处理污染物。

由于人可以感染带菌，故平时应做好禽场工作人员的保健工作，并定期体检。

（3）公共卫生

本病不但危害家禽，而且还可由家禽传染给人。人发病多因食用未充分加热消毒的污染禽产品而摄入大量活菌引起。另外，菌体内毒素也对发病起一定的协同作用。人沙门氏菌食物中毒的潜伏期一般为 10～20 h，若菌数多、毒力强，症状会更快出现。发病初期通常表现为头痛、恶心、发热、寒战、全身酸痛、面色苍白，继而出现腹痛、腹泻和呕吐，严重时可能死亡。

带菌动物和人，被沙门氏菌污染的禽肉、禽蛋等是人沙门氏菌病的主要传染源。其中又以家禽数量多，带菌率高而对人类构成很大的威胁。为防止本病由家禽传染给人，患病家禽应严格执行无害化处理。加强屠宰检验，特别是急宰病禽的检验和处理。向群众宣传，肉类一定要充分煮熟，家庭和食堂保存的食物注意防鼠类窃食。饲养员、兽医、屠宰人员及其他经常与家禽及其产品接触的人员，应注意自身的卫生消毒工作。

（四）禽霍乱

禽霍乱又名禽出血性败血症，是由多杀性巴氏杆菌引起的一种禽、畜及人共患的败血性、接触性传染病。其特征是急性型呈败血症，高热、腹泻、排黄绿色稀粪，全身黏膜、浆膜有小出血点，出血性肠炎及肝脏坏死，发病率和病死率均高；慢性病例鸡冠、肉髯水肿和关节炎，病程较长，病死率低。该病呈世界分布，是家禽常见多发病之一。且多与其他传染病混合感染或继发感染。

1. 诊断要点

（1）流行病学

易感动物　禽霍乱侵害所有的家禽及野禽，其中鸡、火鸡、鸭最易感，鹅的感受性较差。本病主要侵害 4 月龄以上的成年鸡，2 月龄以下的雏鸡很少发生。对各种实验动物，如小白鼠、家兔、豚鼠等均可致死。

传染源及传播途径　病禽和带菌禽是主要的传染源，其排泄物和分泌物（口腔、鼻腔和眼结膜的分泌物）中都含有大量的病原菌，当这些带菌的排泄物和分泌物污染了饲料、饮水、用具和场地时，可借此扩散病原，传播疾病。

主要传播途径是消化道、呼吸道和皮肤、黏膜创伤。消化道的传染主要是通过吃入或饮入被污染的饲料、饮水。呼吸道传染是直接吸入病鸡排出的飞沫和污染的空气。人和畜、昆虫、野鸟等都是本病的生物传播媒介。

流行特点　本病的发生无明显的季节性，但以夏末秋初，气候骤变、潮湿多雨的时期最多。特别是鸭群发病时，可呈流行性。当有新鸡转入带菌的鸡群，或者将带菌鸡调入其他鸡群时，更容易引起本病的流行。多杀性巴氏杆菌在自然界分布很广，是一种条件性病原菌。如健康动物的呼吸道内带菌，但不发病，当饲养管理不良、气候突然变化、圈舍潮湿、拥挤、长途运输、寄生虫病等动物机体抵抗力降低时或细菌毒力增强时，病原菌可经淋巴循环进入血液，发生内源性传染。此外，维生素、蛋白质及矿物质缺乏，感冒等均可引起本病的发生。

（2）临床症状

潜伏期2～9 d或更长，由于家禽的机体抵抗力和病原菌的致病力强弱不同，所表现的症状亦有差异。一般分为最急性、急性和慢性三种类型。

最急性型　常见于流行初期，以产蛋率高的鸡最常见。病鸡往往无前驱症状，晚间一切正常，吃得很饱，突然倒地挣扎，拍翅抽搐，迅速死亡。病程数分钟至数小时。

急性型　此型最常见，病鸡体温达43℃～44℃以上，精神沉郁，羽毛松乱，缩颈闭眼或头缩在翅下，不愿走动或离群呆立。呼吸困难，口、鼻流出淡黄色带泡沫的黏液，鸡冠、肉髯呈蓝紫色，有的病鸡肉髯肿胀，有热痛感。减食或不食，渴欲增加，常伴有腹泻，排黄色、灰白色或绿色稀粪。蛋鸡停止产蛋。最后衰竭、昏迷而死，病程1～3 d。幸存者康复或转为慢性。

慢性型　由低毒力菌株感染所致或由急性型转化而来，多见于流行后期。表现为慢性呼吸道炎和慢性胃肠炎。病鸡鼻孔有黏性分泌物流出，鼻窦肿大，喉头积有分泌物，呼吸困难。常有腹泻，病鸡消瘦，精神委顿，鸡冠和肉髯苍白、肿胀，切开可见脓性或干酪样渗出物。有的病鸡关节、腱鞘肿胀，疼痛，跛行。病程1个月以上，病死率不高。但生长发育受阻，且不能恢复产蛋。

鸭霍乱多为急性型，表现为病鸭精神委顿，闭目瞌睡，独蹲一隅，羽毛松乱，两翅下垂，缩头弯颈；两脚麻痹或瘫痪，不能行走。不愿下水游泳，即使下水，行动缓慢，常落于鸭群后面；食欲减少或不食，渴欲增加，嗉囊内积食不化。剧烈腹泻，排出腥臭灰白色或铜绿色稀便，有的混有血液。口和鼻有黏液流出，呼吸困难，常张口呼吸，频频摇头，企图排出积在喉头的黏液，故称为"摇头瘟"。有的病鸭气囊炎，1～3 d死亡。病程稍长者可见关节肿胀，跛行或完全不能行走。雏鸭可见多发性关节炎，多见于跗、腕及肩关节。可见掌部肿如核桃大，切开有脓性和干酪样坏死。雏鸭消瘦，发育迟缓。

成年鹅与鸭症状相似，仔鹅发病以急性为主，食欲废绝，喙及蹼呈紫色，眼结膜有出血斑点，喉头有黏液性分泌物，腹泻，常于发病后1～2 d死亡。

（3）病理变化

最急性型　病死鸡无特殊病变，仅见心外膜有少量出血点。

急性型　以败血症为主，全身皮下组织、腹膜及腹部脂肪、心外膜、心冠脂肪有出血点，呈喷洒状。心肌炎、心包膜增厚，心包内有大量淡黄色液体，内含絮状纤维素性渗出物（见彩图1-19）。肝脏的病变具有特征性：肝脏肿大，呈棕黄色或棕红色，质地脆弱，表面及实质弥漫性布满灰白色针尖大小的坏死灶（见彩图1-20）。脾脏稍肿大，质地柔软。肌胃出血。肺充血和点状出血。肠道尤其是十二指肠呈卡他性、出血性炎症，消化道内充满大量黏液，常混有血液。腹水增加，胸腔有纤维素性渗出物。产蛋鸡卵巢出血，有的卵泡破裂。

慢性型　因侵害不同的器官病变有所差异，缺乏典型病变，仅见局限性病灶，如鼻窦炎、肺炎、气囊炎、化脓性关节炎、肠炎，鸡冠和肉髯内有脓性或干酪样渗出物。以呼吸道症状为主时，鼻腔内有大量黏性分泌物，某些病例肺硬变。局限于关节炎和腱鞘炎的病例，多见关节肿大变形，有炎性渗出物和干酪样坏死。母鸡卵巢明显出血，有时卵巢周围有一种坚实、黄色的干酪样物质，附着于内脏器官表面。

鸭、鹅的病理变化与鸡基本相似，死亡病例心包内充满透明、橙黄色渗出物，心包膜、心冠脂肪有出血斑。多发性肺炎，间有气肿和出血。鼻腔黏膜充血或出血。肝略肿大，表面有针尖状出血点和灰白色坏死点。肠道以小肠前段和大肠黏膜充血、出血最严重。急性死亡鸭，卵泡膜大面积出血。雏鸭为多发性关节炎，可见关节面粗糙，附着淡黄色的干酪样物质或红色的肉芽组织。关节囊增厚，内含红色浆液或灰黄色、混浊的黏稠液体。肝脏发生脂肪变性和局灶性坏死。

（4）鉴别诊断

① 急性禽霍乱与新城疫的鉴别。二者均有体温升高，低头闭目，翅膀下垂，冠、髯紫红，口鼻分泌物多、呼吸困难，排出的稀便带有血液，站立不稳，运动失调等临床症状，并有全身黏膜、心冠脂肪出血点等剖检病变，很易混淆。区别在于：禽霍乱一般只局限于个别鸡群或小范围地区，鸡鸭均可感染禽霍乱，而新城疫流行范围比较大，波及范围也很大，但不感染鸭。病程上禽霍乱更短，多数突然死亡。新城疫流行中后期可见神经症状，禽霍乱则无此症状，偶有关节炎表现。剖检上禽霍乱可见典型的肝脏针尖状灰黄色或白色坏死点而新城疫无此病变。禽霍乱抗菌素治疗有效而新城疫无效。

② 鸭霍乱与鸭瘟鉴别。鸭瘟只感染鸭，病鸭流泪，头颈肿大，剖检可见头颈部皮下胶样液体浸润；口、咽、食管、泄殖腔有黄色假膜；肝脏坏死灶不规则，肠道有 1～4 个环形出血带；抗生素及磺胺类药物治疗无效。

（5）病原检查及确诊

禽霍乱的病原为多杀性巴氏杆菌。本菌是革兰氏阴性，两端钝圆，中央微凸的短杆菌，经瑞氏染色，菌体呈两极着色（见图 1-2-6）。

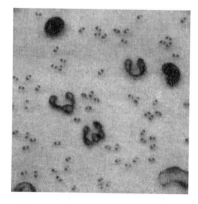

图 1-2-6　巴氏杆菌

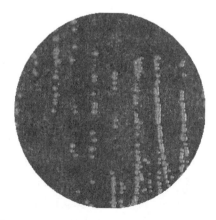

图 1-2-7　巴氏杆菌在血液琼脂培养上的菌落

本菌为需氧或兼性厌氧菌。在血清或血液培养基上生长良好，37℃培养 24～48 h 生成灰白色半透明，湿润、黏稠的露滴样小菌落，不溶血（见图 1-2-7）；在普通琼脂上形成细小、透明的露珠状菌落。在血清肉汤中培养，开始轻度混浊，4～6 d 后液体变清，管底出现黏稠沉淀，震摇后不分散，表面形成菌环。明胶穿刺培养，沿穿刺线呈线状生长，上粗下细。

根据本病典型临床症状及剖检变化，结合流行病学调查，可做出初步诊断，确诊需进行实验室诊断。

① 病料涂片镜检。取病死禽的心血、心包液、肝脏组织等做触片，美蓝或瑞氏染色，镜检可见大量的两极浓染的球杆菌，初步判断为巴氏杆菌病。

② 细菌的分离培养。将病料分别接种于鲜血琼脂、血清琼脂和普通肉汤培养基中，37℃培养 24 h 后，观察结果。

③ 生化试验。取上述分离培养获得的纯培养物进行生化试验。本菌可发酵葡萄糖、果糖、蔗糖、甘露糖和半乳糖，产酸不产气，不发酵乳糖、鼠李糖；靛基质试验阳性；甲基红试验和 VP 试验阴性，不液化明胶，产生硫化氢和氨。

如需进行巴氏杆菌菌种的鉴定时，需做全部的生化反应项目。常规诊断可做部分项目即可。

④ 动物试验。取一环可疑多杀性巴氏杆菌的血液琼脂纯培养物，悬浮于灭菌生理盐水中，分别皮下接种家兔（1 mL）或小白鼠（0.2 mL），动物多在接种后 24～48 h 死亡。剖检死亡动物，观察是否出现禽霍乱典型的病理变化。取其心血、肝组织等进行涂片，经瑞氏染色，镜检可见两极着色的球杆菌；无菌取心血、肝、脾等病料接种于血液琼脂培养基，次日观察培养基上的细菌生长情况及菌落特征，若结果与多杀性巴氏杆菌的菌落特征一致即可确诊。

2. 防治

（1）处理

一旦发生本病，及时封锁病禽舍，治疗或淘汰病禽。假定健康禽饲料中添加药物预防。对禽舍、饲养环境和饲养管理用具，应冲洗干净并彻底消毒；粪便及时清除，堆积发酵。病死禽尸体深埋或焚烧，早期治疗可用禽霍乱高免血清。没发病的紧急免疫接种。用自家脏器灭活苗（取病死禽肝、脾、肾，以高速组织捣碎机处理成 5～10 倍稀释混悬液，甲醛灭活即可，1～2 mL/只）紧急免疫注射，免疫两周后，一般不再出现新病例，其免疫效果比禽霍乱弱毒菌苗好。

（2）预防

平时加强禽群的饲养管理，使其保持较强的抵抗力。由于本菌为条件性致病菌，常因一些不良外因降低禽体的抵抗力而发病，如禽群拥挤、禽舍潮湿、营养缺乏，有内寄生虫或长途运输等。

严格执行禽场兽医卫生防疫制度。尽量做到全进全出，引进种禽时，必须从无病禽场购买。新引进的家禽要隔离饲养半个月，观察无病，方可合群饲养。

对常发地区或禽场，可考虑应用疫苗预防。目前常用的有弱毒苗和灭活苗。弱毒苗有：731 禽霍乱弱毒苗、833 禽霍乱弱毒苗，皮下注射，免疫期 3 个月，鸡、鸭、鹅都可适用；G190E40 禽霍乱弱毒苗、鸡新城疫—禽霍乱二联苗，肌肉注射，仅适用于鸡。另外还有南京的 1650 Fo 型株、兰州的 P·C 株、P·L·R 株。灭活苗有：禽霍乱油乳剂灭活苗、禽霍乱荚膜亚单位苗，免疫期可达 5 个月以上。有条件的禽场可制作自家灭活苗，定期预防接种。

（3）治疗

禽群发病应立即采取治疗措施，有条件的地方应通过药敏试验选择敏感药物全群给药。在治疗过程中，用药剂量要足，疗程合理，当鸡只死亡明显减少后，再继续投药 2～3 d 以巩固疗效防止复发。硫酸链霉素、盐酸土霉素、复方新诺明及磺胺嘧啶等药物都有较好疗效。喹乙醇对禽霍乱疗效显著，用药时应慎重，避免发生中毒。氨苄青霉素每只鸡、鸭胸肌注射 5 万～10 万 IU，每天 2 次，连用 2～3 d；也可每只病禽 5 万～10 万 IU/ d，大群饮水治疗，1～2 h 内饮完。四环素 40 mg/kg 体重，肌内注射，连用 2～3 d；或在饲料中添加 0.05％～0.1％量喂服，连用 3～5 d。氟哌酸 0.1％拌料，或饮水，疗效较好。

（五）禽大肠杆菌病

禽大肠杆菌病是由多种血清型的致病性大肠杆菌引起的主要侵害幼禽的传染病总称，特征是败血症、气囊炎、脐炎、输卵管炎、纤维素性浆膜炎或肉芽肿。

1. 诊断要点

（1）流行病学

易感动物　各种禽类不分品种、性别、年龄均易感，特别幼禽发病最多，肉鸡比其他品种的鸡易感。本病主要发生在集约化养禽场。

传染源及传播途径　病禽和带菌禽为重要的传染源。经卵垂直传播是重要途径，带菌禽以水平方式传染健康禽，消化道、呼吸道为常见的传染门户，交配或污染的输精管等也可感染。啮齿动物的粪便常含有致病性大肠杆菌，污染饲料、饮水而造成传染。

流行特点　本病一年四季均可发生，但以冬春寒冷季节多发。如环境污秽、拥挤、潮湿、通风不良，气候变化，有毒有害气体（氨气或硫化氢等）长期存在，饲养管理失调，营养不良（特别是维生素的缺乏）及病原微生物（如支原体、病毒）感染造成的应激等，易引起本病的大群暴发，并常与新城疫、鸡败血支原体、传染性支气管炎、鸡球虫病、鸭霍乱等混合感染。

大肠杆菌是人和动物肠道的常在菌，在 1 g 粪便中约含有 106 亿个大肠杆菌。该菌在饮水中出现被认为是粪便污染的指标。禽大肠杆菌在鸡场普遍存在，特别是通风不良，大量积粪的鸡舍，在垫料、空气尘埃、污染用具和道路，粪场及孵化厅等环境中染菌最高。

（2）临床症状及病理变化

潜伏期数小时至 3 d。根据临床症状及病理变化可分为：大肠杆菌性败血症、卵黄性腹膜炎及输卵管炎、关节炎及滑膜炎、出血性肠炎、全眼球炎、大肠杆菌性肉芽肿、死胚及初生雏卵黄囊炎及脐带炎等。在雏鸡和育成鸡多呈急性败血症，而成年鸡多呈亚急性气囊炎和多发性浆膜炎。

急性败血症　鸡、鸭最常见，6～10 周龄雏鸡多发。死淘率通常在 5％～20％，严重的可达 50％。最急性病例无任何症状突然死亡。雏鸡在夏季较多发，主要表现为病鸡精神沉郁、羽毛松乱、采食减少，鼻腔分泌物增多，张口呼吸，常发出"咕咕"声，鸡冠和肉髯暗紫色。腹部膨满，排出黄色或黄绿色的稀便，衰弱死亡。

特征性的病变是纤维素性心包炎、肝周炎（见彩图 1-21，1-22）。剖检可闻到特殊臭味，气囊混浊肥厚，有干酪样渗出物。肝包膜白色混浊，有纤维素性附着物，有时可见白色坏死斑。脾充血、肿胀。肠黏膜充血，有出血点，少数病例腹腔有积液和血凝块。

死胚、雏鸡卵黄囊炎和脐带炎　污染的种蛋在孵化过程中大肠杆菌大量增殖，多数鸡胚在孵化后期或出壳前死亡。孵出的雏鸡体弱，卵黄吸收不良，易发生脐带炎，雏鸡腹部膨胀，排白色、黄绿色或泥土样稀便，多在出壳后 2～3 d 死亡。一般 6 日龄后死亡率降低，耐过鸡发育迟滞。

死胚、死亡雏鸡的卵黄膜变薄，呈黄泥水样或混有干酪样颗粒状物、脐部肿胀发炎。4 日龄以后感染常见心包炎，急性死亡病雏几乎见不到病变。

卵黄性腹膜炎及输卵管炎　产蛋鸡腹气囊受大肠杆菌侵袭后，多发生腹膜炎，也可由慢性输卵管炎引起。另外，大肠杆菌也可由泄殖腔上行侵入引起输卵管炎。发生输卵管炎时，输卵管膨胀、管壁变薄，内有蛋白样凝固物或石灰渣样物堵塞管腔，排出的卵落入腹腔，形成卵黄性腹膜炎。蛋鸡产蛋减少甚至停止，外观腹围增大，俗称"垂腹症"。

出血性肠炎　病鸡消瘦、羽毛粗乱，翅膀下垂，精神委顿，腹泻、排出带血的粪便。雏鸡由于腹泻糊肛，容易与鸡白痢混淆。

剖检病变，主要表现在肠道上 1/3～1/2 肠黏膜充血、溃疡、增厚，严重的肠黏膜可见密集的小出血点或血管破裂出血，形成出血性肠炎。

关节炎及滑膜炎　多发生于幼雏及中雏，由于表皮损伤侵入，感染扩散到关节和骨，引起这些部位的炎症。一个或多个腱鞘、关节肿大，特别是跗关节周围呈竹节状肿胀，病雏跛行或呈伏卧姿势。腱鞘炎者步行困难。剖检关节液混浊，腔内有脓汁或干酪样物。

大肠杆菌性肉芽肿　多发于产蛋期临近结束的母禽，主要在小肠及盲肠浆膜、肠系膜、肝脏、心肌等部位形成灰白色或黄白色的、大小不一的隆起结节，即大肠杆菌性肉芽肿。

全眼球炎　鸡群在败血症后期，常见一侧眼失明。病初眼睑肿胀、流泪，后期瞳孔及角膜混浊、视网膜脱落、眼球萎缩失明。

头部肿胀　主要发生在 3～5 周龄的雏鸡，有些病毒感染后，常继发大肠杆菌的急性感染，造成头部肿胀，即肿头综合征，其特征是：双眼和整个头部肿胀，头部皮下有黄色液体及纤维素渗出。

慢性呼吸道综合征　鸡先感染支原体，损害呼吸道黏膜，后继发大肠杆菌病。病早期，因上呼吸道炎症，鼻和气管黏膜有湿性分泌物，发生啰音、咳嗽，进一步发展，可发生气囊炎、心包炎，心包液内含有纤维素性渗出物，肝脏也被纤维素包围，肺炎，肺脏呈深黑色，硬化。

鸭的大肠杆菌病　主要发生于 2～8 周龄雏鸭，多发生在冬末春初，多散发。特征性的病理变化是浆膜渗出性炎症，纤维素性心包炎、肝周炎及气囊炎，此外还有腹膜炎及输卵管炎、出血性肠炎和肺炎。肝脏肿大，呈青铜色，胆囊扩张，胆汁充盈。脾脏肿大，呈紫黑色斑纹状。剖开腹腔时常有腐败气味。

鹅大肠杆菌病　据临床症状及病理特征分为 3 类：

① 急性败血型：各年龄的鹅都可发生，但以 7～45 日龄的鹅最易感。病鹅精神沉郁，羽毛松乱，怕冷，常挤成一堆，不断尖叫，体温升高，比正常鹅体温高 1℃～2℃。粪便稀薄、恶臭，混有血丝和气泡，肛周沾满粪便，食欲废绝，渴欲增加，呼吸困难，最后衰竭窒息而死，死亡率较高。病理变化主要表现为纤维素性心包炎、气囊炎和肝周炎。

② 母鹅生殖器官病型：俗称"蛋子瘟"，多发生在母鹅开始产蛋后不久。患病母鹅表现为精神不振，食欲减退，不愿走动、喜卧，常在水面漂浮或离群独处，站立不稳，头向下弯曲，嘴触地，腹部膨大。排黄白色稀便，常混有蛋清、凝固的蛋白或卵黄。肛门周围沾有污秽发臭的排泄物。眼球下陷，喙、蹼干燥，消瘦，最后因衰竭而死。即使有少数鹅能自然康复，也不能恢复产蛋。特征性病变为卵黄性腹膜炎，腹腔内有少量淡黄色腥臭混浊的液体，常混有损坏的卵黄，各内脏表面覆盖有淡黄色凝固的纤维素渗出物，肠系膜互相粘连，肠浆膜上有小出血点。

③ 公鹅生殖器官病型：主要表现为睾丸红肿、溃疡或结节。病情严重的，睾丸表面布满绿豆粒大小的坏死灶，剥去痂块即露出溃疡灶，丧失交配能力。

（3）鉴别诊断

雏鸡大肠杆菌病主要与雏鸡白痢相区别，雏鸡白痢多有肝肿及表面有灰白色小坏死点，而雏鸡大肠杆菌病多以脐炎引起败血症使鸡死亡。

育成鸡大肠杆菌病所表现的心包炎、肝周炎与内脏型痛风相似，但内脏型痛风在肝脏和心脏中有一层白灰样的尿酸盐沉积，而大肠杆菌病在肝脏和心脏表现为黄白色纤维素膜。

鸡大肠杆菌病易与禽霍乱、禽副伤寒和禽伤寒混淆，应注意区别：

禽霍乱：发生于2月龄以上鸡，表现剧烈腹泻，多排出绿色或黄绿色稀粪，无呼吸道症状，肝脏表面出现多量灰白色坏死灶，取肝、脾、血液涂片，经瑞氏染色镜检，可见两极浓染的巴氏杆菌。

禽副伤寒：主要发生于2周龄以内雏鸡，排出白色水样稀粪，无呼吸道症状，肝、脾肿大、出血或坏死，心包积液增多，十二指肠出血明显。

禽伤寒：主要发生于中鸡和成鸡，排出黄绿色稀粪，无呼吸道症状，肝脏淤血、肿大，呈古铜色或黄绿色。

（4）病原检查及确诊

大肠杆菌属于肠杆菌科、埃希氏杆菌属，为中等大小的革兰氏阴性杆菌，需氧或兼性厌氧菌。其培养特征和生化试验结果见表1-2-9和表1-2-10。

表 1-2-9　大肠杆菌在培养基上的菌落特征

培养基	普通琼脂	麦康凯琼脂	血液琼脂	伊红美蓝琼脂	肉汤
菌落特征	乳白色菌落	红色菌落	β溶血	黑色带金属光泽菌落	高混浊，有沉淀，无菌膜

表 1-2-10　大肠杆菌生化试验结果

生化试验	葡萄糖	乳糖	麦芽糖	甘露醇	蔗糖	吲哚试验	MR试验	VP试验	枸橼酸盐	H_2S试验	动力
结果	⊕	⊕/-	⊕	⊕	v	+	+	-	-	-	+

注：⊕ 产酸产气、＋ 阳性、－ 阴性、＋/－ 大多数菌株阳性/少数阴性、v 种间有不同反应。

根据大肠杆菌的 O 抗原、K 抗原和 H 抗原的不同，可将本菌分为众多血清型。其中有致病性的，也有非致病性的，而且不同动物及不同地区流行的主要血清型不完全一样。不同的血清型抗原性不同。目前我国已发现 50 余种大肠杆菌血清型，常见的为 O_1、O_2、O_{35} 和 O_{78}。

根据大肠杆菌病的流行病学特点、临床症状和病理变化可做出初步诊断，确诊需进行细菌的分离与鉴定。

① 病原采集。从新鲜尸体中采样，如疑似急性败血症，应无菌采集心血和肝脏。如果出现局限性病灶的，直接取病变组织。采取的病料应尽可能在病禽濒死期或死亡不久。如发病超过 1 周的，一般分离不到病原菌。敏感药物投服后，不容易分离到本病原菌。

② 分离培养。对于使用过抗生素治疗的病例可考虑用选择培养基进行增菌培养，或者取脑组织（败血症病例）进行分离以提高分离效果。

初次分离可同时使用普通肉汤、普通琼脂、麦康凯琼脂和伊红美蓝琼脂平板。无菌采取病料，直接接种于上述培养基上，置 37℃ 恒温箱培养 24 h。可发现特征性菌落或培养物。

③ 染色镜检。取病料或分离到的细菌涂片，革兰氏染色，镜检，观察细菌形态，判定疑似大肠杆菌。

④ 生化试验。从麦康凯琼脂平板或伊红美蓝琼脂平板中挑取可疑菌落接种于三糖铁琼脂培养基上，置 37℃ 恒温箱培养 24 h，如底部产酸、产气，不产生 H_2S，斜面上产酸则可疑为大肠杆菌，需利用生化试验继续鉴定。

⑤ 致病性试验。将分离菌株的 18 h 肉汤培养物 0.2 mL 分别皮下接种 5 只健康 10 日龄小鸡或小鼠，实验动物均在接种后 24~72 h 死亡。可从死亡实验动物回收到大肠杆菌。

通过以上操作，可确定所分离到的是否为大肠杆菌及是否为致病性菌株。如为致病性菌株，即可确诊为大肠杆菌病。

2. 防治措施

（1）处理

一旦发生本病，及时封锁病禽舍，治疗或淘汰病禽。假定健康禽饲料中添加敏感药物预防。对禽舍、饲养环境和饲养管理用具，冲洗干净并彻底消毒；粪便及时清除，利用生物热堆积发酵。病死禽尸体深埋或焚烧。没发病的禽可用自家灭活苗紧急免疫接种。

（2）预防

① 做好孵化室的卫生和消毒工作。种蛋和孵化用具应彻底消毒，防止种蛋污染和初生雏感染是防治本病的重要环节，凡是被粪便污染的种蛋一律不能作种蛋孵化。

② 搞好饲养管理，消除发病诱因。保持育雏室适宜的温度，严格控制饲养密度，做好舍内通风换气、环境卫生消毒工作，防止空气、饲料、饮水的污染，鸡舍定期带鸡消毒，做好各种疫病免疫工作。育雏期间在饲料中添加抗生素有利于控制本病的暴发。此外，定期对鸡群投喂乳酸菌等生物制剂对预防大肠杆菌病有很好的作用。

③ 免疫接种。因大肠杆菌的血清型众多，不同的血清型抗原性不同，选购的疫苗不可能对所有养鸡场流行的致病血清型均具有很好的免疫作用。目前较为实用的方法是：从发病鸡场分离致病性大肠杆菌，鉴定其血清型，确定优势菌株，制成单价或多价灭活苗，在 10~15 日龄、35~40 日龄、120~140 日龄各免疫一次，效果较为理想。种鸡免疫后，孵化出的雏鸡可获得较高水平的母源抗体，同时可提高受精卵的出雏率，降低产蛋鸡产蛋

周期的死淘率。

（3）治疗

大肠杆菌对多种抗生素、磺胺类和呋喃类药物敏感，但长期应用抗生素，大肠杆菌易产生耐药性。最好根据药敏试验结果选择敏感药物进行临床用药。如果没有条件进行药敏试验，可选用平时未曾使用过的抗菌药物。要注意药物的交替使用。

大多数病原性大肠杆菌对庆大霉素高度敏感，而对链霉素、四环素、氨苄青霉素、甲基苄氨嘧啶和新诺明具有抗药性。治疗可用庆大霉素注射液 1 万～2 万 IU，一次肌肉注射。土霉素按每 100 kg 饲料 100～500 g 用药，连用 7 d。也可用痢特灵（呋喃唑酮），按每 100 kg 饲料加入 20～40 g；或氟哌酸（诺氟沙星），按每 100 kg 饲料 5～20 g 药，饲喂 5～7 d。禽菌灵 750 g，拌入 100 kg 饲料中自由采食，连喂 2～3 d。黄柏 100 g、黄连 100 g、大黄 50 g，水煎取汁，10 倍稀释后供 1 000 只鸡自饮，每日一剂，连服 3 d。治疗时还应注意对症治疗，如补充维生素和电解质等。

（六）禽葡萄球菌病

禽葡萄球菌病是由金黄色葡萄球菌所引起的禽的急性败血性或慢性传染病。临诊表现为急性败血症、关节炎、雏禽脐炎、皮肤（包括翼尖）坏死和骨膜炎。雏禽感染后多为急性败血病的症状和病理变化，中雏为急性或慢性，成年禽多为慢性。雏禽和中雏死亡率较高，是严重危害养禽业的疾病之一。

1. 诊断要点

（1）流行病学

易感动物　金黄色葡萄球菌对多种禽类有致病作用，鸡、鸭、鹅和火鸡最常见。但鸡发病较多见，以 40～60 日龄的鸡发病最多。

传染源及传播途径　病禽和带菌禽为主要的传染源。金黄色葡萄球菌在自然界分布很广，在土壤、空气、尘埃、水、饲料、地面、粪便、污水及物体表面均有本菌存在。禽类的皮肤、羽毛、眼睑、黏膜、肠道亦分布有葡萄球菌。发病禽舍的地面、网架（面）、空气、墙壁、水槽、粪等处有多量本菌存在。

皮肤或黏膜表面的破损，常是葡萄球菌侵入的门户。对于家禽来说，皮肤创伤是主要的传染途径。如啄伤、刺种、断喙、网刺或刮伤等。雏鸡脐带感染也是常见的途径。还可以通过直接接触和空气传播。

流行特点　本病一年四季均可发生，以雨季、潮湿时节发生较多。饲养管理不当，如鸡群饲养密度过大、拥挤，通风不良，禽舍潮湿，空气污浊，环境卫生条件差，饲料单一、缺乏维生素和矿物质及存在某些疾病等因素，均可促进葡萄球菌病的发生和增大该病的死亡率。

（2）临床症状（该症状彩图见课程网站图片库）

葡萄球菌病的发生与病原种类及其毒力、鸡的日龄、感染部位及鸡的健康状态的不同而有差异，其临床表现也不相同，主要表现为以下几种类型：

急性败血型　此型最常见，40～60 日龄鸡多发。病鸡表现为精神不振或沉郁，常呆立一处或蹲伏，两翅下垂，缩颈，眼半闭呈嗜睡状。羽毛蓬松凌乱，无光泽。病鸡饮、食欲减退或废绝。少部分病鸡下痢，排出灰白色或黄绿色稀粪。较为典型的症状是胸腹部和大腿内侧皮下浮肿，潴留数量不等的血样渗出液，外观呈紫色或紫褐色，触摸有波动感，局部羽毛脱落，或用手一摸即脱落。有的病鸡可见自然破溃，流出茶色或紫红色液体，与周围羽毛粘连，局部污秽，有部分病鸡在头颈、翅膀背侧及腹面、翅尖、尾及腿等不同部位的皮肤出现大小不等的出血、炎性坏死，局部干燥结痂，呈暗紫色。病鸡在 2～5 d 死亡，快者 1～2 d 呈急性死亡。

关节炎型　多发于雏鸡，可见病鸡多个关节炎性肿胀，特别是趾、跖关节肿大最多见，呈紫红或紫黑色，有的见破溃，并结成污黑色痂。有的出现趾瘤，脚底肿大，有的趾尖发生坏死，黑紫色，较干涩。发生关节炎的病鸡表现跛行，不喜站立和走动，多伏卧，一般仍有饮、食欲，多因采食困难，饥饱不匀，病鸡逐渐消瘦，最后衰弱死亡，尤其在大群饲养时更为明显，病程多为 10 余天。

脐炎型　俗称为"大肚脐"。多发生在刚出壳不久的幼雏，因雏鸡脐环闭合不全，感染葡萄球菌后，病鸡怕冷扎堆，发出叫声，腹部膨大，脐孔发炎肿大，局部呈黄红色或紫黑色，质稍硬，间有分泌物。发生脐炎病鸡可在出壳后 2～5 d 死亡。

眼型　除在败血型发生后期出现，也可单独出现。表现为头部肿大，上下眼睑肿胀，闭眼，有脓性分泌物，用手掰开时，则见眼结膜红肿，眼内有多量分泌物，并见有肉芽肿。时间较久者，眼球下陷，进一步发展可能失明。部分病例可见眶下窦肿大。病鸡多因饥饿、被踩踏、衰竭死亡。

肺型　主要表现为全身症状及呼吸障碍。死亡率在 10% 左右。多发于中雏，但此型不多见。

（3）病理变化

急性败血型　特征性眼观变化是胸部的病变，可见死鸡胸部、前腹部羽毛稀少或脱毛，皮肤呈紫黑色浮肿，有的自然破溃则局部玷污。剪开皮肤可见整个胸、腹部皮下充血、溶血，呈弥漫性紫红色或黑红色，积有大量胶冻样粉红色或黄红色水肿液，水肿可延至两腿内侧、后腹部，前达嗉囊周围，但以胸部为多。同时，胸腹部甚至腿内侧见有散在出血斑点或条纹，特别是胸骨柄处肌肉弥散性出血斑或出血条纹明显。肝脏肿大，呈淡紫红色，有花纹或斑驳样变化。病程稍长的病例，肝上可见数量不等的白色坏死灶。脾亦肿大，紫红色，病程稍长者也有白色坏死点。腹腔脂肪、肌胃浆膜等处，有时可见紫红色水肿或出血。心包积液，呈黄红色半透明。心冠状沟脂肪及心外膜偶见出血。

关节炎型　可见关节炎和滑膜炎。关节肿大，滑膜增厚，充血或出血，关节囊内有浆液或有浆液性纤维素渗出物。病程较长的慢性病例，后期发展成干酪样坏死，甚至关节周围结缔组织增生及畸形。

脐炎型　可见脐部肿大，紫红或紫黑色，有暗红色或黄红色液体，时间稍久凝结为脓样干固坏死物。卵黄吸收不良，呈黄红或黑灰色。

眼型　可见与生前相应的病变。

肺型　肺部以淤血、水肿和肺实变为特征。甚至见到黑紫色坏疽样病变。

（4）鉴别诊断

本病应注意与病毒性关节炎、滑液囊型支原体感染、VE-硒缺乏症等进行鉴别。

病毒性关节炎多见于肉仔鸡，主要表现为关节肿大，腿外翻，跛行，死亡率较低；葡萄球菌病肉鸡和蛋鸡都常见，关节肿大，发热，触摸时有疼痛感，卧地不起，常因不能采食、被踩踏而死。

滑液囊型支原体感染多发于 9~12 周龄的鸡，跛行，死亡率很低，经血清学检查可确诊。

VE-硒缺乏症多发于 15~30 日龄的雏鸡，主要表现为渗出性素质，渗出液呈蓝绿色，且局部羽毛不易脱落，有明显的神经症状；葡萄球菌病多发于 40~60 日龄的中雏，渗出液呈紫黑色，局部羽毛易脱落，缺乏明显的神经症状。

(5)病原检查及确诊

禽葡萄球菌病病原为金黄色葡萄球菌，属于微球菌科、葡萄球菌属。典型的菌体呈球形或椭圆形，革兰氏染色为阳性，常单个、成对或排列成葡萄串状。无芽胞，一般不形成荚膜，不能运动。在普通琼脂培养基上形成圆形、凸起，边缘整齐，表面光滑，湿润的菌落。菌落因菌株的不同而呈现不同的颜色，初呈灰白色，然后为金黄色、白色或柠檬色。葡萄球菌在血琼脂平板上形成的菌落较大，有的菌株菌落周围形成明显的透明溶血环(β 溶血)，凡溶血性菌株大多具有致病性。

不同菌株的生化特性也不相同，多数菌株能分解乳糖、葡萄糖、麦芽糖和蔗糖，产酸不产气，致病菌株多能分解甘露醇，产酸，非致病菌则无此作用。能还原硝酸盐，但不产生靛基质。

根据临床症状及剖检变化，结合流行病学特点可作出初步诊断，确诊需进行实验室诊断。细菌学检查是确诊本病的主要方法，操作方法如下：

① 病原检查

病料采集：无菌采取皮下渗出液、关节液、眼分泌物、肝脏、脾脏、脐炎部、雏鸡卵黄囊、死胚等。

病原检查：取病料直接涂片，经革兰氏染色后镜检。如发现葡萄球菌，可初步诊断。进一步检查可将病料接种血琼脂平板，培养后观察其菌落特征、有无色素形成及溶血现象，同时涂片镜检。菌落呈金黄色、周围呈溶血现象者多为致病菌。确定其致病力可用甘露醇发酵试验、血浆凝固酶试验等，阳性者多为致病菌株。

② 毒素检查

发生食物中毒时，可将从剩余食物或呕吐物中分离到的葡萄球菌接种到普通肉汤中，于 30% CO_2 条件下培养 40 h，离心沉淀后取上清液，100℃ 30 min 加热后，用静脉或腹腔注射，15~120 min 内出现寒战、呕吐、腹泻等急性症状，表明有肠毒素存在。用 ELISA 或 DNA 探针可快速检出肠毒素。

2. 防治措施

(1)处理

发病时，及时隔离治疗病鸡，病死鸡进行无害化处理。由于葡萄球菌是条件性致病菌，在环境中广泛分布，为了迅速控制本病，在应用高敏感药物治疗的同时，还应做到勤换垫料，及时清扫粪便；勤喂少添饲料，搞好栏舍及周围环境的清洁消毒。

(2)预防

为预防本病的发生，主要是做好平时的兽医卫生消毒工作。

① 发生外伤、创伤是感染本病的重要因素，因此，在禽饲养过程中，尽量避免和消除使禽发生外伤的诸多因素，如笼架结构要规范，装备要配套、整齐，自己编造的笼网等要细致，防止铁丝等尖锐物品引起皮肤损伤的发生，从而堵截葡萄球菌的侵入和感染

门户。

②做好皮肤外伤的消毒处理。在断喙、带翅号（或脚号）、剪趾及免疫刺种时，要做好消毒工作。除了发现外伤及时处置外，还需针对可能发生的原因采取预防办法，如避免刺种免疫引起感染，可改为气雾免疫或饮水免疫；鸡痘刺种时做好消毒；进行上述工作前后，可在饲料中添加药物预防等。

③适时接种鸡痘疫苗。有实验表明，鸡痘的发生常是鸡群发生葡萄球菌病的重要因素，因此，做好鸡痘免疫是十分重要的。

④搞好鸡舍卫生及消毒工作。做好鸡舍、用具、环境的清洁卫生及消毒工作，这对减少环境中的含菌量，消除传染源，降低感染机会，防止本病的发生有十分重要的意义。

⑤加强饲养管理。在饲料中添加必需的营养物质，特别要供给足够的维生素和矿物质；禽舍适时通风、保持干燥；鸡群饲养密度过大，避免拥挤；要有适当的光照；适时断喙；防止鸡群发生互啄现象。

⑥做好孵化过程的卫生及消毒工作。注意种卵、孵化器及孵化全过程的清洁卫生及消毒工作，防止工作人员（特别是雌雄鉴别人员）污染葡萄球菌，引起雏鸡感染或发病，甚至散播疫病。

⑦免疫接种。发病较多的鸡场，可用葡萄球菌多价苗给20日龄左右的雏鸡注射。

（3）治疗

鸡群一旦发病，要立即全群给药治疗。葡萄球菌对青霉素、金霉素、红霉素、新霉素、卡那霉素和庆大霉素等抗生素敏感。近年来，由于超剂量使用或滥用抗生素，耐药菌株不断增多，因此，在临诊用药前最好先做药敏试验，选用高度敏感药物进行治疗。常使用以下药物治疗：

①庆大霉素。如果发病鸡数量较少时，可用硫酸庆大霉素针剂，按每只鸡每公斤体重3 000~5 000 IU肌肉注射，每日2次，连用3 d。

②卡那霉素。硫酸卡那霉素针剂，按每只鸡每公斤体重1 000~1 500 IU肌肉注射，每日2次，连用3 d。

③青霉素。成年鸡按每只10万IU肌肉注射，每日2次，连用3~5 d。或按0.1%~0.2%浓度饮水。

④红霉素。按0.01%~0.02%药量加入饲料中喂服，连用3 d。或每升水中加入100 mg饮水，连用3~6 d。

⑤四环素或金霉素。按0.2%的比例加入饲料中喂服，连用3~5 d。

⑥磺胺类药物。如磺胺嘧啶、磺胺二甲基嘧啶，按0.5%比例加入饲料喂服，连用3~5 d，或用其钠盐，按0.1%~0.2%浓度溶于水中，饮用2~3 d。磺胺-5-甲氧嘧啶或磺胺-6-甲氧嘧啶按0.3%~0.5%浓度拌料，喂服3~5 d。0.1%磺胺喹恶啉拌料喂服3~5 d。或用磺胺增效剂（TMP）与磺胺类药物按1∶5混合，以0.02%浓度混料喂服，连用3~5 d。

（七）传染性鼻炎

传染性鼻炎是由副鸡嗜血杆菌引起的一种急性上呼吸道传染病，其特征是鼻腔和鼻窦发炎，打喷嚏，流鼻液，颜面肿胀，结膜炎等。本病发生后可引起蛋鸡产蛋量下降，育成鸡发育受阻和淘汰率增加，肉鸡肉质下降，给养鸡业造成较大经济损失。我国将其列为三类疫病。

1. 诊断要点

(1)流行病学

易感动物　本病主要发生于鸡。各年龄的鸡均可感染，育成鸡和产蛋鸡的易感性最强，1周龄以内的雏鸡具有抵抗力。

传染源和传播途径　病鸡和带菌鸡是主要的传染源。传播方式以飞沫、尘埃经呼吸道传染为主，其次可通过污染的饮水、饲料经消化道传播。

流行特点　本病无明显的季节性，但以每年10月至次年5月较多发；本病发病急，传播快，发病率高而死亡率低。鸡传染性鼻炎的发生与环境因素有很大关系，凡是能使机体抵抗力下降的因素，如鸡群饲养密度过大，通风不良，气候突变等，均可诱发本病。

(2)临床症状

潜伏期短，1~3 d。

病鸡初期表现为流浆液性或黏液性鼻液，眼分泌物增多，不能睁眼，随后出现呼吸困难，一侧或两侧颜面部高度肿胀，眼和鼻孔周围有脓性渗出液。公鸡肉髯肿胀。发病率高，可达70%~100%，死亡率低，在急性发病鸡群中死亡率为5%~20%。蛋鸡产蛋量下降，育成鸡开产延迟，幼龄鸡发育受阻。

(3)病理变化

鼻腔及鼻窦黏膜呈急性卡他性炎症，黏膜充血、肿胀，鼻腔、眶下窦内有大量卡他性、黏液性渗出物蓄积，有些病鸡窦内蓄积干酪样的渗出物凝块(见彩图1-23)。蓄积多时，颜面部显著肿胀，眼结膜充血、肿胀，结膜囊内填充有黏液性、脓性渗出物或黄色干酪样物。结膜炎进一步发展，可导致角膜炎，最终导致失明。肉髯充血、水肿，颜色紫红。炎症发展到下呼吸道时，可见气管、支气管内有黏液性、脓性渗出物，渗出物多时堵塞呼吸道。偶尔发生肺炎、气囊炎。

(4)鉴别诊断

多与下列疾病相鉴别：

① 禽流感。脸部肿胀大多数呈双侧性，颜色发紫。死亡快，死亡率高，药物治疗无效。而传染性鼻炎脸部肿大多呈单侧性，不发紫，死亡率低，磺胺类药物治疗有效。

② 传染性支气管炎。传播迅速，成鸡感染后主要表现产蛋急剧下降，呼吸道症状不明显，产畸形蛋且大小不一，软壳蛋、砂壳蛋较多，蛋清稀薄如水；传染性鼻炎蛋壳质量变化不明显。

③ 败血支气体感染。呼吸道症状持续时间较长，脸肿不明显，本病在鸡群中传播较慢，且精神和采食变化不大。

④ 油苗注射不当。注射靠近头部时，免疫后1周左右可出现肿头，眼眶周围肿胀发硬，切开可见干酪样物、未吸收的油苗或肉芽肿，若无感染一般可自然康复。

⑤ 维生素A缺乏症。病鸡趾爪蜷缩，眼睛流出白色分泌物，喙和小腿黄色变淡。剖检可见鼻腔、口腔、食道及嗉囊的黏膜表面有大量白色小结节，严重时结节融合成一层灰白色的伪膜覆盖于黏膜表面。

(5)病原检查及确诊

传染性鼻炎的病原是副鸡嗜血杆菌，可从病鸡的鼻窦渗出物中分离。本菌为革兰氏阴性的多形性小杆菌，不形成芽胞，无荚膜、鞭毛、不能运动。

本菌为兼性厌氧，在 5％～10％二氧化碳的环境中易于生长。该菌对营养的需求较高，常用的培养基为血液琼脂或巧克力琼脂。因为葡萄球菌在生长时可释放出鸡副嗜血杆菌生长时所需 V 因子，若把该菌划线接种于血液琼脂上，然后挑取葡萄球菌接种在划线周围，培养后可见生长在葡萄球菌菌落周围的副鸡嗜血杆菌发育好，菌落大，而远处则相反，这种现象叫做"卫星现象"。可作为初步鉴定本菌的方法之一。

该菌根据平板凝集试验，可分为 A、B 和 C 3 个血清型。我国大部分为 A 型，极少数为 C 型。各血清型之间无交叉保护性。

根据流行病学特点、临诊症状及病理剖检变化可做出初步诊断。确诊需进行实验室诊断。

① 直接镜检。取病鸡眶下窦或鼻窦渗出物，涂片，染色，镜检，可见大量革兰氏阴性的球杆菌。

② 病原的分离和鉴定。用棉拭子采取眼、鼻腔或眶下窦分泌物，在血液琼脂平板上与金黄色葡萄球菌交叉接种，在 5％～10％二氧化碳环境中培养，可见葡萄球菌菌落周围有明显的"卫星现象"，其他部位不见或很少有细菌生长。

③ 动物接种。取鸡眶下窦分泌物或培养物，窦内接种 2～3 只健康鸡，可在 1～2 d 出现传染性鼻炎的症状。若本菌数量接种过少，潜伏期可长达 7 d。

④ 血清学诊断。用来鉴定培养物和检测抗体的方法有玻片凝集试验和琼脂扩散试验，其中琼脂扩散试验可用于定性本病，玻片凝集试验可用于血清学分型。

2. 防治措施

(1)处理

淘汰或隔离饲养病鸡，病愈鸡不留做种用；注意鸡舍的卫生和消毒；尽量避免发生机械传播。加强日常饲养管理，保持鸡舍合理饲养密度和良好的通风，防止寒冷和潮湿，饲料中注意添加维生素 A。

本菌的抵抗力很弱，在鸡体外很快失活。对常用的消毒药物均敏感。常温下 4 h 失活；45℃ 6 min 失活。耐低温，因此菌种保存多采用冷冻真空干燥法。

(2)预防

① 搞好综合防治措施，消除发病诱因。不从疫区购进不明情况的种鸡或种蛋；购进鸡只要隔离观察；隔离饲养发生过本病的鸡或淘汰；加强兽医卫生消毒工作。

② 免疫接种。接种疫苗是有效的预防方式。

常用疫苗有 A 型油乳剂灭活苗和 A-C 型二价油乳剂灭活苗。一般免疫程序为 35～45 日龄用 A 型油乳剂灭活苗或 A-C 型二价油乳剂灭活苗首免，每羽注射 0.3 mL；110～120 日龄二免，每羽注射 0.5 mL，可达到保护整个产蛋期的作用。

(3)治疗

本病对多种药物敏感，临床上常用氟苯尼考、强力霉素、环丙沙星、磺胺类药物等。对产蛋鸡应慎用磺胺类药物。当鸡群食欲变化不明显时，可选用口服易吸收的药物，但若采食明显减少，应考虑注射给药。

中草药治疗效果较好。可用白芷、防风、益母草、乌梅、猪苓、诃子、泽泻各 100 g，辛荑、桔梗、黄芩、半夏、生姜、葶苈子、甘草各 80 g，粉碎过筛，混匀，为 100 只鸡 3 d 的药量，即平均每羽每天 4.2 g，拌料喂食，连用 9 d。

（八）鸭传染性浆膜炎

鸭传染性浆膜炎又称鸭疫里氏杆菌病、鸭疫巴氏杆菌病，是由鸭疫里氏杆菌引起的鸭、鹅、火鸡和多种禽类的一种急性或慢性传染病。其临床特征为病禽倦怠，眼与鼻孔有分泌物、绿色下痢、共济失调和抽搐。慢性病例为斜颈，病变特点为纤维素性心包炎、肝周炎、气囊炎、干酪性输卵管炎和脑膜炎。我国将其列为三类疫病。

1. 诊断要点

（1）流行病学

易感动物　1～8周龄的雏鸭均易感，可自然感染，但以2～4周龄最易感。1周龄以下或8周龄以上的鸭极少发病。除鸭外，小鹅亦可感染发病。火鸡、雉鸡、鹌鹑以及鸡亦可感染，但发病少见。本病在感染禽群中的感染率很高，有时可达90％以上，死亡率5％～85％不等。

传染源及传播途径　病禽和带菌禽是主要的传染源。本病主要通过污染的饲料、饮水、飞沫、尘土等经呼吸道和损伤的皮肤（特别是脚部皮肤）感染发病。地面育雏也可因垫料粗硬、潮湿而损伤雏鸭脚掌引起感染。

流行特点　本病一年四季都可能发生，尤以冬季为甚。应激因素对本病流行的影响较大，被本病感染而无应激的鸭通常不表现临床症状。但如受应激因素的影响，如育雏室密度过大、通风不良、卫生条件差、饲料中营养物质缺乏、转舍时受寒冷或雨淋的刺激、其他传染病（大肠杆菌病、禽霍乱、沙门氏菌病、葡萄球菌病、鸭病毒性肝炎等）的发生，可引起本病暴发流行，加剧本病的发生和病鸭死亡。

（2）临床症状

根据病程长短和临床表现，可分为三种类型：

最急性型　鸭常见不到任何明显症状而突然死亡。

急性型　此型临床上最常见。多见于2～4周龄雏鸭，病初表现为精神不振、倦怠、嗜睡，缩颈或嘴抵地面，不食或少食。眼流出浆液性或黏性的分泌物，常使眼周围羽毛粘连或脱落（见彩图1-24）。鼻孔流出浆液或黏液性分泌物，有时分泌物干涸，堵塞鼻孔。轻度咳嗽和打喷嚏。粪便稀薄呈绿色或黄绿色。腿软、不愿走动或跟不上群、步态蹒跚。濒死前出现神经症状，如不自主摇头颈，背脖、两腿伸直呈角弓反张状、尾部摇摆等，不久抽搐而死，病程一般2～3 d。幸存者生长缓慢。

慢性型　多见于日龄较大（4～7周龄）的雏鸭，病鸭表现精神沉郁，少食，共济失调，痉挛性点头运动、前仰后翻、翻转后仰卧、不易翻起等症状。少数鸭出现头颈歪斜，遇惊扰时不断鸣叫和转圈、倒退等，而安静时头颈稍弯曲，犹如正常。因采食困难，逐渐消瘦而死亡。病程达1周或更长。

（3）病理变化

最急性和急性病理变化明显，最典型的病变是浆膜面的纤维素性渗出物，主要在心包膜、肝脏表面及气囊。在渗出物中除纤维素外，还有一部分炎性细胞。渗出物可部分地机化或干酪化，构成纤维素性心包炎、肝周炎或气囊炎。类似的病变亦见于火鸡和其他禽类。中枢神经系统感染可出现脑膜炎。少数病例可见输卵管炎，即输卵管膨大，内有干酪样渗出物蓄积。

慢性局灶性感染常见于皮肤，偶尔也出现在关节；多在背下部或肛门周围出现坏死性皮炎。皮肤或脂肪黄色，切面呈海绵状，似蜂窝织炎变化。跗关节肿胀，触之有波动感，关节液增量，呈乳白色黏稠状。

（4）鉴别诊断

应注意与鸭大肠杆菌败血症相区别。两者都可见到纤维素性心包炎、肝周炎和气囊炎的病变。但本病病变主要局限于呼吸道，在鼻窦、呼吸道和输卵管内可找到干涸成管型的纤维素性渗出物，只能从心血和脑分离到鸭疫里氏杆菌。而鸭大肠杆菌败血症各内脏器官都能分离到大肠杆菌。

（5）病原检查及确诊

鸭传染性浆膜炎的病原为鸭疫里氏杆菌，菌体为革兰氏染色阴性小杆菌，有的呈椭圆形，有荚膜，瑞氏染色见有少数菌体两端浓染。与鸭多杀性巴氏杆菌形态相似，不易区别。该菌在鲜血琼脂平板上长出凸起、边缘整齐、透明、有光泽、奶油状菌落，不溶血。在巧克力琼脂平板上形成圆形、凸起、半透明、微闪光的菌落，在普通琼脂和麦康凯培养基上不能生长。绝大多数鸭疫里氏杆菌在37℃或室温下于固体培养基上存活不超过3～4 d，4℃条件下，肉汤培养物可保存2～3周。55℃下培养12～16 h即失去活力。在水中和垫料中可分别存活13 d和27 d。

本菌的生化反应不恒定，多数菌株不发酵碳水化合物，但少数菌株可发酵葡萄糖、果糖、麦芽糖、肌醇等，产酸不产气；不产生吲哚和硫化氢；不还原硝酸盐；不能利用柠檬酸盐；M-R和V-P试验阴性；氧化酶和过氧化酶阳性。

本菌血清型较复杂，到目前为止国际上已确认了21个血清型（即1～21），且各血清型之间无交叉反应。但5型例外，它能与2型和9型有微弱交叉反应。我国目前至少存在13个血清型（即1、2、3、4、5、6、7、8、10、11、13、14和15型）。

根据临诊症状和剖检变化，结合流行病学的调查，可作出初步诊断，结合镜检、分离培养特征、生化试验、血清型鉴定等可做出最后的确诊。

① 涂片镜检。无菌取脑、血液、肝脏或脾脏等组织做涂片，经瑞氏染色可见两极浓染的小杆菌，与鸭多杀性巴氏杆菌不易区别。

② 细菌的分离鉴定。无菌操作采取脑、心血或肝等病变材料，分别接种于鲜血琼脂平板、麦康凯琼脂平板和巧克力琼脂平板上，在厌氧环境中37℃培养24～48 h，根据菌落的特征进行鉴定。

取24 h巧克力琼脂纯培养物进行生化试验。根据生化试验特性进一步鉴定。因本菌的生化反应不恒定，不同分离株差异很大，确诊需进一步做血清型的鉴定。

③ 荧光抗体染色法。取肝或脑组织作涂片，自然干燥，火焰固定，用特异的荧光抗体染色，在荧光显微镜下检查，则鸭疫里氏杆菌呈黄绿色环状结构，多为单个散在。其他细菌不着色。

2. 防治措施

（1）处理

发病鸭群隔离治疗或淘汰，病死鸭无害化处理。

本菌抵抗力不强。室温下大多数鸭疫里氏杆菌在固体培养基上存活不超过3～4 d。4℃条件下，在肉汤培养物中可存活2～3周。欲长期保存菌种需冻干。本菌对氟苯尼考、氨苄青霉素、红霉素、链霉素、林可霉素、丁胺卡那、利福平、喹诺酮类药物等敏感。

（2）预防

改善育雏的卫生条件，特别注意通风、干燥、防寒及改善饲养密度，使用柔软干燥的垫料，并勤换垫料，实行"全进全出"的饲养管理模式，出栏后禽舍彻底消毒，空舍2～4周。

疫苗接种在国内外都有研究，并已在生产中使用，获得了较好的免疫效果。美国现采用鸭疫里氏杆菌与大肠杆菌联苗或单苗，近年又研制出口服或气雾免疫用的弱毒菌苗。我国也有油佐剂和氢氧化铝灭活疫苗。雏鸭7～10日龄时，一次注射即可。但由于本菌血清型较多，且易变异，所以制菌苗时必须针对流行菌株的血清型，自家苗效果最好。

（3）治疗

药物防治是控制发病与死亡的一项重要措施；以氟苯尼考为首选药物，药量按0.03%～0.04%混饲，连续喂3～4 d，收到良好的防治效果。也可使用喹诺酮类、氨苄青霉素、利福平、头孢噻呋等药物。有条件的养殖场先进行药敏试验，在此基础上选用敏感药物进行治疗，可收到显著效果。

（九）鸡坏死性肠炎

鸡坏死性肠炎又称肠毒血病，是由魏氏梭菌引起的一种急性、散发性传染病。以严重消化不良、生长发育停滞为特征，表现为排红褐色和黑褐色煤焦油样稀粪，病死鸡小肠后段黏膜出血、溃疡、坏死。我国将其列为三类疫病。

1. 诊断要点

（1）流行病学

易感动物　在禽类中仅鸡自然感染、肉鸡、蛋鸡亦可发生，尤以平养鸡多发，雏鸡和育成鸡多发。肉鸡发病多见于2～8周龄，但3～6月龄也有发生。

传染源及传播途径　魏氏梭菌是一种条件性致病菌，健康鸡的肠道就含有本菌，病鸡的粪便，污染的尘埃、土壤、垫料、饲料都是本病的传播媒介。传播途径主要是经消化道摄入致病菌而感染。

流行特点　其显著的流行特点是在同一区域或同一鸡群中反复发作，陆续出现病死鸡和淘汰鸡，病程持续时间长，可延续至该鸡群上市。本病发病率10%～20%，死亡率一般在1%以下，如有其他疾病并发症或饲养管理不当，死亡明显增加。

本病一年四季均可发生，但在温暖潮湿的季节多发，每年4～9月易发。常散发或地方性流行。该病的发生多有明显诱因，如鸡群饲养密度大，舍内环境卫生差，通风不良；突然更换饲料且饲料蛋白质含量高；在全价日粮中额外添加鱼粉、黄豆、小麦、动物油脂等高能量或高蛋白质原料；不合理使用药物添加剂；环境中的产气荚膜梭菌超过正常数量等均可诱发本病。其中本病发生的一个主要原因是鸡群感染球虫病，由于肠黏膜受到损伤，致使魏氏梭菌在肠道内大量的繁殖，从而发生本病。

（2）临床症状

急性型　以突然发病、急性死亡为特征。病鸡表现为精神沉郁、食欲下降甚至废绝，减食可达50%以上，不愿走动，两眼闭合，羽毛蓬乱无光，缩颈，可视黏膜苍白，贫血，排红褐色或黑褐色煤焦油样粪便，含有未消化饲料，有时粪便混有血液或肠黏膜组织。多数病鸡不显任何症状而死。病程1～2 d，死亡率2%～50%。与小肠球虫病并发时，粪便稍稀呈棕黄色。

　　慢性型　鸡生长受阻，排灰白色水样稀粪，最后消瘦衰弱而死，耐过鸡多发育不良，泄殖腔周围常有粪便污染。有的出现神经症状，病鸡翅腿麻痹，颤动，站立不稳，双翅拍地，瘫痪，触摸时发出尖叫声，病程持续 5～10 d。如有混合感染，死亡率大大增加。

　　(3)病理变化

　　病鸡贫血，严重脱水，刚病死鸡，打开腹腔即可闻到尸腐臭味，并伴随全身淤血。主要病变集中在肠道，尤以空肠和回肠明显，小肠后段黏膜坏死。病变肠管浆膜呈浅红色，淡黄色或灰色，并有出血斑点，肠壁脆弱，肠管扩张、粗细不均且充满气体，增粗部位为正常肠管的 2～3 倍，剪开肠管可见肠黏膜充血、出血及坏死，常附有黄色或绿色的伪膜，易脱落，剥去伪膜可见肠黏膜凸凹不平，或见大小不等、形状不一的麸皮样坏死灶。其他内脏器官无明显病变。

　　本病与小肠球虫病合并感染时，除上述病变外，在小肠浆膜面还可见到大量针尖大小的出血点和灰白色坏死点。

　　(4)鉴别诊断

　　本病常与溃疡性肠炎、球虫病相区别。本病特征性病变局限于空肠和回肠，而溃疡性肠炎特征性病变为小肠后段和盲肠的多发性坏死和溃疡，及肝坏死。球虫病的病变以黏膜出血为特征，可通过粪便检查有无球虫卵囊进行确诊。

　　(5)病原检查及确诊

　　鸡坏死性肠炎的病原体为 A 型或 C 型产气荚膜梭菌，也叫 A 型或 C 型魏氏梭菌，为革兰氏阳性、两端钝圆的荚膜大梭菌，单独或成双排列。可形成芽孢，芽孢呈卵圆形，位于菌体中央。

　　无菌挑取坏死肠黏膜部位的刮取物(取自死亡后 4 小时以内的鸡)，接种于血琼脂平板37℃厌氧培养 24 h，在血琼脂平板上形成白色、大而圆的菌落，并有溶血。挑选典型菌落接种于牛乳培养基中培养 8～10 h，可见明显的"暴烈发酵"现象。

　　本病根据临床症状和病理变化，结合流行病学调查可作出初步诊断，确诊需进行实验室检查。

　　① 病原检查和分离。无菌刮取病变肠黏膜坏死部位或病死鸡肝脏组织，涂片，经革兰氏染色后镜检可见革兰氏阳性、两端钝圆的大梭菌。病料划线接种血液琼脂平板，37℃厌氧培养 24 h，形成典型的大菌落，即可确诊。

　　② 动物接种。以肠内容物的纯培养物接种小白鼠，每只腹腔接种 0.5 mL，18～24 h内致死小鼠，其病理变化与自然病例相同，用相同方法接种鸡，临床上可出现黑色或黑红色粪便，但不造成鸡只的死亡，剖杀后可见小肠管 1/3 处有轻度病变。肠内容物涂片染色可见大量均一的革兰氏阳性粗大梭菌。

　　2. 防治措施

　　(1)处理

　　发病时，及时隔离治疗病鸡，病死鸡进行无害化处理。由于魏氏梭菌主要存在于粪便、土壤、灰尘、污染的饲料、垫料及肠内容物中。为了迅速控制本病，在应用高敏药物治疗的同时，还要做好勤换垫料，及时清扫粪便；勤喂少添饲料，搞好栏舍及周围的清洁消毒。

（2）预防

加强鸡群饲养管理，搞好卫生环境，场舍、用具要定期消毒，粪便、垫草要勤清理，以减少病原扩散造成的危害。避免舍内湿度过大和鸡群拥挤，加强通风换气。优质动物性蛋白合理添加，保证饲料品质；换料至少要经过 3 d 的过渡期，以减少应激等不良因素的刺激。保管好动物性蛋白饲料，防止有害菌污染。可在饲料中添加一些维生素、矿物质以及微量元素等，以增加机体抵抗力。为控制本病发生，也可在饲料中添加敏感药物进行预防。有效控制球虫病的发生，对预防本病有积极作用。

（3）治疗

鸡坏死性肠炎发病急，需迅速治愈，以减少死亡和经济损失，而魏氏梭菌抗药性很强，宜在药敏试验的基础上选用高敏药物治疗。该菌对青霉素、杆菌肽、新泰乐（磷酸盐）、氨苄青霉素、红霉素、林可霉素、卡那霉素等敏感。对复方敌菌净、庆大霉素不敏感。

① 青霉素雏鸡每只每次 2 000 IU，成鸡每只每次 2 万～3 万 IU，混料或饮水，每日 2 次，连用 3～5 d。

② 杆菌肽雏鸡每只每次 0.6～0.7 mg，育成鸡 3.6～7.2 mg，成年鸡 7.2 mg，拌料，每日 2～3 次，连用 5 d。

③ 林可霉素每日每千克体重 15～30 mg，拌料，每日 1 次，连用 3～5 d。

④ 红霉素每日每千克体重 15 mg，分两次内服；或拌料，每千克饲料加 0.2～0.3 g，连用 5 d。

⑤ 2 周龄以内的雏鸡，100 L 饮水中加入氨苄青霉素 15 g，每日 2 次，每次 2～3 h，连用 3～5 d。

（十）鸡绿脓杆菌病

鸡绿脓杆菌病是由绿脓假单胞菌引起的败血性疾病。本菌能引起雏鸡和青年鸡局部或全身性感染，细菌侵入受精卵后，可导致胚胎或刚出壳的雏鸡死亡。本病多发生于雏鸡，主要表现为呼吸困难、败血症、关节炎及消化道症状。

1. 诊断要点

（1）流行病学

易感动物　鸡和火鸡均易感，雏鸡多发。

传染源和传播途径　绿脓假单胞菌在自然界中的土壤、水、肠内容物、动物体表中均有存在。本病导致雏鸡暴发的很重要的原因是腐败鸡胚在孵化器内破裂，此外，近年来接种马立克氏病疫苗时注射用具及疫苗的污染也是发病的原因。饲养条件差或长途运输会降低雏鸡的抵抗力，进而发病。

流行特点　本病一年四季均多发，但以春季出雏季节多发。雏鸡对绿脓杆菌的易感性最高，日龄增加，易感性降低。

（2）临床特征

本病雏鸡多发，发病急，病程短。病初精神沉郁，食欲减退。羽毛粗乱，卧地不起。多数病雏排黄绿色和白色粪便，病重的鸡粪便带血，病鸡脱水，全身衰竭而亡，死亡率可达 2%～90%。有的病鸡眼周围水肿、潮湿，眼流泪，角膜或眼前房混浊，眼中常带有淡绿色的脓性分泌物，最终，眼球下陷，失明，影响采食，最后衰竭死亡。有的病鸡出现神经症状如共济失调，头颈后仰，最后倒地死亡。

（3）病理变化

死亡雏鸡外观消瘦，羽毛粗乱，无光泽。泄殖腔周围有稀粪污染。头颈部、胸腹部皮下水肿、淤血或溃烂，皮下有胶冻样浸润物。严重水肿部为皮下可见出血点或出血斑。实质器官不同程度充血、出血。肝、脾脏有出血点，肝脏有淡灰黄色小米粒大小坏死灶。气囊混浊、增厚。肺脏充血、有出血点。肠黏膜充血、出血严重。

卵黄吸收不良，呈黄绿色，内容物呈豆腐渣样，严重的病鸡卵黄破裂形成卵黄性腹膜炎。侵害关节者，关节肿大，关节液混浊增多。死胚表现为颈后部皮下出血，尿囊呈灰绿色，腹腔中残留较大的尚未吸收的卵黄囊。

（4）鉴别诊断

由于本病雏鸡易感染发病，且稀粪污染泄殖腔，应与鸡白痢相鉴别。

（5）病原检查及确诊

绿脓杆菌菌体两端钝圆，单在、成对，偶尔排列成短链，在肉汤培养物中可看到长丝状形态。菌体有 1～3 根鞭毛，运动活泼。能形成芽孢及荚膜。普通染料易着色，革兰氏阴性。本菌为需氧或兼性厌氧菌，在普通培养基上易生长，形成光滑，微隆起，边缘整齐，中等大小的菌落。由于产生水溶性的绿脓素（呈蓝绿色）和荧光素（呈黄绿色），故能渗入培养基内，使培养基变为黄绿色。数日后，培养基的绿色逐渐变深，菌落表面呈金属光泽；在普通肉汤中培养，培养基均匀混浊，在液体表面形成一层很厚的菌膜；黄绿色。在血液琼脂培养基中培养，菌落周围出现溶血环。

本菌分解蛋白质能力强，而发酵糖类能力较低，分解葡萄糖、伯胶糖、单奶糖、甘露糖产酸不产气，不分解麦芽糖、菊糖、棉籽糖、甘露醇、乳糖及蔗糖，能液化明胶。分解尿素，不形成吲哚，氧化酶试验阳性，可利用枸橼酸盐。不产生 H_2S，M-R 试验和 V-P 试验均为阴性。

可根据该病发病急、死亡率高等特点及临床症状和病理变化作出初步诊断，确诊需进行实验室诊断。

① 细菌学检验。无菌取病死雏鸡的实质器官为病料，处理后放入肉汤培养基中培养 18～24 h，再用琼脂平板划线培养 18～24 h，挑取单个可疑菌落接种于 NAC 鉴别培养基上培养 18 h，置室温下逐渐产生明显的可渗入培养基中的绿色素。涂片染色镜下观察，若能看到中等大小的革兰氏阴性杆菌，就能判定为绿脓假单胞菌。

② 动物接种。用 0.2 mL 肉汤培养物接种 1 日龄雏鸡，并观察症状，最后雏鸡会在 8 h 内死亡。从死亡鸡的心、肝、脾等脏器中能分离到绿脓杆菌，即可确诊。

2．防治

（1）处理

发生本病时，要严格按照规定做好种蛋收集、保存及孵化全过程和孵化设备、环境、注射疫苗器具的清洗和消毒工作。

（2）预防

孵化用的种蛋在孵化之前可用福尔马林熏蒸后入孵。熏蒸消毒可以杀死蛋壳表面的病原体。防止孵化器内出现腐败蛋。对孵出的雏鸡进行马立克氏病疫苗免疫注射时，要注意针头的消毒，避免将病原带入鸡体内。

（3）治疗

庆大霉素是治疗本病的首选药物，口服给药效果较差，大剂量注射庆大霉素可收到较高的疗效。但大群雏鸡，可通过饮水或拌料大剂量应用庆大霉素、新霉素、链霉素、卡那霉素或复方新诺明等，有一定的疗效。

（十一）鸡败血支原体感染

鸡败血支原体感染又称慢性呼吸道病、鸡毒支原体感染，是由败血支原体引起的一种接触性、慢性呼吸道传染病。特征是呼吸道症状明显、病程长，剖检有气囊炎。本病是危害肉仔鸡生产的主要疾病，被列入 OIE 疫病名录。

1. 诊断要点

（1）流行病学

易感动物　各年龄的鸡和火鸡都可感染，尤其以 4～8 周龄的雏鸡和火鸡最易感，成年鸡多为隐性感染。

传染源和传播途径　病鸡和隐性带菌鸡是主要的传染源。本病的传播途径有四种，即呼吸道感染、消化道感染、交配及经卵垂直传播，经卵垂直传播是重要的传播方式。

流行特点　本病一年四季均可发生，以寒冷季节多发，正常饲养管理条件下，常不表现症状，呈隐性经过，当遇到气候突变及寒冷、饲养密度过大、卫生与通风不良、呼吸道接种疫苗或发生呼吸道疾病等诱发因素均可发病。

本病具有发病快、传播慢、病程长的特点。发病率和死亡率的高低取决于是否有其他病毒病或细菌病的发病或继发感染。一般发病率为 10%，若有继发感染的情况，发病率可达 70%，死亡率约 20%～40%。

（2）临床症状（该症状彩图见课程网站图片库）

潜伏期 6～12 d，病程长的可达 30 d 以上。雏鸡感染后主要表现为呼吸道症状，病初流鼻涕、打喷嚏，后出现咳嗽、气喘，鼻液堵塞鼻孔，病鸡甩头，呼吸有时有啰音，张口呼吸等呼吸困难症状，眼结膜发炎，眼睑肿胀，轻时泡沫状浆液，时间长了呈灰白色黏稠液体，眼睑粘合。常见一侧或两侧眼睛肿大，眼部突出，形成所谓"金鱼眼"样。到后期，一侧或两侧眶下窦及面部肿胀，甚至一侧或两侧眼睛失明。病鸡精神沉郁，食欲减退，生长发育迟缓，最后衰竭死亡。

产蛋鸡感染呼吸道症状不明显，只表现为产蛋量下降，孵化率降低，孵出的雏鸡增重慢。

（3）病理变化

病死鸡发育不良，消瘦。病变主要在鼻腔、喉、气管、气囊和眼部等。眶下窦内有较多的灰白色或红褐色黏液或干酪样渗出物。喉头、气管黏膜肿胀、充血、出血，黏膜有灰白色黏液，喉头部常见黄色纤维素性渗出物，病情严重的呈干酪样。气囊的变化具有特征性，气囊壁混浊、增厚，表面有黄白色干酪样渗出物，随着病程的发展，囊腔内积有大量的黄白色黏液或干酪样渗出物。眼球肿胀，眼内积干酪样物，严重时眼球萎缩，失明。幼龄鸡发病时症状较典型，最常见的症状多发生在呼吸道，病初流鼻液、咳嗽、喷嚏、有气管啰音，到后期呼吸困难时常张口呼吸。病鸡眼部和脸部肿胀。如与大肠杆菌混合感染，则出现心包炎和肝周炎等病理变化。

（4）鉴别诊断

本病与传染性鼻气管炎、传染性支气管炎、传染性鼻炎、新城疫、禽曲霉菌病均有明显的呼吸道症状，应注意区分。具体鉴别方式见学习情境 5 中的相关知识一，引起呼吸困难常见疾病的鉴别。

（5）病原检查及确诊

鸡败血支原体又称为鸡毒支原体，是介于细菌和病毒之间的一种微生物，形状为细小杆状，结构简单，无细胞壁。革兰氏染色弱阴性。姬姆萨染色着色良好，呈淡紫色。对培养基的要求苛刻，通常添加10％～15％的鸡、猪或马血清，37℃潮湿环境下培养2～5 d，可长出特征性的菌落，该菌落细小、光滑、圆形透明、中央有一点突起，呈"荷包蛋"状。

该病原能凝集鸡红细胞。在禽体内呼吸道含菌量最高。

本病根据流行病学特点、临诊症状及病理剖检变化可做出初步诊断。确诊或对隐形感染的种禽检疫需进行实验室诊断。

① 支原体分离。通常采取气管、肺、气囊、眶下窦等处的分泌物，采用含牛心浸液或酵母浸液做基础培养基，加入马血清或猪血清、葡萄糖、酚红、青霉素和醋酸铊，培养3～10 d可产生"荷包蛋"样菌落。

② 血清学试验。常用平板凝集试验、试管凝集试验、血凝抑制试验和酶联免疫吸附试验。血凝抑制试验是诊断鸡毒支原体的可靠方法，致病性的支原体能凝集鸡的红细胞，而非致病性支原体无此特性，且感染鸡的血清中具有血凝抑制抗体。

2. 防治措施

（1）处理

种蛋要经过严格的消毒。种蛋收集完后，在2 h之内用甲醛进行熏蒸消毒。入孵前还要先将种蛋预热至37.8℃，然后放入冷的0.1％红霉素溶液中，浸泡15～20 min，可明显降低种蛋的带菌率。败血支原体无细胞壁，因此作用于细胞壁的抗菌素，如青霉素，对其无效。

（2）预防

① 净化鸡群。垂直传播是鸡败血支原体的重要传播途径，阻断这条途径对防治疾病有着重要的意义。引进种鸡和种蛋要从确定没有支原体病的鸡场购买，平时定期用平板凝集试验检疫鸡群，淘汰病鸡和带菌鸡。种鸡从2月龄开始，每隔1个月抽检一次，淘汰每次检出的阳性鸡。对健康鸡群加强饲养管理和卫生消毒工作，饲料全价，全进全出，避免或减少一切不良的应激因素。

② 免疫接种。鸡慢性呼吸道疫苗主要有两种，弱毒活疫苗和灭活苗。目前国际上和国内使用的活疫苗是F株疫苗。油佐剂灭活疫苗效果良好，能防止本病的发生并减少诱发其他疾病。

疫苗免疫程序可以根据鸡群的不同污染程度来定。一般7～10日龄用冻干疫苗配合油苗注射，开产前用1次油苗加强免疫，3～4个月后再用油苗注射1次。

③ 药物预防。雏鸡在出壳后的数天内，可用泰乐菌素、红霉素、北里霉素等药物饮水，连续使用3～5 d，种鸡在产前用支原净按125 mg/kg体重饮水用药2 d，可以有效控制由于垂直传播所带的出壳即感染，提高雏鸡的成活率。

（3）治疗

及时确诊后根据药物敏感试验参考用药。如果没有条件进行药敏试验时，可以参考使用的药物有：泰乐菌素、泰妙菌素、红霉素、北里霉素、高力米先、链霉素等。其中以泰乐菌素纯粉的疗效较好。其用法是每升水加入0.5 g，混饮，连用3～5 d，或每千克饲料加入1 g，混饲，连用3～5 d。

（十二）滑液囊支原体感染

滑液囊支原体感染又称鸡传染性滑膜炎、鸡传染性滑液囊炎，是由鸡滑液囊支原体引起的鸡和火鸡的一种急性或慢性传染病。主要损伤关节的滑液囊膜、腱鞘，引起渗出性滑膜炎、滑膜囊炎。表现为关节肿大、跛行，个别出现呼吸道症状。

1. 诊断要点

（1）流行病学

易感动物　鸡和火鸡是自然感染宿主，人工接种的鹅和雉也可感染。急性感染常见于4～6周龄或10～34周龄的火鸡，成年鸡多呈慢性感染。慢性感染可发生在任何年龄的鸡。

传染源和传播途径　病禽和带菌禽是本病的传染源，以垂直传播途径感染为主，因此用以制造疫苗的种蛋必须来源于无鸡滑液囊支原体的健康鸡群。水平传播主要通过呼吸道传播和通过污染物、人传播也不容忽视。

流行特点　本病的发病率在2%～75%，死亡率1%～10%。火鸡发病率比较低，为1%～20%。

（2）临床症状

自然感染鸡的潜伏期11～21 d。经卵传播的病例潜伏期较短。

病鸡最先表现为采食量轻度减少，喜卧，精神轻度不振，羽毛蓬乱、失去光泽，粪便无明显变化。随着病情的发展，通常有硫黄色的腹泻物，粪便内出现大量白色石灰状尿酸盐。病鸡跗关节、趾关节肿胀，触摸有波动感、热感，跛行、行动困难，较少走向水槽、料槽，采食量下降。随着病情的恶化，翅关节出现肿胀，胸部形成囊肿，破溃后黏液污染周围羽毛形成污垢，濒死家禽极为消瘦。

（3）病理变化

剖检可见关节的滑液囊、龙骨滑膜囊及腱鞘上有乳白色或黄色黏稠渗出物，随着病程的发展，渗出物变成干酪样，若病鸡在干酪物形成之前已极度消瘦，失水，则关节附近偶尔见不到液体。

（4）鉴别诊断

本病在临床上要与关节炎型大肠杆菌病、病毒性关节炎及鸡败血支原体病相鉴别。

（5）病原检查及确诊

病原为滑膜支原体，为多形态的球状体，革兰氏染色阴性。与败血支原体很多特性相似。培养条件更苛刻，生长缓慢，在加有猪血清的培养基中，放入5%～10%二氧化碳培养箱中生长更好，一般培养基7～10 d才长出菌落。菌落形态为隆起，直径为1～3 mm。培养10～14 d在琼脂表面或肉汤表面生有结晶的薄层。只有一个血清型，但存在致病力差异。

本病根据流行病学调查、临床症状和病理变化可作出初步诊断，确诊需进行实验室确诊。

实验室诊断方法同败血支原体。

2. 防治措施

（1）处理

发生本病时，采取净化措施，除定期检疫和淘汰病鸡外，种母鸡每月定期用敏感药物预防，防止本病垂直传播给下一代。

(2)预防

鸡场尽量自繁自养，引进的种鸡要隔离观察 2 个月，血清学试验为阴性才可混群；定期对种鸡进行血清学检查。

(3)治疗

本病原对多种抗生素敏感，但较易产生耐药性，为防止抗药菌株的出现，应在药敏试验的基础上选用敏感药物，治疗时注意联合用药或交替用药。常用的药物有泰乐菌素、红霉素、壮观霉素、替米考星等。

(十三)禽曲霉菌病

禽曲霉菌病又称为真菌性肺炎，是由曲霉菌引起的一种以幼禽为主的真菌病，主要特征是急性暴发，死亡率高，侵害鸡的肺和气囊，引起广泛性炎症和小结节。

1. 诊断要点

(1)流行病学

易感动物　曲霉菌可引起多种禽类发病，鸡、鸭、鹅、鸽、火鸡及多种鸟类均有易感性，幼禽易感性最高。特别是 20 日龄以内的雏禽呈急性暴发和群发性发生，而在成年家禽常散发。

传染源和传播途径　污染的垫料、发霉的饲料是曲霉菌病的主要传染源，主要通过孢子传播，由呼吸道或消化道感染，也可通过眼睛、蛋壳等感染。

流行特点　养禽和育雏阶段的饲养管理及卫生条件不良是引起本病暴发的主要诱因。阴雨连绵、育雏室阴暗潮湿、通风不良、温度冷热不均、营养不足等都能促进本病发生。

(2)临床症状

一般幼禽发病多呈急性经过。病雏以呼吸困难，气喘和呼吸加快为特征，有浆液性鼻漏。呼吸次数增加，但不伴有啰音。食欲减退，饮欲增加，下痢，嗜睡，羽毛松乱，缩颈垂翅，进行性消瘦。常呆立或卧在角落处，伸颈张口喘气，最终由于衰竭和痉挛而亡。

如果病原侵害眼球，可使一侧或两侧眼球发生灰白色混浊，角膜溃疡等病变，结膜囊充满干酪样物。如脑部受侵害，可引起共济失调、斜颈、步行困难、角弓反张等神经症状；病雏一般发病后 2～7 d 死亡，慢者可达两周以上。若曲霉菌污染种蛋，常造成孵化率下降，胚胎大批死亡。

成年鸡多呈慢性经过，主要表现为生长缓慢，发育不良，羽毛松乱无光，喜呆立，逐渐消瘦、贫血，严重时呼吸困难，最后死亡。产蛋禽则产蛋减少，甚至停产，病程数周或数月。

(3)病理变化

病变主要集中在呼吸系统。典型病例在肺脏上出现霉菌结节，从粟粒到小米粒、绿豆大小不等，结节呈灰白色、黄白色或淡黄色，散在或均匀地分布在整个肺脏组织，结节硬度似橡皮样，切开呈同心层状，中心为干酪样坏死组织(见彩图 1-25)。气囊壁上有点状或局部混浊，呈云雾状，可见大小、形状不一的灰白结节，切面有轮层结构。重者整个气囊壁增厚，附有灰白色或黄白色炎性渗出物或干酪样物，有时发现灰绿色霉菌斑，呈烟绿色或深褐色，用手拨动时，可见粉状物飞扬。部分病例在心脏、肝脏、肾脏、胃肠道、腹腔表面等处也有灰白色结节或灰绿色霉菌斑。

(4)鉴别诊断

临床症状上该病易与传染性支气管炎、鸡白痢等混淆，应注意鉴别诊断。

传染性支气管炎由病毒引起，各日龄均可感染，成年蛋鸡感染后产蛋量迅速下降，并产畸形蛋。剖检见生殖器官发生病变，但肺不形成曲霉菌病特征性肉芽肿结节。

鸡白痢除呼吸道症状外，排白色石灰样粪便，同时肝、心、消化道也受侵害，但不形成曲霉菌病特征性同心圆肉芽肿结节。

(5)病原检查及确诊

见本子情境项目 2 中的实验室诊断。

2. 防治

见本子情境项目 2 中的任务 2。

(十四)禽念珠菌病

禽念珠菌病又称霉菌性口炎、白色念珠菌病，俗称鹅口疮，是由白色念珠菌引起的禽类上消化道的一种真菌性传染病，其特征是在上消化道黏膜发生白色的假膜和溃疡。

1. 诊断要点

(1)流行病学

易感动物　本菌可感染各种家禽，如鸡、火鸡、鸽、鸭等，但本病以幼龄禽多发，成年禽亦有发生。

传染源及传播途径　病禽和带菌禽是主要的传染源。念珠菌在自然界广泛存在，可在健康禽的口腔、上呼吸道和肠道等处寄居。病原通过分泌物、排泄物污染饲料、饮水，经消化道感染。发霉变质的饲料、垫料也可引起本病在禽群中传播。

流行特点　以夏秋炎热多雨季节多发。本病发病率、死亡率在火鸡和鸽均很高。禽念珠菌病的发生与禽舍环境及卫生状况差，饲料单调和营养不足有关。

(2)临床症状

鸡　急性暴发时常无任何症状而突然死亡。一般病鸡精神不振，喜饮水，食欲减退或废绝，羽毛松乱，皮肤干燥，缩头垂翅，怕冷，常群居在一起，消瘦，发育不良。病鸡嗉囊胀满，但明显松软，挤压时有痛感，并有酸臭气体自口中排出。在口腔、舌面、咽喉黏膜可见白色圆形、凸出的溃疡和易于剥离的坏死物及黄白色的假膜。病鸡多气喘，呼吸困难。有的病例在眼睑、口角出现痂皮样病变，初期基底潮红，散在大小不一的灰白色丘疹，继而扩大蔓延融合成片，高出皮肤表面凹凸不平。有的病鸡下痢，粪便呈灰白色。一般 1 周左右因衰竭死亡。

鸭　雏鸭的白色念珠菌病的主要症状是呼吸困难，张口喘气，叫声嘶哑，抽搐而死。发病率和死亡率都很高。

(3)病理变化

病理变化主要集中在上消化道，可见喙结痂，口腔和食道有灰白色、白色或黄色的伪膜，伪膜与黏膜粘连紧密，剥离后留下红色的溃疡面，少数病禽病变可波及腺胃，引起胃黏膜肿胀、出血和溃疡。病程较长的成年鸡可见口腔外部嘴角周围形成黄白色的假膜，呈典型的"鹅口疮"。嗉囊皱褶变粗，黏膜明显增厚，被覆一层灰白色斑块状假膜呈典型"毛巾样"，易刮落。假膜下可见坏死和溃疡。有些病例可见在腺胃和肌胃交界处形成出血带，腺胃黏膜肿胀、出血，严重的溃疡，肌胃角质膜下有数量不等的出血斑。

(4)病原检查及确诊

禽念珠菌是一种类酵母状的真菌。在培养基上菌落呈白色金属光泽。菌体小而椭圆，能够长芽，伸长而形成假菌丝。革兰氏染色阳性，但着色不均匀。病鸡的粪便中含有多量病菌，在病鸡的嗉囊、腺胃、肌胃、胆囊及肠内，都能分离出该菌。

白色念珠菌在自然界广泛存在，可在健康畜禽及人的口腔、上呼吸道和肠道等处寄居。各地不同禽类分离的菌株其生化特性有较大差别。该菌对外界环境及消毒药有很强的抵抗力。

本病根据临床症状及剖检变化，结合流行病学调查可作出初步诊断，确诊需进行实验室诊断。

① 镜检。采病变组织或渗出物做抹片检查，观察到酵母状的菌体或假菌丝。

② 分离培养。以初次培养即有大量的白色念珠菌存在才有诊断意义。

③ 动物接种。病料常规处理后，小鼠或家兔皮下注射，可见在肾脏和心肌中形成局部脓肿；若静脉注射，则在肾脏皮质层下产生粟粒样脓肿，在感染组织中发现病原菌丝和孢子。

④ 免疫学检查。可应用免疫扩散试验、乳胶凝集试验及间接荧光抗体试验进行诊断。

2. 防治措施

(1)处理

① 扑灭措施。对急性病例，要迅速隔离、治疗。对死禽及病重濒死的禽只应淘汰、深埋或无害化处理，并严格消毒，防止疫情扩散。

② 消毒。该菌对外界环境及消毒药有很强的抵抗力。可用1%氢氧化钠溶液或2%甲醛溶液，经1 h处理可抑制该菌，5%氯化碘液处理3 h，也能达到消毒目的。

(2)预防

应认真贯彻兽医综合防治措施，加强饲养管理，减少应激因素对禽群的干扰，做好防病工作，提高禽群的抗病能力。应特别注意防止饲料霉变，不用发霉变质饲料。因此保持禽舍清洁、干燥、通风等能有效防止本病。搞好禽舍和饮水的卫生消毒工作，不同日龄鸡不要混养等工作是防治本病的重要措施。在潮湿雨季，在饮水中加入0.02%结晶紫或在饲料中加入0.1%赤霉素，每周喂两次可有效预防本病。

(3)治疗

本病常用1:2 000硫酸铜溶液或在饮水中添加0.07%的硫酸铜连服1周，对口腔黏膜溃疡病例，可口腔涂敷碘甘油或紫药水。嗉囊可灌入4～6 mL 2%硼酸液消毒。制霉菌素按每千克饲料加入50～100 mg(预防量减半)连用1～3周，或每只每次20 mg，每天2次，连喂7 d。投服制霉菌素时，还需适量补给复合维生素B，对大群防治有一定效果。克霉唑混饲，每100只鸡每次用药1 g，每天用药2次，连用3～5 d。鸽群常与毛滴虫并发感染，防治毛滴虫用达美素(二甲硝咪唑)，以0.05%溶液饮水，连用7 d，或用1:1 500碘液供鸽连饮10 d。

(十五)禽弯曲杆菌性肝炎

禽弯曲杆菌性肝炎又称禽弧菌性肝炎，是由弯曲杆菌属的空肠弯曲杆菌引起的一种急性或慢性细菌性传染病。本病以肝脏出血、坏死性肝炎伴发脂肪浸润为特征，本病发病率高，死亡率低，引起产蛋量下降，病禽日渐消瘦，腹泻呈慢性经过。

1. 诊断要点

(1)流行病学

易感动物　本病自然感染主要发生于鸡，以将近开产的小母鸡和产蛋数月的母鸡最易感，雏鸡可感染并带菌。现已知除鸡、火鸡、鸭等家禽外，包括鸽子、鹧鸪、鹌鹑、雉鸡和部分狩猎鸟也能感染本病，鸵鸟弯曲杆菌病也见有资料报道。实验动物中以家兔最敏感。

传染源与传播途径　禽是嗜热弯杆菌最重要的贮存宿主。本病主要通过消化道感染。本菌不能穿入蛋中，在蛋壳表面的弯曲杆菌常因干燥很快死亡，这说明本病经卵传播的可能性不大。育雏过程中，鸡群之间有很强的横向传播能力，只要在健康鸡群中放入一只感染了弯曲杆菌的小鸡，24h后便可以从与之接触的小鸡中分离出空肠弯曲杆菌。

流行特点本病主要通过病禽和带菌动物的粪便污染饲料、饮水等途径水平传播，经消化道感染。本病发病率高，死亡率2％～15％

（2）临床症状

潜伏期约2天，通常鸡群中一小部分鸡只在同一时间内表现症状，此病可持续数周。

急性型　主要在发病初期，有的不见明显症状。发病雏鸡群精神倦怠、沉郁，严重者呆立缩颈、闭眼，对周围环境敏感性降低。羽毛蓬乱、杂乱无光，粪便污染肛门周围的羽毛；多数鸡先呈黄褐色腹泻，然后呈浆糊样，继而呈水样，部分病鸡此时急性死亡。

亚急性型　病鸡脱水，消瘦，陷入亚病质，最后心力衰竭而死。

慢性型　精神萎顿、鸡冠发白、干燥、萎缩，可见鳞片状皮屑，逐渐消瘦，饲料消耗减低。

雏鸡常呈急性经过。青年蛋鸡常呈亚急性或慢性经过，表现为开产期延迟，产蛋初期沙壳蛋、软壳蛋较多，不易达到预期的产蛋高峰。产蛋鸡呈慢性经过，表现为消化不良，后期因轻度中毒性肝营养不良而导致自体中毒，表现为产蛋率显著下降，达25％～35％，甚至因营养不良性消瘦而死亡。肉鸡则全群发育迟缓，增重缓慢。

（3）病理变化

主要病变见于肝脏。表现为肝脏呈土黄色，肿大、质脆易碎，上有大小不等的出血点和出血斑，且表面散布星状坏死灶及菜花样黄白色坏死区，有的肝被膜下有出血囊肿或因肝脏破裂而大出血。

急性型　肝脏稍肿大，边缘钝圆，瘀血，呈淡红褐色，肝被膜常见较多的针尖大小出血点，偶见血肿、肝破裂。肝表面见少量小的黄白色、无光泽坏死灶，与周围正常肝组织界限明显。镜检可见肝细胞排列紊乱，呈颗粒变性和轻度坏死。多数病例在窦状隙可见细菌栓塞集落，中央静脉瘀血，汇管区小叶间动脉管壁平滑肌玻璃样变或纤维素样变。汇管区和肝小叶内的坏死灶内偶见异嗜性细胞或淋巴细胞浸润。

亚急性型　肝脏肿大1～2倍，呈红黄色或黄褐色，质地脆弱。在肝脏表面和切面散在或密布针尖大、小米粒大至黄豆粒大灰黄色或灰白色边缘不整齐的病灶。有的病灶互相融合呈菜花样。镜检可见：肝细胞排列紊乱，呈颗粒变性、轻度脂肪变性和空泡变性。肝小叶内散在大小不一、形态不规则的坏死、增生与脱落，胆小管增生。汇管区和小叶间有多量的异嗜细胞、淋巴细胞，少量浆细胞浸润以及髓细胞样细胞增生。

慢性型　肝体积稍小，边缘较锐利，肝实质脆弱或硬化，星状坏死灶相互连接，呈网络状，坏死灶黄白色至灰黄色，布满整个肝实质，是肉眼诊断本病的依据。镜检可见：较大范围的不规则坏死，有大量淋巴细胞及网状细胞增生。

各类型可能出现的病变有：胆囊肿大，充盈浓稠胆汁，胆囊粘膜局部坏死，周围有异嗜性细胞浸润，并有粘膜上皮增生性变化。心脏呈间质性心肌炎，心肌纤维脂肪变性甚至坏死、崩解。脾脏肿大明显，有黄白色坏死灶，呈斑驳状，个别慢性病例见非特异性肉芽肿。肾脏肿大，呈黄褐色或苍白。卵泡发育停止，甚至萎缩、变形等。

（4）鉴别诊断

由于鸡白痢、鸡伤寒及鸡白血病都引起肝脏肿大，并出现类似病灶，易与本病相混淆。鸡白痢、鸡伤寒病原为革兰氏阴性短杆菌，可用相应的阳性抗原与患鸡血清做平板凝集实验相区别。鸡白血病为病毒病，其显著特征除肝脏外，脾脏和法氏囊也有肿瘤结节性增生。

（5）病原检查及确诊

本病根据流行病学特点，临床症状及剖检变化可作出初步诊断，确诊需进行实验室诊断。

① 镜检。具体检查步骤为：无菌取胆汁涂片，染色镜检，见该菌可做出诊断。

② 分离培养。无菌采集胆汁，接种于含 10％ 鸡血的营养琼脂平板上，置于 10％ CO_2 环境中，37℃培养 24h。可见边缘隆起的粘性融合物生长。镜检见海鸥翼形或 S 状（幼龄菌）、球形或长螺丝状（老龄菌）菌体，有单鞭毛。将培养物接种于 5～8 日龄鸡胚卵黄囊，接种后 3～5 日内鸡胚死亡，见卵黄囊及胚体出血。取尿囊液或卵黄涂片、染色镜检做诊断；将培养物人工接种幼火鸡（肌注或腹腔注射）可引起发病做诊断。

2. 防治措施

（1）处理

一旦发生本病，及时封锁病禽舍，治疗或淘汰病禽。假定健康禽饲料中添加抗菌药物进行预防。对禽舍、饲养环境和用具，应冲洗干净并彻底消毒。粪便及时清除，堆积并发酵。病死禽尸体深埋或焚烧。

（2）预防

本病目前尚无有效的免疫制剂。预防在每吨饲料中加 100～600 克金霉素，或 0.1～0.2％磺胺二甲基嘧啶饮水。加强平时的饲养管理和贯彻兽医综合卫生措施，如定期对鸡舍、器具消毒等。采用网饲可减少或阻断本病的传播。

（3）治疗

治疗时可用金霉素，200～600 克/吨饲料饲喂。磺胺甲基嘧啶以 0.1％～0.2％饮水，连用 3d。恩诺沙星 50 克，加水 500 千克，自由饮用。2～15 日龄雏鸡用土霉素较适宜，按 0.2％浓度拌入饲料中，自由采食。此外也可用红霉素、强力霉素、庆大霉素、卡那霉素等。

● ● ● ● ● **拓展阅读**

禽病专家刘秀梵

遏制禽结核病流行，保障群众生命安全

计 划 书

学习情境 1	禽传染病			
子情境 2	禽细菌性及真菌性传染病			
计划方式	小组讨论、同学间互相合作共同制订计划			
序号	实施步骤		使用资源	备注
制订计划说明				
	班　级		第　　组	组长签字	
	教师签字			日　　期	
计划评价	评语：				

决策实施书

学习情境 1	禽传染病
子情境 2	禽细菌性及真菌性传染病

讨论小组制订的计划书，做出决策

	组号	工作流程的正确性	知识运用的科学性	步骤的完整性	方案的可行性	人员安排的合理性	综合评价
计划对比	1						
	2						
	3						
	4						
	5						
	6						

制订实施方案

序号	实施步骤	使用资源
1		
2		
3		
4		
5		
6		

实施说明：

班　　级		第　　组	组长签字	
教师签字			日　　期	
	评语：			

评价反馈书

学习情境1	禽传染病				
子情境2	禽细菌性及真菌性传染病				
评价类别	项目	子项目	个人评价	组内评价	教师评价
专业能力 (60%)	资讯(10%)	查找资料，自主学习(5%)			
		资讯问题回答(5%)			
	计划(5%)	计划制订的科学性(3%)			
		用具材料准备(2%)			
	实施(25%)	各项操作正确(10%)			
		完成的各项操作效果好(6%)			
		完成操作中注意安全(4%)			
		使用工具的规范性(3%)			
		操作方法的创意性(2%)			
	检查(5%)	全面性、准确性(3%)			
		操作中出现问题的处理(2%)			
	结果(10%)	提交成品质量			
	作业(5%)	及时、保质完成作业			
社会能力 (20%)	团队协作 (10%)	小组成员合作良好(5%)			
		对小组的贡献(5%)			
	敬业、吃苦 精神(10%)	学习纪律性(4%)			
		爱岗敬业和吃苦耐劳精神(6%)			
方法能力 (20%)	计划能力 (10%)	制订计划合理			
	决策能力 (10%)	计划选择正确			
意见反馈					

请写出你对本学习情境教学的建议和意见：

评价评语	班　级		姓　名		学　号		总　评	
	教师签字		第　组		组长签字		日　期	
	评语：							

学习情境 2

禽寄生虫病

●●●●● **学习任务单**

学习情境 2	禽寄生虫病	学　时	12
布置任务			
学习目标	知识目标 　1. 明确禽寄生虫病的特点和诊断思路。 　2. 明确禽寄生虫病主要的防治措施。 　3. 能准确识别禽常见原虫与诊断相关的形态特征，掌握其发育过程。 　4. 掌握禽常见原虫病的主要临床症状和病理变化特征。 　5. 掌握禽外寄生虫造成的危害。 　6. 能准确识别鸡常见线虫和绦虫，明确其主要寄生部位，掌握其发育过程。 　7. 能准确识别禽常见外寄生虫，掌握其发育过程。 技能目标 　1. 掌握禽常用杀虫药及应用，学会预防禽外寄生虫病。 　2. 掌握禽常见原虫病的驱虫药及应用，学会预防原虫病。 　3. 学会粪便检查法的操作，能正确识别禽常见寄生虫卵。 　4. 掌握禽常见线虫和绦虫的驱虫药物和应用，学会预防线虫病和绦虫病。 素养目标 　1. 规范处理病料，培养保护环境的的工作习惯，提升公共卫生意识。 　2. 培养学生吃苦耐劳、爱岗敬业的职业道德，做到遵守规范及安全生产。 　3. 培养学生严谨用药的意识，按规定使用抗寄生虫药物，严格遵守休药期。		
任务描述	1. 通过解答资讯问题和完成教师布置的课业，对常见禽寄生虫病种类和各种疾病的基本特征有初步认识。 　2. 针对病例进行禽场的流行病学调查，查清发病禽场的流行病学基本情况，并对调查的情况进行归纳、整理、分析。 　3. 针对病例进行临床诊断，查清禽群体发病症状和病(死)禽只的临床表现。 　4. 对病例中的病(死)禽进行病理剖检，检查病理变化，如发现病原体，进行正确识别。 　5. 结合资讯内容，查找相关资料，对病例做出诊断。 　6. 针对病例设计实验室诊断方案并实施。 　7. 对禽外寄生虫病，能发现虫体，并选择正确防治措施。 　8. 学习"相关信息单"中的"相关知识"内容，熟练掌握禽常见寄生虫病的诊断要点和防治措施，对"资讯问题"能正确解答。		

续表

学时分配	资讯 4 学时	计划 1 学时	决策 1 学时	实施 4 学时	考核 1 学时	评价 1 学时
提供资料	\multicolumn{6}{l}{1. 相关信息单 2. 教学课件 3. 禽病防治网：http：//www.yangzhi.com/zt2010/dwyy_dwmz_qin.html 4. 中国禽病论坛网：http：//www.qinbingluntan.com/}
对学生 要求	\multicolumn{6}{l}{1. 以小组为单位完成各项任务，体现团队合作精神。 2. 严格遵守禽场、剖检室和寄生虫病诊断室消毒、防疫制度。 3. 严格按照操作规范处理抗原和诊断液。 4. 严格按规范做好人身防护，避免自身感染及成为病原传播媒介。 5. 严格遵守诊所和实训室各项制度，爱护各种诊断工具。}

●●●●● 任务资讯单

学习情境 2	禽寄生虫病
资讯方式	学习"相关信息单"中的"相关知识"、观看视频、到本课程网站和相关网站查询资料、到图书馆查阅相关书籍。向指导教师咨询。
资讯问题	1. 鸡球虫卵囊是什么形状的？繁殖过程如何？主要寄生在什么部位？ 2. 鸡球虫病有哪些主要流行特点？ 3. 鸡球虫病的主要临床症状及病理变化是什么？ 4. 怎样进行鸡球虫病的实验室诊断？ 5. 预防鸡球虫病有哪些主要措施？ 6. 鸭球虫病的临床症状和病理变化是什么？ 7. 鹅球虫病的临床症状和病理变化是什么？ 8. 组织滴虫有何形态特征？繁殖过程如何？主要寄生在什么部位？ 9. 组织滴虫病有哪些主要流行特点？ 10. 组织滴虫病的主要临床症状及病理变化是什么？ 11. 怎样进行组织滴虫病的实验室诊断？ 12. 预防组织滴虫病主要有哪些措施？ 13. 住白细胞虫有何形态特征？繁殖过程如何？主要寄生在什么部位？ 14. 住白细胞虫有哪些主要流行特点？ 15. 住白细胞虫主要临床症状及病理变化是什么？ 16. 怎样进行住白细胞虫病的实验室诊断？ 17. 预防住白细胞虫病主要有哪些措施？ 18. 鸡蛔虫有何形态特征？发育过程如何？主要寄生部位在哪里？ 19. 鸡蛔虫病有哪些主要流行特点？ 20. 鸡蛔虫病的主要临床症状及病理变化是什么？ 21. 怎样进行鸡蛔虫病的实验室诊断？蛔虫卵有何形态特征？ 22. 预防鸡蛔虫病有哪些主要措施？ 23. 鸡异刺线虫有何形态特征？发育过程如何？主要寄生部位在哪里？ 24. 鸡异刺线虫病有哪些主要流行特点？

续表

资讯问题	25. 鸡异刺线虫病的主要临床症状及病理变化是什么？ 26. 怎样进行鸡异刺线虫病的实验室诊断？鸡异刺线虫卵是什么形状的？ 27. 预防鸡异刺线虫病有哪些主要措施？ 28. 常见的鸡绦虫有哪些种类？什么形状？发育过程如何？主要寄生部位在哪里？ 29. 鸡绦虫病有哪些主要流行特点？ 30. 鸡绦虫病的主要临床症状及病理变化是什么？ 31. 怎样进行鸡绦虫病的实验室诊断？鸡常见绦虫形态如何？ 32. 预防鸡绦虫病有哪些主要措施？ 33. 禽羽虱病的病原是什么？形态如何？ 34. 说出禽羽虱流行病学特点和临床症状。 35. 怎样防治禽羽虱？ 36. 鸡螨病常见病原体是什么？形态如何？ 37. 如何防治鸡螨病？
资讯引导	1. 在信息单中查询； 2. 进入相关网站查询； 3. 查阅相关资料。

●●●●● 相关信息单

【学习情境 2】
禽寄生虫病

项目　禽寄生虫病病例的诊断与防治

 病例

　　某鸡场养肉鸡 3 000 只，12 日龄时发现少数鸡精神较差，排稀便，次日病鸡增多，稀便中带有少量血液。之后 5 天，死亡数逐日增多，分别为 54 只、67 只、82只、106 只和 128 只，到发病 9 日时，共死亡 1 643 只。发病鸡群胆小怕惊，翅根及顶冠两侧的羽毛直立，裸露的冠、髯、腿、爪等颜色灰白或苍白，食欲和饮欲明显下降。腹泻，开始为水样、黄色或橘黄色粪便，蚯蚓状骨节便，带有未消化饲料并混有血液，死亡之前排血便，粪便呈酱色，昏迷，两脚直伸，有的鸡痉挛。

　　兽医人员发现，该鸡场育雏期平养，因近期为雨季，舍内通风不良，潮湿。清扫的粪便在舍内堆放，没有及时清除。饲料质量较好。剖检 4 只病死鸡，均发现两侧盲肠肿大至原来的 2～3 倍，外观呈黑褐色，外壁布满白色坏死点，剖开后肠腔内有紫黑色或鲜红色血液，肠壁布满大量出血点。其他器官病变不明显。

任务1　诊断病例

一、现场诊断

（一）流行病学调查

根据流行病学调查的基本方法，对病例中的鸡场进行流行病学调查，整理该病例的流行病学特点，通过查阅"提供材料"和学习"相关知识"，对病例的流行病学特点进行分析，见表 2-1。

表 2-1　病例的流行病学表现及分析

病例表现	特点概要	分　析
某鸡场养肉鸡 3 000 只，12 日龄时发现少数鸡精神较差，排稀便，次日病鸡增多，稀便中带有少量血液。之后 5 天，死亡数逐日增多，分别为 54 只、67 只、82 只、106 只和 128 只，到发病 9 日时，共死亡 1 643 只。该鸡场育雏期平养，因近期为雨季，舍内通风不良，潮湿。清扫的粪便在舍内堆放，没有及时清除。饲料质量较好。	①雏鸡发病。 ②病程短，死亡快。 ③死亡率高，达 55%。 ④平养鸡发病，粪便不及时清理。 ⑤环境潮湿。	①本病具有传染性。 ②疑似为寄生虫病。

（二）临床检查

按照临床检查的基本方法和检查内容，对病例发病鸡群进行检查，并在查阅"提供材料"和学习"相关知识"的基础上，并对症状进行整理分析，见表 2-2。

表 2-2　病例的临床症状及分析

病例表现	特点概要	分　析
发病鸡群胆小怕惊，翅根及顶冠两侧的羽毛直立，裸露的冠、髯、腿、爪等颜色灰白或苍白，食欲和饮欲明显下降。病初排稀便，开始为水样、黄色或橘黄色粪便，蚯蚓状骨节便，带有未消化饲料并混有血液，死亡之前排血便，粪便呈酱色，昏迷，两脚直伸，有的鸡痉挛。	①病初稀便。 ②贫血。 ③食欲、饮欲下降。 ④后期血便。 ⑤死前有神经症状。	症状与鸡球虫病较符合。

（三）病理剖检

按照鸡剖检术式和检查方法，对病例鸡群的病重鸡或死鸡进行剖检。在查阅"提供材料"和学习"相关知识"的基础上，找出该病例的特征性病理变化，进行整理分析。分析情况见表 2-3。

表 2-3　病例的病理变化及分析

病例表现	特点概要	分　析
剖检 4 只病死鸡，均发现两侧盲肠肿大至原来的 2～3 倍，外观呈黑褐色，外壁布满白色坏死点，剖开后肠腔内有紫黑色或鲜红色血液，肠壁布满大量出血点。其他器官病变不明显。	①盲肠肿大。 ②盲肠浆膜出血。 ③盲肠肠腔内有血液。 ④其他器官无变化。	疑似盲肠球虫病。

（四）现场诊断结果

通过流行病学调查、临床检查和病理剖检，病例可能为鸡球虫病。进一步确诊需进行实验室诊断。

二、实验室诊断

因现场初步诊断为盲肠球虫病，针对球虫病的特点，采用粪便检查的方法进行确诊。

（一）材料准备

显微镜、粪盒、铜筛、玻璃棒、铁丝圈（直径 5～10 mm）、镊子、烧杯、漏斗、载玻片、培养皿、试管、剪刀、肠剪、饱和盐水、50％甘油生理盐水（等量混合液）。

（二）操作步骤

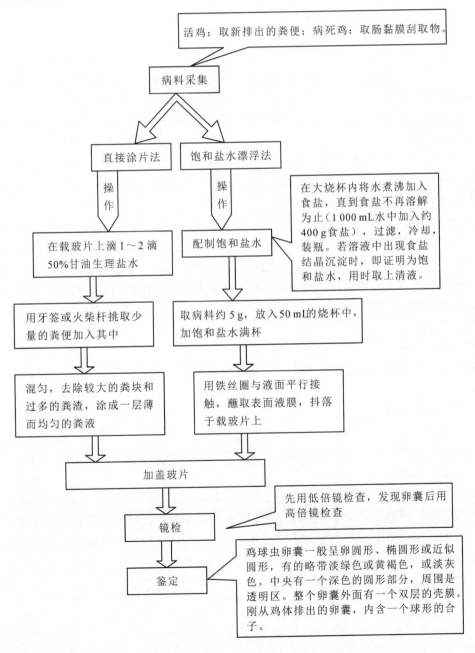

（三）结果判定

在镜下发现球虫卵囊，呈阳性。

三、诊断结论

根据现场诊断（流行病学调查、临床症状检查及病理剖检）和实验室诊断，可确诊该病例患有球虫病。

任务2 球虫病的防治

一、治疗

主要方法：药物治疗。

(1)常用药物及剂量见表2-4。

(2)药物使用注意事项：

①不使用禁用药物，注意休药期。选用药物时一定注意药物的禁用范围，禁用的坚决不用。对于有休药期规定的抗球虫药物，必须严格按要求使用，以免产生药物残留而影响禽产品的质量。

②治疗先用水溶性药物。由于病鸡食欲下降，饮欲增加，治疗时应选用水溶性抗球虫药，混饮使用。

③及早诊断，及早用药。抗球虫药物只能抑制球虫发育中无性生殖的裂殖生殖阶段，对有性生殖阶段无效。即当粪便中出现血便时，再用药治疗为时已晚。所以球虫病应及时确诊，尽快用药，才能获得较好效果。

④防止球虫产生耐药性。如果长时间、低浓度、单一用药，球虫很容易出现耐药性虫株，对该药，甚至同类药物产生耐药性，所以应有计划地更换药物。肉鸡常采用下列两种用药方案：轮换用药，即开始使用一种药物，至鸡生长期时，换用另一种药物。一般是将不同类的两种药品交替使用；变换用药，即合理地变换使用抗球虫药，可按季节或鸡的不同批次变换药物。

二、预防

（一）药物预防

使用药物控制球虫病是目前最有效和切实可靠的预防球虫病的办法。常用药物及用法见表2-4。

（二）加强饲养管理

鸡群要全进全出，鸡舍要彻底清扫、消毒，雏鸡和成鸡要分开饲养，保持环境清洁、干燥和通风；在饲料中保持有足够的维生素A和维生素K；尽量采用笼养或网养。

（三）免疫接种

国外在生产上推广使用的球虫疫苗主要有Coccivac、Coccidiosis、Immucox和藻元酸盐疫苗等。前三种都是强毒株疫苗，可通过饮水和喷雾免疫；后一种为致弱虫株苗，可包装在藻珠中，混饲免疫。上述疫苗有些已引入我国，但价格昂贵。国内研制的弱毒株苗在生产中试用。

表 2-4　常用治疗和预防球虫病药物及使用方法

药物名称	别　名	使用方法	禁用或注意	休药期
地克珠利	杀球灵、球必清、球佳	0.2％、0.5％地克珠利预混剂按每千克饲料 1 g 混饲。	0.5％溶液，使用时现用现配。	
妥曲珠利	甲基三嗪酮、百球清	2.5％妥曲珠利溶液按每升水 25 mg 混饮 2 d。		肉鸡 19 d
磺胺氯吡嗪钠	三字球虫粉	30％可溶性粉按每千克饲料 0.6 g 混饲 3 d，或按 0.05％混饮 4 d。		10 d
磺胺二甲基嘧啶		按 0.1％混饮 2 d，或按 0.05％混饮 4 d。		10 d
盐酸氨丙啉	安普罗铵、安保乐	20％盐酸氨丙啉可溶性粉按每千克饲料 125～250 mg 混饲 3～5 d，或按每升饮水 60～240 mg 混饮 5～7 d。		
盐酸氯苯胍	罗普尼丁	盐酸氯苯胍片按每千克体重 10～15 mg 内服；10％盐酸氯苯胍预混剂按每千克饲料 30～60 g 混饲。	产蛋鸡禁用。	5 d
二硝托胺	球痢灵、二硝苯甲酰胺	25％二硝托胺预混剂，治疗时按每千克饲料 250 mg 混饲，预防时按每千克 125 mg 混饲。	蛋鸡产蛋期禁用。	3 d
尼卡巴嗪	力更生	20％尼卡巴嗪预混剂肉鸡按每千克饲料 125 mg 混饲。	产蛋鸡、种鸡禁用。	4 d
马杜拉霉素	加福	1％马杜拉霉素预混剂肉鸡按每千克饲料 125 mg 混饲。	产蛋期禁用。	5 d
氯羟吡啶	氯吡醇、克球粉、可爱丹	25％氯羟吡啶预混剂，按每千克饲料 125 mg 混饲。		
盐霉素钠	沙里诺霉素、优素精	5％盐霉素钠预混剂，按每千克饲料 60 g 混饲。	产蛋鸡禁用。	5 d
甲基盐霉素	那拉菌素	10％甲基盐霉素预混剂（禽安），按每千克饲料 60～80 mg 混饲。	限用于肉鸡。	5 d
拉沙洛西钠	拉沙菌素	15％或 45％拉沙洛西钠预混剂（球安），按每千克饲料 75～125 mg 混饲。	产蛋期禁用。	3 d
赛杜霉素	禽旺	5％赛杜霉素钠预混剂，肉鸡按每千克饲料 25 g 混饲。	产蛋鸡禁用。	5 d

续表

药物名称	别　名	使用方法	禁用或注意	休药期
常山酮	速丹	0.6%氢溴酸常山酮预混剂，按每千克饲料 3 mg 混饲。		肉鸡 5 d
鸡宝-20	盐酸氯丙啉与盐酸呋喃唑酮等量混合而成	治疗剂量按每 100 千克水中加该药 60 g 混饮 5～7 d，预防量减半，连用 1～2 周。		

●●●●● 必备知识

一、寄生虫病基本知识

（一）寄生虫

寄生虫是指一种生物体一生或一生中的一段时间居住在另一种动物体的体表或体内，并对其造成损害的生物。侵害动物的寄生虫可分为蠕虫、昆虫和原虫三种，蠕虫又包括吸虫、绦虫和线虫。蠕虫和原虫生活在宿主体内，叫做内寄生虫，昆虫中的大部分生活在宿主体表，叫做外寄生虫。

（二）宿主

被寄生虫所寄生的动物叫做宿主。宿主的类型有很多，常用的有：

1. 终末宿主：寄生虫的成虫或有性生殖阶段寄生的宿主。

2. 中间宿主：寄生虫的幼虫或无性生殖阶段寄生的宿主。

3. 补充宿主：某些寄生虫在发育过程中需要两个中间宿主，第二个中间宿主称为补充宿主。

4. 储藏宿主：寄生虫的虫卵或幼虫在其宿主体内虽不发育，但保持对易感动物的感染力，这种宿主称为储藏宿主。

二、禽寄生虫病的发病特点

（一）病原体的生活史

生活史也叫做发育史，指寄生虫生长、发育和繁殖的全过程。每种寄生虫完成生活史都有特定的过程。

（二）对中间宿主的信赖性

如果一种寄生虫完成生活史需要中间宿主，那么中间宿主是否存在就成为一个地区是否能够发生该种寄生虫病的必须条件。中间宿主的分布情况是寄生虫病流行病学调查的重要内容。

（三）寄生虫病的地区性

寄生虫病的流行与分布常有明显的地方性，即在某一地区经常发生。此种特点随着交通运输业的发展已弱化。

（四）慢性和隐性

寄生虫病（尤其是蠕虫病）多呈慢性和隐性经过，多数蠕虫病不表现临诊症状或症状轻微，只是引起动物生产能力下降。一些原虫病可引起急性发病并大批死亡。

（五）免疫复杂性

寄生虫抗原本身的复杂性，导致寄生虫免疫极其复杂。目前对寄生虫病的诊断和预防，免疫学方法的应用仍较少。

（六）诊断方法

寄生虫病的诊断需要以流行病学调查和临床诊断为基础，以发现病原体为目的。因内寄生虫大多寄生在消化道，对于活体动物，一般可以通过粪便检查的方法发现虫卵或卵囊而确诊，死亡或急宰的动物，可通过剖检，发现体内体型较大的蠕虫。

（七）药物在治疗和预防中的应用

寄生虫病的对因治疗主要依赖药物驱虫，大多数寄生虫病驱虫后可治愈。药物预防是防治寄生虫病的主要手段，可通过定期驱虫避免寄生虫病的发生。

三、禽常见内寄生虫病

（一）鸡球虫病

鸡球虫病是由艾美耳科艾美耳属的多种球虫寄生于鸡的肠黏膜内引起的一种原虫病。主要特征是雏鸡多发，病鸡血痢，发病率高。本病在鸡场中发病具有普遍性，是养鸡业中重要而常见的一种疾病，在我国原为二类疫病，经 2022 年动物防疫法修订后，现为三类疫病。

1. 诊断要点

（1）流行病学

生活史　球虫的生活史属于直接发育型。粪便排出的卵囊，在适宜的温度和湿度条件下，约经 1～3 d 发育成孢子化卵囊，因其具有感染性，也叫做感染性卵囊。感染性卵囊被鸡吃了以后，子孢子游离出来，钻入肠上皮细胞内进行裂殖生殖，形成裂殖体，又分裂成数目众多的裂殖子，破坏肠上皮细胞，再重新侵入新的肠上皮细胞，重复进行裂殖生殖，对肠黏膜造成严重破坏。裂殖生殖若干代之后，有些裂殖子转化成大配子体和小配子体，再形成大配子和小配子，经配子生殖形成合子。合子周围形成一层被膜，即成为卵囊，被排出体外。（见图 2-1）

鸡球虫病一般暴发于 3～6 周龄雏鸡，其中以 15～50 日龄的鸡发病率最高，主要由柔嫩艾美耳球虫引起。毒害艾美耳球虫常见侵害 8～18 周龄的鸡。成年鸡多为带虫者。

传染源及传播途径　病鸡、耐过鸡和带虫鸡均为感染来源，耐过鸡可持续排出卵囊达 7 个月之久，卵囊在室外潮湿的土壤中可存活两年，因此，连续使用陈旧鸡舍和场地往往是引起球虫病流行的重要因素。

鸡球虫的感染途径是摄入有活力的孢子化卵囊，凡被污染的饲料、饮水、土壤或用具等，都有卵囊存在，其他动物、昆虫、野鸟和尘埃以及管理人员，都可成为球虫病的机械传播者。

流行特点　球虫病通常在潮湿多雨、气温较高的季节里爆发。北方多见于 4～9 月，7～8 月为高峰期；南方及北方密闭式现代化鸡场，一年四季均可发生，但以温暖潮湿季节多发。鸡舍潮湿、拥挤、通风不良、饲料品质差，以及缺乏维生素 A 和维生素 K，均能促使本病的发生和流行。

（2）临床症状

盲肠球虫病　由柔嫩艾美耳球虫引起，对雏鸡危害最大。病初精神委靡，羽毛逆立，

图 2-1   柔嫩艾美耳球虫的生活史

1. 孢子生殖   2. 卵囊进入肠腔   3. 子孢子自孢子囊释出   4. 子孢子
5. 细胞核   6. 子孢子进入肠壁上皮细胞   7. 滋养体   8. 裂殖体
9. 裂殖子   10. 第二代滋养体   11. 第二代裂殖体   12. 第二代裂殖子
13. 雄性配子体和雌性配子体   14. 雌性配子体   15. 受精卵囊

头蜷缩，食欲不振，排水样稀便；随着病情发展，病鸡沉郁，翅下垂，食欲废绝，饮水明显增多，嗉囊内充满大量液体，迅速消瘦、鸡冠苍白，粪便呈红色或黑褐色，肛门周围羽毛被粪便污染，常沾有血液；随着病情发展，粪便中的血液越来越多，成为血便。末期病鸡痉挛或昏迷而死。死亡率可达 50% 以上，耐过鸡发育受阻。

小肠球虫病   由毒害艾美耳球虫引起，多见于 2 月龄以上的幼鸡或成年鸡。症状与急性型类似，逐渐消瘦，间歇性下痢，病程长达数周甚至数月，表现产蛋下降，肉鸡生长缓慢，死亡率很低。

（3）病理变化

柔嫩艾美耳球虫感染，主要侵害盲肠，两支盲肠显著肿大，可为正常的 3～5 倍，盲肠浆膜出血，肠腔中充满凝固的或新鲜的血液，以及肠黏膜碎片。盲肠上皮变厚，有严重的糜烂（见彩图 2-1）。

毒害艾美耳球虫主要损害小肠中段，使肠壁扩张、增厚，肠管肿胀，显著充血、出血和坏死。肠黏膜上有许多小出血点。肠管中有凝固的血液或有胡萝卜色胶胨状的内容物（见彩图 2-2）。

若多种球虫混合感染，则肠管粗大，肠黏膜上有大量的出血点，肠管中有大量的带有脱落的肠上皮细胞的紫黑色血液。

（4）鉴别诊断

应与禽霍乱和鸡组织滴虫病相区别。

鸡发生禽霍乱时，整个肠道肿大，内容物为脱落的肠黏膜上皮和食糜的混合物，呈胶胨样，有时也有血块；心冠脂肪上有针尖状或刷状出血，肝脏上布满针尖大到针头大的灰白色、圆形规则坏死灶。

鸡组织滴虫病侵害盲肠，盲肠的一侧或两侧发炎、坏死，肠壁增厚或形成溃疡，有时盲肠穿孔引起腹膜炎；肝脏上有数量不等、边缘不整的圆形稍有凹陷的黄灰色或淡绿色溃疡病灶。

(5)病原检查及确诊

鸡球虫指艾美耳属的多种球虫的总称，是鸡体内最常见的一种原虫。公认鸡球虫主要有 7 种，即柔嫩艾美耳球虫、毒害艾美耳球虫、堆型艾美耳球虫、巨型艾美耳球虫、哈氏艾美耳球虫、缓艾美耳球虫和早熟艾美耳球虫。不同种的球虫，在鸡肠道内寄生部位不同，其致病力也不相同。柔嫩艾美耳球虫寄生于盲肠，致病力最强，称为盲肠球虫；毒害艾美耳球虫寄生于小肠中 1/3 段，致病力仅次于柔嫩艾美耳球虫，称为小肠球虫。这两种球虫为鸡球虫病最常见的病原体。鸡球虫病也常表现为不同球虫的混合感染。

球虫在繁殖过程中形态多变，与诊断有关的形态主要是卵囊和孢子化卵囊。卵囊椭圆形或圆形，长轴大小约 $10\sim20~\mu m$。囊壁 1 层或 2 层，刚随粪便排出的卵囊内含有 1 团原生质(见图 2-2)。孢子化卵囊是卵囊经孢子生殖形成的，是球虫对鸡有感染力的阶段。外形与卵囊相似，略大。顶端有一个小的突起，称为斯氏体，内部含有四个橄榄形的孢子囊，孢子囊之间有外残体。每个孢子囊内含有两个香蕉形的子孢子，子孢子之间有内残体(见图 2-3)。

卵膜孔和极帽

卵囊残体

含有两个子孢子的孢子囊

图 2-2　鸡球虫卵囊　　　　图 2-3　鸡球虫孢子化卵囊

鸡球虫病的诊断需进行流行病学调查，根据特征性的临床症状和病理变化可作出初步诊断，确诊需实验室诊断。

实验室诊断方法见"相关信息单"中病例的实验室诊断。

2. 防治措施

见"相关信息单"中任务 2 防治。

(二)鸭球虫病

鸭球虫病主要由艾美耳科泰泽属和温扬属的球虫寄生于鸭的小肠上皮细胞内引起的原虫病。主要特征为出血性肠炎。

1. 诊断要点

（1）流行病学

本病主要感染鸭。其他特点与鸡球虫相似。

（2）临床症状

雏鸭精神委靡，缩脖，食欲下降，饮欲增加，拉稀，随后排血便，粪便呈暗红色，腥臭。在发病当日或第 2～3 d 出现死亡，死亡率一般为 20%～30%，严重感染时可达 80%，耐过鸭生长发育受阻。成年鸭很少发病，但常常成为球虫的携带者和传染源。

（3）病理变化

因鸭球虫的种类不同，其病理变化有所区别。

毁灭泰泽球虫常引起小肠泛发性出血性肠炎，尤以小肠中段最为严重。肠壁肿胀出血，黏膜上密布针尖大小的出血点，有的黏膜上覆盖着一层麸糠样或奶酪样黏液，或者是红色胶胨样黏液，但不形成肠芯。

菲莱氏温扬球虫可致回肠后部和直肠轻度出血，有散在出血点，重者直肠黏膜弥漫性出血。

（4）病原检查及确诊

鸭球虫主要有以下两种：

毁灭泰泽球虫（Tyzzeria perniciosa），致病性较强。卵囊椭圆形，浅绿色，无卵膜孔。孢子化卵囊内无孢子囊，8 个裸露的子孢子游离于卵囊内。

菲莱氏温扬球虫（Wenyonella philiplevinei），致病性较轻。卵囊大，卵圆形，浅蓝绿色（如图 2-4）。孢子化卵囊内含 4 个孢子囊，每个孢子囊内含 4 个子孢子。

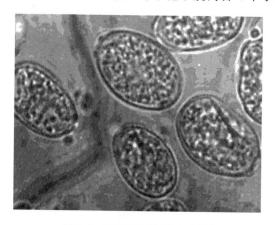

图 2-4　菲莱氏温扬球虫卵囊

鸭球虫病根据流行病学、临诊症状、病理变化可初步诊断，确诊需进行实验室诊断。取肠黏膜涂片或粪便用漂浮法检查，发现卵囊可确诊。

2. 防治措施

（1）预防

保持鸭舍干燥和清洁，定期清除鸭粪，防止饲料和饮水及其用具被鸭粪污染。在球虫病流行季节，当雏鸭由网上转为地面饲养时，或已在地面饲养至 2 周龄时，可选用下列药物进行预防：

磺胺六甲氧嘧啶，按 0.1% 混入饲料，连喂 5 d，停药 3 d，再喂 5 d。

复方磺胺六甲氧嘧啶，按 0.02% 混入饲料，连喂 5 d，停药 3 d，再喂 5 d。

磺胺甲基异恶唑（SMZ），按 0.1% 混入饲料，或用 SMZ＋甲氧苄氨嘧啶（TMP），比例为 5∶1，按 0.02% 混入饲料，连喂 5 d，停药 3 d，再喂 5 d。

杀球灵，按每千克饲料混入 1 mg，连用 4～5 d。

（2）治疗

可选用磺胺六甲氧嘧啶（SMM）、磺胺甲基异恶唑（SMZ）或其复方制剂，以预防量的 2 倍进行治疗，连用 7 d，停药 3 d，再用 7 d。

（三）鹅球虫病

鹅球虫病主要由艾美耳科艾美耳属球虫寄生于肾脏和肠道上皮细胞内引起的原虫病。

1. 诊断要点

（1）流行病学

本病主要感染鹅。其他特征与鸡球虫病类似。

（2）临床症状与病理变化

幼鹅感染截型艾美耳球虫后常呈急性经过，表现为精神不振，食欲下降，腹泻，粪便白色，消瘦，衰弱，严重者死亡，死亡率高达 87%。剖检可见肾体积肿大，呈灰黑色或红色，上有出血斑或灰白色条纹；病灶内含尿酸盐沉积物和大量卵囊。

鹅肠道球虫常混合感染。主要是消化紊乱，表现为食欲下降、腹泻。剖检可见小肠充满稀薄的红褐色液体，小肠中段和下段卡他性出血性炎症最严重，也可能出现白色结节或纤维素性类白喉坏死性肠炎。在干燥的假膜下有大量的卵囊、裂殖体和配子体。

（3）病原检查及确诊

鹅球虫分别属于艾美耳属、等孢属和泰泽属，其中以寄生于肾小管的截形艾美耳球虫致病性最强，主要危害 3 周龄至 3 月龄幼鹅，死亡率很高。其他种类均寄生于肠道上皮细胞中，其中鹅艾美耳球虫和柯氏艾美耳球虫致病性较强，出现消化道症状，其他种类无显著致病性。

截形艾美耳球虫卵囊呈卵圆形，具有截锥形的一端有卵膜孔和极帽，通常具有卵囊残体和孢子囊残体；鹅艾美耳球虫卵囊近似圆形或梨形，卵囊壁光滑，无色，一端削平，卵膜孔有的明显。有外残体，内残体模糊不清；柯氏艾美耳球虫寄生于小肠后段及直肠，严重时可寄生于盲肠及小肠中段。卵囊呈长椭圆形，淡黄色，顶端截平，内有一唇状结构，有卵膜孔，有 1 个极粒，无外残体，内残体呈散在颗粒状。

本病可根据流行病学、临诊症状、病理变化和粪便检查综合判断。粪便检查用漂浮法。

2. 防治措施

（1）预防

幼鹅与成鹅分开饲养，放牧时避开高度污染地区。在流行地区的发病季节，可用药物预防。

（2）治疗

主要应用磺胺类药物，如磺胺间甲氧嘧啶、磺胺喹恶啉等，氨丙啉、克球粉、尼卡巴嗪、盐霉素等也有较好的效果。

(四)禽组织滴虫病

禽组织滴虫病是由单毛滴虫科组织滴虫属的火鸡组织滴虫寄生于鸡等禽类的盲肠和肝脏中引起的疾病,又名盲肠肝炎或黑头病。主要特征为鸡冠、肉髯发绀,呈暗黑色,盲肠炎和肝炎。

1. 诊断要点

(1)流行病学

生活史 组织滴虫以二分裂法繁殖。寄生于盲肠内的组织滴虫,如果被盲肠内寄生的异刺线虫吞食,则在异刺线虫的卵巢中繁殖,并进入其卵内,与异刺线虫卵一道随粪便排到外界。组织滴虫因有异刺线虫卵的保护,能在外界环境中存活 6 个月以上。如果没有异刺线虫,则组织滴虫直接随鸡的粪便排出,在外界环境中非常脆弱,数分钟即死亡。当异刺线虫卵被鸡吞食时,即感染了异刺线虫,又感染了组织滴虫。

易感动物 在自然感染的禽中,多发于雏火鸡和雏鸡,尤其是 3～12 周龄的雏火鸡和 2 周龄到 4 月龄的鸡最易感。成年鸡也能感染,但病情较轻。野鸡、孔雀、珠鸡、鹌鹑等有时也能感染。蚯蚓可以做组织滴虫的储藏宿主。

传染源及传播途径 患病或带虫禽为主要传染源,储藏宿主蚯蚓也可以传播本病。消化道是主要的传播途径。健康禽接触被病原污染的饲料、饮水、土壤等,采食其中虫体而感染。

流行特点 本病一年四季均能发生,多发于夏秋温暖潮湿季节。因虫体发育过程中对异刺线虫的依赖性,所以该病常与鸡异刺线虫病混合发生。

(2)临床症状

本病的潜伏期一般为两周左右,病鸡精神委靡,食欲不振,缩头,羽毛松乱,翅下垂;下痢,排黄色或淡绿色粪便,急性感染时可排血便;后期鸡冠、肉髯发绀,呈暗黑色,故又称黑头病,病程达 1～3 周,死亡率约 50%。病愈鸡的体内仍有组织滴虫,带虫者可长达数周或数月向外排虫。成年鸡很少出现症状。

(3)病理变化

本病的特征性病变在盲肠和肝脏,引起盲肠炎和肝炎。盲肠的病变多发生于两侧,有时也在一侧发生。表现为盲肠肿大增粗,肠黏膜出血、坏死并形成圆形溃疡灶。肠壁增厚变硬,形似香肠。肠内容物干燥坚硬,形成干酪样的凝固栓子阻塞于肠腔内,如将栓子横断切开,可见切面呈同心圆层状结构,其中心为暗红色的凝血块,外围是淡黄色或灰白色的干酪样的渗出物和坏死物。

肝脏肿大,呈紫褐色并出现特征性坏死灶。在肝表面散布或密布圆形或不规则形,中央稍凹陷边缘微隆起,呈黄绿色或黄白色的坏死灶,其大小不一,小至针尖大,大至指头大。有些病例,肝脏散在许多小坏死灶,使肝脏外观呈斑驳状。若坏死灶互相融合则可形成大片融合性坏死灶(见彩图 2-3)。

(4)鉴别诊断

盲肠的出血性病变应与盲肠球虫病相区别。鸡盲肠球虫病没有肝脏的典型病理变化。

(5)病原检查及确诊

组织滴虫是一种很小的多形态原虫,随寄生部位和发育阶段不同其形态差异很大。在肠腔内寄生的虫体呈变形虫样,直径为 5～30 μm,虫体细胞外质透明,内质呈颗粒状,核呈泡状，其邻近有一小的生毛体，由此长出 1～2 根细的鞭毛，又称鞭毛型虫体。在组织中的虫体呈圆形或呈卵圆形，大小为 4～21 μm，无鞭毛，故又称无鞭毛型虫体（见图 2-5）。

本病根据流行病学、临床症状和病理变化可做出初步诊断。确诊需进行实验室诊断。

实验室诊断方法为：采取少量盲肠内容物置于载玻片上，滴加少量 40℃的生理盐水混匀，加盖玻片。400 倍镜下观察，可见鞭毛型虫体，呈钟摆样运动。

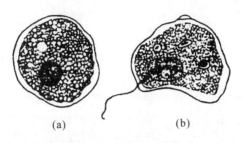

图 2-5　火鸡组织滴虫
(a)肝脏病灶中的虫体；(b)盲肠腔内的虫体

2. 防治措施

(1)预防

由于组织滴虫的主要传播方式是通过盲肠内的异刺线虫虫卵为媒介，所以有效的预防措施是避免鸡接触异刺线虫虫卵。因此，在进雏鸡前鸡舍应彻底消毒。加强鸡群的卫生管理，注意通风，降低舍内密度，尽量网上平养，以减少接触虫卵的机会，定期用左旋咪唑驱虫。

(2)治疗

可采取下列药物：

呋喃唑酮：400 mg/kg，拌料饲喂，连用 7～10 d。

甲硝哒唑(灭滴灵)：400 mg/kg，拌料饲喂。如果配合左旋咪唑(或丙硫苯咪唑)同时应用疗效会更好。

(五)鸡住白细胞原虫病

鸡住白细胞原虫病是由疟原虫科住白细胞虫属的原虫寄生于鸡所引起的原虫病，又称"白冠病"。主要特征为贫血，全身广泛性出血并伴有坏死灶。

1. 诊断要点

(1)流行病学

生活史　发育过程包括无性繁殖和有性繁殖，无性繁殖在鸡体内进行，有性繁殖在吸血昆虫体内进行。

当吸血昆虫在病鸡体上吸血时，将含有配子体的血细胞吸进胃内，虫体在其体内进行配子生殖和孢子生殖，产生许多子孢子并进入唾液腺。当吸血昆虫再次到鸡体上吸血时，将子孢子注入鸡体内，经血液循环到达肝脏，侵入肝实质细胞进行裂殖生殖，其裂殖子一部分重新侵入肝细胞，另一部分随血液循环到各种器官的组织细胞，再进行裂殖生殖，经数代裂殖增殖后，裂殖子侵入白细胞，尤其是单核细胞，发育为大配子体和小配子体（图 2-6）。

卡氏住白细胞虫到达肝脏之前,可在血管内皮细胞内裂殖增殖,也可在红细胞内形成配子体。

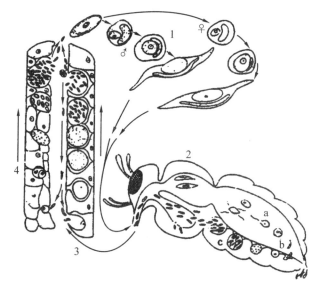

图 2-6 沙氏住白细胞虫生活史
1. 大配子体与小配子体在红细胞内的发育 2. 在蚋体内的配子生殖
(a. 小配子与大配子结合 b. 动合子 c. 卵囊与子孢子)
3. 在肝细胞内裂殖生殖 4. 在肝巨噬细胞内的生殖

易感动物 本病只感染鸡。一般 2～7 月龄的鸡感染率和发病率都较高。感染率随着鸡年龄的增加而增高,但发病率降低,8 月龄以上的鸡感染后,大多数为带虫者。

传染源及传播途径 病鸡或带虫鸡是主要传染源,病原体存在于传染源的血液中。沙氏住白细胞虫通过蚋传播,卡氏住白细胞虫通过库蠓传播。

流行特点 本病发生的季节性与传播媒介的活动季节相一致。当气温在 20℃ 以上时,库蠓和蚋繁殖快,活力强。一般发生于 4～10 月。沙氏住白细胞虫多发生于南方;卡氏住白细胞虫多发生于中部地区。

(2)临床症状

自然感染的潜伏期为 6～10 d。急性病例的雏鸡,在感染 12～14 d 后,突然咯血、呼吸困难,很快死亡。轻症病例,体温升高,卧地不动,下痢,1～2 d 内死亡或康复。特征性症状是死前口流鲜血,呼吸高度困难,严重贫血。中鸡死亡率较低,发育受阻。成鸡病情较轻,产蛋率下降。

(3)病理变化

尸体消瘦,鸡冠、髯肉苍白。全身性出血,尤其是胸肌、腿肌、心肌有大小不等的出血点。肾、肺等各内脏器官肿大、出血。胸肌、腿肌、心肌及肝、脾等器官上有灰白色或稍带黄色的、针尖至粟粒大与周围组织有明显分界的小结节(见彩图 2-4)。

(4)病原检查及确诊

鸡住白细胞原虫主要有两种:

沙氏住白细胞虫,配子体见于白细胞内。大配子体呈长圆形,大小为 22 μm×

6.5 μm，胞质深蓝色，核较小。小配子体为 20 μm×6 μm，胞质浅蓝色，核较大。宿主细胞呈纺锤形，胞核被挤压呈狭长带状，围绕于虫体一侧(见图 2-7)。

卡氏住白细胞虫，配子体可见于白细胞和红细胞内。大配子体近于圆形，大小为 12～13 μm，胞质较多，呈深蓝色，核呈红色，居中较透明。小配子体呈不规则圆形，大小为 9～11 μm，胞质少，呈浅蓝色，核呈浅红色，占有虫体大部分。被寄生的宿主细胞膨大为圆形，细胞核被挤压成狭带状围绕虫体，有时消失。

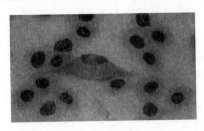

图 2-7　住白细胞虫配子体

本病根据流行病学、临诊症状和病理变化初步诊断，确诊需实验室诊断。

实验室诊断可采取鸡外周血液或脏器涂片，姬姆萨氏染色，镜检，发现虫体即可确诊。或者挑出内脏器官上的小结节制成压片，染色后可见到有许多裂殖子。

2. 防治措施

(1)预防

①杀灭库蠓。防止库蠓进入鸡舍。鸡舍环境用 0.1%敌杀死、0.05%辛硫磷或 0.01%速灭杀丁定期喷雾，每隔 3～5 d 喷 1 次。

②淘汰病鸡。住白细胞虫的裂殖体阶段可随鸡越冬，故在冬季对当年患病鸡群彻底淘汰，以免翌年再次发病及扩散病原。

③药物预防。在流行季节到来之前进行药物预防。泰灭净，按 0.0025%～0.0075%混入饲料，连用 5 d 停 2 d 为 1 个疗程；磺胺二甲氧嘧啶(SDM)，按 0.0025%～0.0075%混入饲料或饮水；乙胺嘧啶，按 0.0001%混入饲料；痢特灵，按 0.01%混入饲料。

(2)治疗

可用下列药物驱虫：

泰灭净，按 0.01%拌料，连用 2 周；或按 0.5%连用 3 d，再按 0.05%连用 2 周。

磺胺二甲氧嘧啶(SDM)，又名制菌磺，用 0.05%饮水 2 d，然后再用 0.03%饮水 2 d。

痢特灵，用 0.04%混入饲料，连续用药 5 d，停药 2～3 d，改为 0.02%连续服用。

克球粉，用 0.025%混入饲料，连续服用。

乙胺嘧啶，按 0.0004%，配合磺胺二甲氧嘧啶 0.004%混入饲料，连用 1 周。

(六)鸡蛔虫病

鸡蛔虫病是由禽蛔科禽蛔属的鸡蛔虫寄生于鸡小肠内引起的线虫病。主要特征为引起小肠黏膜发炎、下痢、生长缓慢和产蛋率下降。

1. 诊断要点

(1)流行病学

生活史　鸡蛔虫的雌虫受精后，在鸡的小肠内产卵，卵随粪便排到体外，在适宜的温度和湿度等条件下，约经 1～2 周发育为感染性虫卵。鸡吞食了被感染性虫卵污染的饲料或饮水而感染。感染性虫卵进入鸡的体内，内部的幼虫在鸡胃内脱掉卵壳进入小肠，钻入肠黏膜内发育一段时间，再返回肠腔中发育为成虫。从感染到发育为成虫，约需35～50 d。

蚯蚓可作为储藏宿主。外界环境中的感染性虫卵进入蚯蚓体内后不发育，直到鸡吞食该蚯蚓后，虫卵再进入鸡的体内继续发育。

易感动物　除感染鸡外，火鸡、珍珠鸡和野鸡也可以感染。鸡的易感性最高。3～4月龄以内的雏鸡最易感染和发病，且病情严重。1岁以上的鸡多为带虫者。

传染源及传播途径　患病和带虫禽是主要的传染源，蚯蚓作为重要的储藏宿主，也可以成为传染源。鸡因吞食了混在粪便中，或被粪便污染的饲料、饮水中的感染性虫卵而感染，也可能是啄食了携带感染性虫卵的蚯蚓而感染。

流行特点　虫卵对外界的环境和消毒药有较强的抵抗力，但对干燥和高温较敏感，特别是阳光直射和粪便的堆积发酵非常敏感，可使其迅速死亡。

饲养管理条件与鸡的感染有密切关系，饲料中含丰富的蛋白质、维生素 A 和维生素 B 时，可提高机体的免疫力。

（2）临床症状

雏鸡常表现为生长发育不良，精神沉郁，行动迟缓，食欲不振，下痢，有时粪中混有带血黏液，羽毛松乱，消瘦、贫血，黏膜和鸡冠苍白，最终可因衰弱而死亡。严重感染者可造成肠堵塞导致死亡。成年鸡一般不表现症状，但严重感染时表现下痢、产蛋量下降和贫血等。

（3）病理变化

剖检时可发现小肠的病理变化，也可以发现小肠中的虫体（见彩图 2-5）。

病理变化表现为小肠黏膜出血、发炎，肠壁上常见颗粒状化脓灶或结节。

小肠中的鸡蛔虫是鸡消化道中最大的一种线虫，呈两端尖细的圆柱状，黄白色，用放大镜或在低倍显微镜下观察，头端有 3 个唇片。雄虫长 2.6～7.0 cm，尾端向腹面弯曲。雌虫长 6.5～11 cm，尾端钝直（图 2-8）。严重感染时可见大量虫体聚集，相互缠结，引起肠阻塞，甚至引起肠破裂和腹膜炎。

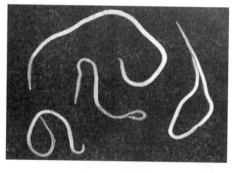

图 2-8　鸡蛔虫外形

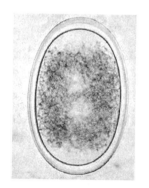

图 2-9　鸡蛔虫卵

（4）病原检查及确诊

本病通过流行病学调查和临床诊断可作出初步诊断。对病（死）鸡进行剖检，发现小肠中的虫体可确诊。如全群没有可以剖检的病（死）鸡，则需要通过粪便检查法检查虫卵进行确诊。

粪便检查可采用直接涂片法和漂浮法。

①直接涂片法。先在载玻片上滴甘油和水的等量混合物，再用牙签或火柴杆挑取少量的粪便加入其中，混匀，去除较大的粪块和过多的粪渣，使载玻片上留有一层均匀的粪液。其厚薄和浓度以能透过粪液模糊地透视载玻片为好。盖上盖玻片，用200倍或400倍镜镜检，发现病鸡蛔虫卵可确诊。

此法操作简便，但检出率低。因鸡蛔虫在排卵期排卵量极大，可用此法进行检查。

②漂浮法。操作方法见鸡球虫病的实验室诊断。

鸡蛔虫的虫卵呈椭圆形，深灰色，大小为$(7\sim90)\mu m\times(47\sim51)\mu m$，卵壳厚而光滑，新排出虫卵内含一个椭圆形胚细胞(见图2-9)。

2. 防治措施

(1)预防

定期清洁禽舍，定期消毒；对粪便进行堆积发酵处理，以便杀灭虫卵；并做好鸡群每年2～3次的定期预防性驱虫工作；雏鸡与成年鸡要分开饲养，避免相互感染。

(2)治疗

驱虫可用下列药物：

左旋咪唑：以20～30 mg/kg体重，一次性口服。

噻苯唑：以500 mg/kg体重，一次性口服。

枸橼酸哌哔嗪(驱蛔灵)：配成1%水溶液任其饮用，或以200 mg/kg体重，混入饲料，一次性口服。

(七)鸡异刺线虫病

鸡异刺线虫病是由异刺科异刺属的鸡异刺线虫寄生于鸡盲肠内所引起的线虫病，又称鸡盲肠虫病。主要特征为引起盲肠黏膜发炎、下痢、生长缓慢和产蛋率下降。

1. 诊断要点

(1)流行病学

生活史　鸡异刺线虫在鸡盲肠内产卵，虫卵随粪便排出体外，在适宜的温度和湿度下，约经2周发育为感染性虫卵。感染性虫卵污染饲料或饮水，被鸡吞食后，在鸡肠道内很快孵出幼虫，幼虫在黏膜内经过一段时间的发育后，重返肠腔发育为成虫。由感染至虫体成熟需24～30 d，成虫在体内可存活10～12个月。如果鸡的盲肠中感染组织滴虫，异刺线虫卵可携带组织滴虫一起排出体外，再感染其他鸡。蚯蚓可以作为储藏宿主。

易感动物　主要感染鸡、火鸡、鸭、鹅、珍珠鸡、鹧鸪、雉等。其中鸡和火鸡的易感性最高。各种年龄和品种的鸡均易感，但营养不良和饲料中缺乏矿物质(尤其是磷和钙)的幼鸡最易感。

传染源及传播途径　患病和带虫禽是主要的传染源。此外，蚯蚓作为重要的储藏宿主，也可以成为传染源。鸡因吞食了混在粪便中，或被粪便污染的饲料、饮水中的感染性虫卵而感染，也可能是啄食了携带感染性虫卵的蚯蚓而感染。

流行特点　虫卵对外界因素抵抗力很强，在潮湿的土壤中可存活9个月以上。鸡感染本病时没有明显的季节性，但7～8月最易发生。有时感染性虫卵被蚯蚓吞食，可在蚯蚓体内长期保持生命力，当鸡吃入蚯蚓时感染本病。

鸡异刺线虫是组织滴虫的传播者。组织滴虫寄生于鸡的盲肠和肝脏，可侵入异刺线虫卵内，使鸡同时感染。

(2)临床症状

感染初期幼虫侵入盲肠黏膜时，能机械损伤盲肠组织，导致肠黏膜肿胀，肠壁上出现结节，引起盲肠炎和下痢。虫体代谢产物可使机体中毒，病鸡表现为食欲不振，发育停滞，消瘦，严重时造成死亡。成年鸡产蛋量下降。

(3)病理变化

剖检时病鸡尸体消瘦，可见盲肠肿大，肠壁发炎和增厚，有时出现溃疡。在盲肠的尖端部位可发现虫体。虫体为白色线状，雄虫长 7~13 mm，雌虫长 10~15 mm。

(4)病原检查及确诊

本病通过流行病学调查和临床诊断可作出初步诊断。对病(死)鸡进行剖检，发现盲肠中的虫体可确诊。如全群没有可以剖检的病(死)鸡，则需要通过粪便检查法检查虫卵进行确诊。

粪便检查可采用漂浮法。检查出的鸡异刺线虫卵呈椭圆形，灰褐色，壳厚，内含单个胚细胞。虫卵大小为(65~80) μm×(35~46) μm。

2. 防治措施

可参照鸡蛔虫病的防治措施。

(八)鸡绦虫病

鸡绦虫病主要由戴文科赖利属和戴文属的多种绦虫寄生于鸡小肠中引起的疾病的总称。主要特征为小肠黏膜发炎、下痢、生长缓慢和产蛋率下降。

1. 诊断要点

(1)流行病学

生活史　赖利属绦虫的主要中间宿主为家蝇、蚂蚁及金龟子等。戴文属绦虫的中间宿主为蛞蝓和陆地螺。

成虫在小肠中脱落孕卵节片，随粪便排至外界，中间宿主吞食后，经 14~21 d 六钩蚴发育为似囊尾蚴。含有似囊尾蚴的中间宿主被终末宿主吞食后，经 12~20 d，似囊尾蚴在小肠内发育为成虫。

易感动物　主要感染鸡，此外还有火鸡、孔雀、鸽子、鹌鹑、珍珠鸡、雉等。各个年龄的鸡均可感染，雏鸡的易感性更强，25~40 日龄的雏鸡感染后发病率和死亡率最高。

传染源及传播途径　病鸡和带虫鸡的粪便中排出大量虫卵，成为传染源。健康鸡因吞食中间宿主而感染。

流行特点　地面平养和散养的鸡感染绦虫的概率最大。在夏秋季节，场地潮湿，中间宿主增多，本病易多发。饲养管理差，鸡舍阴暗潮湿会促进本病发生和传播。

(2)临床症状

由于成虫的寄生，一方面破坏了肠黏膜的完整性，引起肠壁的结节和炎症，大量感染时虫体集聚成团，导致肠阻塞，甚至肠破裂而引起腹膜炎；另一方面虫体的代谢产物被吸收后可引起中毒反应，出现神经症状。轻度感染时症状不明显。感染严重时，病鸡表现为消化不良，食欲减退，粪便稀薄或混有血样黏液；渴感增加，体弱消瘦，两翅下垂，羽毛逆立，蛋鸡产卵量减少或停产。雏鸡发育受阻或停止，可能继发其他疾病而死亡。

(3)病理变化

剖检时可见尸体消瘦、肠黏膜肥厚，有时肠黏膜上有出血点。肠管有多量恶臭黏液，黏膜贫血和黄染。常在小肠中发现虫体可确诊。

在小肠中的戴文属绦虫主要为节片戴文绦虫。虫体扁平，虫体小，不超过 4 mm，节片仅 4～9 个。

赖利属绦虫主要有三种：四角赖利绦虫，寄生于家鸡和火鸡的小肠后半部，虫体扁平带状，长达 25 cm，是鸡体内最大的绦虫，由数百个节片组成。节片越靠后越长，末端的孕节呈近似正方形（见图 2-10）；棘沟赖利绦虫，寄生于家鸡和火鸡的小肠，形态与四角赖利绦虫相似；有轮赖利绦虫，寄生于鸡的小肠内，虫体扁平，较小，一般不超过 4 cm，头节大，顶突似轮状。

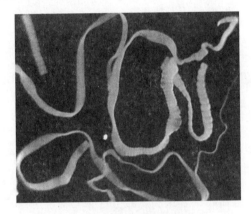

图 2-10　鸡赖利绦虫外形

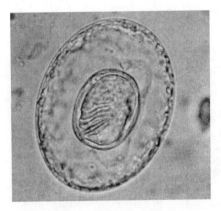

图 2-11　鸡赖利绦虫卵

(4)病原检查及确诊

本病通过流行病学调查和临床诊断可作出初步诊断。对病（死）鸡进行剖检，发现小肠中的虫体可确诊。如全群没有可以剖检的病（死）鸡，则需要通过实验室诊断的粪便检查法检查节片或虫卵进行确诊。

①粪便中的节片检查法

绦虫在小肠中发育到一定长度后，最后段的节片会不断脱落随粪便排出。所以感染绦虫的病鸡粪便中常会带有绦虫的节片。可通过发现节片判定小肠中存在绦虫。检查方法为：

直接肉眼观察粪便。新鲜粪便中鸡赖利绦虫节片有一定的蠕动性，可能会观察到。如观察不到，可对粪便进行处理，方法如下：

收集 5～10 g 粪便，放入容器内加 5～10 倍的清水，搅拌，静置沉淀 10～20 min，倾去上层液体，再加入清水，搅拌沉淀。反复数次，直至上层液体清澈为止。最后将上层液体倾去，取少量沉渣置大玻璃皿内，在黑色背景上，以肉眼或借助放大镜寻找节片。

鸡赖利绦虫的节片呈乳白色或白色，小米粒状。

②采用漂浮法检查虫卵

操作方法如鸡球虫的粪便检查。

四角赖利绦虫和棘沟赖利绦虫的虫卵直径为 25～50 μm，有轮赖利绦虫卵更大一些，约 75～88 μm。虫卵椭圆形，灰白色，卵壳较厚，卵内含有椭圆形的六钩蚴（图 2-11）。

2. 防治措施

(1)预防

搞好鸡场防蝇、灭蝇工作。定期驱虫，雏鸡应在 2 月龄左右进行第 1 次驱虫，以后每隔 1.5～2 个月驱虫 1 次，转舍或上笼之前必须进行驱虫；及时清除鸡粪便并做无害化处理；定期检查鸡群，治疗病鸡，以减少病原扩散。

(2)治疗

常用下列药物驱虫。

吡喹酮　10 mg/kg 体重，一次投服。为首选药物。

丙硫咪唑　15～20 mg/kg 体重，与面粉做成丸剂，一次投服。

氢溴酸槟榔碱　3 mg/kg 体重，配成 0.1％水溶液口服。

硫双二氯酚　成鸡 100～200 mg/kg 体重，小鸡可适当减量。

四、禽常见外寄生虫病

(一)禽虱病

由各种禽虱寄生于禽体表引起的外寄生虫病。寄生于禽类的虱称为羽虱，是一种永久性寄生虫，主要寄生于禽的皮肤、羽毛及羽干上，以吸食禽的血液、皮屑和羽毛为食，刺激机体，引起贫血、脱毛，食宿不安，生产性能下降，产蛋量降低，影响生长发育，给养鸡业造成一定的损失。

1. 诊断要点

(1)流行病学

生活史　羽虱属不完全变态，其发育过程包括卵、若虫和成虫 3 个阶段，整个生活史都在禽身上进行，成熟雄虫于交配完死亡，雌虫可产卵 2～3 周，产完卵后死亡。所产的卵沾在羽毛的基部，经 5～8 d 孵化为幼虱，若虫阶段需在 2～3 周内经 3～5 次蜕皮变为成虫。

易感动物　不同的羽虱感染的宿主不同，但主要感染鸡。

传染源及传播途径　病鸡和患病野禽是主要的传染源。接触感染为主要途径，此外，野禽、用具等也可能成为传播因素。

流行特点　本病在秋冬季节多发，密集饲养时易发。

(2)临床症状和病理变化

羽虱在吃羽毛、皮屑或爬行过程中刺激神经末梢，使皮肤发痒，影响鸡的采食与休息等。病鸡多表现为奇痒不安，羽毛蓬乱、断折居多，用喙啄羽毛，常啄断自体羽毛，掉毛处皮肤可见红疹、皮屑。用爪抓痒，引起机械性损伤，严重时可抓破皮肤、肌肉。破溃处常继发细菌感染，在局部形成湿疹、丘疹、脓疮等。食欲下降与渐进消瘦，贫血，雏鸡生长发育明显受阻，产蛋鸡则影响产蛋。

(3)病原检查及确诊

每一种羽虱均有一定的宿主与一定的寄生部位，但一只家禽常被数种羽虱寄生。鸡羽虱种类较多，不同种类的羽虱大小和外观形态虽有差异，但身体的大体结构均相同。羽虱是无翅的昆虫，体分头、胸、腹三部分。头部宽，并宽于胸部，有咀嚼型口器。胸部分前、中、后三节，每节腹面两侧各有一对腿，肢较短，肢端具有爪。多数羽虱中胸与后胸均有不同程度的融合，表现为两节组成(图 2-12)。

查看鸡体，可见头、颈、背、腹、翅下羽毛较稀部位皮肤及羽毛基部上有大量羽虱爬动，找到羽虱即可确诊。

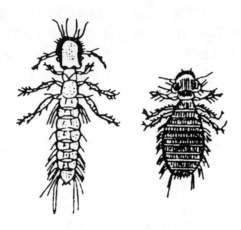

图 2-12　禽羽虱

左：长角羽虱　　右：鸡羽虱

2. 防治措施

(1)预防

加强饲养管理，注意环境卫生，保持禽舍、运动场清洁、卫生，及时清除粪便，堆积发酵。对禽(鸡、鸽)舍、禽笼、饲槽、饮水器、地板、栖架及一切用具要做好彻底消毒。保持鸡舍内清洁卫生，干燥和通风。开展经常性消毒工作，健康禽不能与病禽混群。每月两次检查禽群有无虱子。对新引进禽要加强检疫。

(2)治疗

对羽虱治疗用药要掌握好药液浓度，按说明书使用，要在喂料、饮水后，将饲料、饮水清理干净进行，防止鸡只误食药液污染饲料引起中毒。用药时要注意鸡舍温度保持在18℃以上，以防喷雾淋湿鸡体引起感冒。此外，药物很少对卵起效，而卵的孵化期一般不超过 10 d，故常在第一次治疗之后，隔 10 d 左右进行第二次治疗。常用的药物和治疗方法如下：

沙浴法：在地面平养的鸡，在运动场内挖一浅池，用 1 份硫黄粉加 10 份黄沙拌匀，放入池内，铺成 10～20 cm 厚，让禽自行沙浴，消除虫体。

药浴法：用 2.5％溴氰菊酯(敌杀死)乳剂，或 2.5％速灭菊酯乳油剂 1 份加 4 000 倍水对鸡进行药浴。配制后放入水缸中，将禽提起放入缸内，先浸透鸡的身体，然后捏住鸡嘴浸鸡头；将禽迅速拿出，擦干羽毛上的剩余药液，将禽放在水泥地上晒干。配制药液时，水温以 12℃为宜。如超 25℃将会降低药效，超过 50℃则失效。进行药浴时，要选温暖、晴朗的天气，以防羽毛不能及时晒干。

喷雾法：对鸡可用 10％二氯苯醚菊酯(除虫清)1 份加 5 000 倍水，或灭蝇灵 1 份加水 4 000 倍，用小喷雾器对鸡逆毛喷雾，全身都喷到，再喷鸡舍，间隔 10 d 再喷 1 次，以杀灭孵出的幼虱。

中药法：百部 100 g，加水 600 mL，煎煮 20 min 去渣，或加白酒 500 mL，浸泡 2 d，待药液呈黄色，用药液涂擦患处 1～2 次。

在治疗禽虱同时，必须对禽舍、用具等进行灭虱和消毒。

（二）鸡螨病

鸡螨病是由刺皮螨科的刺皮螨属、疥螨科的膝螨属的螨虫，寄生在鸡的皮肤上或皮肤内引起的寄生虫病。以接触感染，引起病鸡剧烈的痒觉及各类型的皮炎为特征，鸡螨的种类很多，寄生在家禽身上的约20种，危害较大的主要有鸡皮刺螨、突变膝螨、林禽刺螨、鸡新勋恙螨和鸡脱羽膝螨等。常见的鸡螨病有鸡皮刺螨病和鸡膝螨病。

1. 鸡皮刺螨病

又称鸡螨、红螨或栖架螨，寄居在鸡舍内，吸食鸡血，造成鸡渐进性消瘦、贫血和产蛋量下降。此螨广泛分布于世界各地，尤其温暖地区。我国各地均有发现，在现代化大型的多层笼养鸡中也普遍存在。

（1）诊断要点

① 流行病学

生活史　鸡皮刺螨的发育包括卵、幼虫、若虫和成虫四个阶段，其中若虫为两期。整个生活史周期可于7 d内完成。雌成虫在第一次吸血后12～24 h产卵于禽体的外周环境中，气候温暖时，卵在48～71 h孵化，6只脚的幼虫不吸血，经过24～48 h的蜕化变为吸血的第一期若虫，再经过24～48 h蜕化为第二期若虫，此后不久蜕化到成虫阶段。成虫和若虫时期，它们白天躲在鸡舍砖缝或鸡笼焊接处，晚上爬到鸡身上吸血，吸饱血后离开鸡体返回休息地，其余时间均躲在休息地。成虫耐饥饿，不吸血状态可生存82～113 d，在没有食物的情况下可存活34周。

易感动物　鸡皮刺螨最常见的宿主是鸡，但也可以寄生于火鸡、鸽、金丝鸟及几种野鸟。

传染源及传播途径　感染鸡，被污染的鸡舍等。主要是直接的接触传播，或者在有鸡皮刺螨活动的鸡舍活动而被感染。

②临床症状

患病鸡群不稳定，焦躁，采食量下降，日渐衰弱，贫血，有痒感，皮肤时而出现小的红疹。雏鸡感染后生长发育不良，大量侵袭幼雏可引起死亡。母鸡长期被叮咬和吸血会造成贫血，产蛋量下降，可下降10%～50%。蛋壳颜色变淡，饲料消耗增加，严重的可衰竭死亡。

③ 病原检查及确诊

若发现鸡群中鸡只日渐消瘦，鸡冠苍白，贫血，饲料消耗增加，产蛋量下降，应注意鸡舍中是否有鸡皮刺螨。虫体为红色，易于在鸡舍中发现，找到虫体后可确诊。

鸡皮刺螨呈椭圆形，有8只脚（幼虫6只脚），棕褐色或棕红色，后部略宽，前端有长的口器。雄螨长0.6 mm，雌成虫的大小约0.7 mm，吸饱血后长度可达1.5 mm（图2-13），由灰白色转为红色，易于在鸡舍中发现。白天可在鸡舍的墙缝等处查找虫体，或在鸡笼下铺张白纸，然后用棍子敲打鸡笼，饲料渣可掉于白纸上，把纸提起倒去饲料渣，看白纸上有无棕褐色或微黑色的小圆点。夜间检查，一般在鸡的腿上可发现此螨。

（2）防治措施

①预防

加强鸡舍内外环境的卫生消毒。定期清理粪便，清除杂草、污物，堵塞墙缝，粪便集

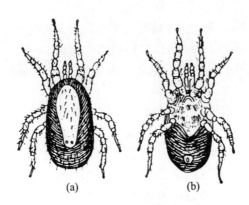

图 2-13　鸡皮刺螨
(a)背面　(b)腹面

中堆积发酵等，以减少螨虫数量；定期使用杀虫剂预防，用喷雾法喷洒鸡舍地面、墙壁鸡笼等各个部位，夏季还可直接喷鸡。

在饲养过程中，随时观察笼舍，鸡群的情况，要经常检查鸡只体表，做到早发现、早治疗，减少禽皮刺螨病的发生。预防鸡皮刺螨的有效措施，是对鸡群采取笼养，而且鸡笼四面不要靠墙。

严格执行全进全出的饲养制度，注意新老鸡群的隔离饲养，避免混养。建立隔离带，防止交叉感染。定期进行严格的卫生检疫，发现感染及时诊治。一般鸡出栏后使用辛硫磷对禽舍和运动场地全面喷洒，间隔 10 d 左右再喷洒 1 次。

②治疗

对鸡舍内卫生死角彻底打扫，清除陈旧干粪、垃圾杂物，能烧的烧掉，其余用杀虫药液充分喷淋，堆到远处。常用杀虫药物溴氰菊酯(敌杀死)、蝇毒磷、马拉硫磷和敌百虫等。用 0.2％敌百虫水溶液或 2.5％溴氢菊酯以 1∶2 000 倍稀释直接喷洒于鸡刺皮螨栖息处，包括墙缝、网架缝、产蛋箱等。也可用 0.25％蝇毒磷、0.5％马拉硫磷水溶液直接喷洒。用上述药液喷洒一次后，应于第一次使用后隔 7～10 d 再喷洒一次，注意不要喷进料槽与水槽。

2. 鸡膝螨病

由突变膝螨和鸡膝螨引起的外寄生虫病。突变膝螨寄生于鸡趾和胫部皮肤鳞片下面，是引起鳞脚病的病原寄生虫螨。鸡膝螨寄生于鸡羽毛根部皮肤上，又称脱羽膝螨。

(1)诊断要点

① 流行病学

生活史　与鸡皮刺螨生活史相似，整个生活史都在鸡的皮肤内完成，成虫在鸡脚鳞下皮肤挖洞，雌虫在其中产卵，卵孵化成幼虫，幼虫经过几次变态，蜕化后发育为成虫，居住在皮肤的脚鳞下。

易感动物　主要感染鸡。

传染源及传播途径　病鸡为传染源，被污染的垫料等也可以作为传染源。通过互相接触或接触到污染的环境而传播。

流行特点　传播迅速，一旦发生可蔓延全群。

② 临床症状

鸡突变膝螨病即鳞足螨，鸡突变膝螨寄生于鸡脚的皮肤鳞片下面，刺激皮肤发炎，使趾及胫部无羽毛皮肤发炎增厚，使病鸡的脚和脚趾上好像涂了一层石灰，故又称为鸡的"石灰脚"病。病情严重的鸡行走困难，甚至发生趾骨坏死，跛行，影响采食，蛋鸡影响产蛋。

鸡膝螨寄生于鸡的羽毛根部，沿羽轴穿入皮肤，以致诱发炎症、羽毛变脆、脱落。由于寄生部奇痒，鸡常有啄食羽毛的习性，造成"脱羽病"或称"脱羽痒症"。严重时羽毛可全部脱落。病鸡体重下降，产蛋鸡产蛋量下降。

③ 病理变化

虫体挖掘隧道进入皮肤鳞片下面，引起皮肤发炎，病鸡奇痒，摩擦患部，造成脱皮出血，鳞片隆起，引起增生并形成鳞皮和痂皮，病变部渗出物干涸后形成白色或灰黄色痂皮，外观像涂了一层石灰。

④ 病原检查及确诊

本病的病原为疥螨科膝螨属的突变膝螨和鸡膝螨。其中突变膝螨雄虫长 0.19～0.20 mm，宽 0.12～0.13 mm，雌虫长 0.41～0.44 mm，宽 0.33～0.38 mm。突变膝螨和鸡膝螨形态相似。雌虫近圆形，足极短，雄虫卵圆形，足较长，皮上具有明显的条纹，而且背部的横纹，无中断之处。鸡膝螨较小，体长 0.3 mm 左右。雌成虫约为 0.5 mm。

本病根据流行病学特点和临床症状可初步诊断，用小刀蘸液体石蜡、凡士林等液体，刮取病变部皮肤进行镜检，查到虫体即可确诊。

（2）防治措施

① 预防

鸡舍应经常清扫，特别是栖架、栏舍、产蛋箱，定期用药物喷雾杀虫。

发现病鸡应立即隔离治疗，如病鸡很少，可考虑淘汰，以免传染。如果发现鸡突变膝螨，则先治疗，然后再混群。

② 治疗

治疗前，先将病鸡的脚浸入温热的肥皂水中，使痂皮变软，除去痂皮后涂上 10％硫黄软膏或 2％石炭酸软膏，每日 2 次，连用 3～5 d。也可将鸡爪浸泡在 10％克辽林、0.1％敌百虫溶液或 0.05％杀灭菊酯中 3～4 min，然后除去痂皮，用刷子刷患部，使药液渗入组织内，以杀灭虫体。间隔 2～3 周后，可再药浴一次。同时，将病鸡置于光照和通风良好处，供给充足的饮食，可促进本病的康复。对脱毛病可喷洒以上药物，严重的鸡要淘汰。

● ● ● ● **拓展阅读**

屠呦呦和青蒿素

中国禽病科学开拓者——甘孟侯

计 划 书

学习情境 2	禽寄生虫病		
计划方式	小组讨论、同学间互相合作共同制订计划		
序号	实施步骤	使用资源	备注
制订计划说明			

班　级		第　　组	组长签字	
教师签字			日　期	

计划评价	评语：

决策实施书

学习情境 2	禽寄生虫病

| | | | 讨论小组制订的计划书，作出决策 | | | |

	组号	工作流程 的正确性	知识运用 的科学性	步骤的 完整性	方案的 可行性	人员安排 的合理性	综合评价
计划 对比	1						
	2						
	3						
	4						
	5						
	6						

	制订实施方案	
序号	实施步骤	使用资源
1		
2		
3		
4		
5		
6		

实施说明：

班　　级		第　　组	组长签字	
教师签字			日　　期	
	评语：			

评价反馈书

学习情境2	禽寄生虫病				
评价类别	项目	子项目	个人评价	组内评价	教师评价
专业能力（60%）	资讯（10%）	查找资料，自主学习（5%）			
		资讯问题回答（5%）			
	计划（5%）	计划制订的科学性（3%）			
		用具材料准备（2%）			
	实施（25%）	各项操作正确（10%）			
		完成的各项操作效果好（6%）			
		完成操作中注意安全（4%）			
		使用工具的规范性（3%）			
		操作方法的创意性（2%）			
	检查（5%）	全面性、准确性（3%）			
		操作中出现问题的处理（2%）			
	结果（10%）	提交成品质量			
	作业（5%）	及时、保质完成作业			
社会能力（20%）	团队协作（10%）	小组成员合作良好（5%）			
		对小组的贡献（5%）			
	敬业、吃苦精神（10%）	学习纪律性（4%）			
		爱岗敬业和吃苦耐劳精神（6%）			
方法能力（20%）	计划能力（10%）	制订计划合理			
	决策能力（10%）	计划选择正确			

意见反馈

请写出你对本学习情境教学的建议和意见：

班　级		姓　名		学　号		总　评	
教师签字		第　组		组长签字		日　期	
评价评语	评语：						

学习情境 3

禽中毒性疾病

●●●●● **学习任务单**

学习情境 3	禽中毒性疾病		学　时	10
布置任务				
学习目标	知识目标 　　1. 掌握禽中毒病的发病特点。 　　2. 掌握中毒病的诊断方法。 　　3. 掌握禽常见中毒病发病原因、典型症状和特征性病理变化。 技能目标 　　1. 对能引起中毒性疾病的环境因素进行分析，找出病因，对疾病做出正确诊断。 　　2. 能够对诊断出的中毒性疾病予以合理治疗。 　　3. 根据禽场的具体情况，制定合理的中毒性防治措施。 素养目标： 　　1. 在治疗中毒性疾病和使用解毒药物的过程中，树立环保意识，养成合理、合法保存和使用特殊药物的职业操守。 　　2. 培养学生与养殖户耐心沟通的习惯，提升交流技巧与对获取的信息进行分析整合的能力。			
任务描述	1. 通过解答资讯问题和完成教师布置的课业，对常见禽中毒性疾病的种类和基本特征有初步认识。 　　2. 针对病例进行禽场的流行病学调查，查清发病禽场流行病学基本情况，并对调查的情况进行归纳、整理、分析，查找中毒病发生的原因。 　　3. 针对病例进行临床诊断，查清禽群体发病症状和病(死)禽的临床表现。 　　4. 对病例中的病(死)禽进行病理剖检，查清其病理变化。 　　5. 结合资讯内容，查找相关资料，对病例做出诊断。 　　6. 结合资讯内容，查找相关资料，对确诊的疾病提出预防措施并实施。 　　7. 学习"相关信息单"中的"相关知识"内容，熟练掌握禽常见中毒性疾病的诊断要点和防治措施，对"资讯问题"能正确解答。			
学时分配	资讯 4 学时	计划 1 学时	决策 1 学时　实施 2 学时	考核 1 学时　评价 1 学时
提供资料	1. 相关信息单 　　2. 教学课件 　　3. 禽病防治网：http：//www.yangzhi.com/zt2010/dwyy_dwmz_qin.html 　　4. 中国禽病论坛网：http：//www.qinbingluntan.com/			

续表

对学生要求	1. 按"任务资讯单"内容，认真准备资讯中的问题。 2. 按各项工作任务的具体要求，认真设计及实施工作方案。 3. 严格遵守实验室管理制度，避免安全事故发生。 4. 严格遵守禽场卫生消毒制度，防止疾病传播。 5. 严格遵守禽场劳动纪律，认真对待各项工作。 6. 以学习小组为单位完成各项任务，锻炼协作能力。

●●●●● 任务资讯单

学习情境 3	禽中毒性疾病
资讯方式	学习"相关信息单"中的"相关知识"、观看视频、到本课程网站和相关网站查询资料、到图书馆查阅相关书籍。向指导教师咨询。
资讯问题	1. 禽中毒性疾病有何发病特点？ 2. 如何诊断和防治中毒性疾病？ 3. 药物中毒的原因有哪些？ 4. 磺胺类药物中毒的病理变化特征是什么？ 5. 诊断磺胺类药物中毒的主要依据是什么？ 6. 呋喃类药物中毒的病理变化特征是什么？ 7. 诊断呋喃类药物中毒的主要依据是什么？ 8. 喹乙醇中毒的病理变化特征是什么？ 9. 诊断喹乙醇中毒的主要依据是什么？ 10. 如何避免禽的药物中毒的发生？怎样治疗药物中毒？ 11. 饲料中含盐多少易造成禽食盐中毒？ 12. 食盐中毒的主要症状是什么？ 13. 食盐中毒的主要病理变化是什么？ 14. 食盐中毒的诊断依据是什么？ 15. 如何防治食盐中毒？ 16. 黄曲霉毒素中毒的病因是什么？ 17. 黄曲霉毒素中毒的特征性病理变化是什么？ 18. 如何测定黄曲霉毒素？ 19. 如何防治黄曲霉毒素中毒？ 20. 一氧化碳中毒的原因是什么？ 21. 一氧化碳中毒的症状和病理变化有何特征？ 22. 如何化验禽血液中的碳氧血红蛋白？ 23. 如何防治一氧化碳中毒？
资讯引导	1. 在信息单中查询； 2. 进入相关网站查询； 3. 查阅教师提供课件； 4. 查阅相关资料。

●●●●● **相关信息单**

【学习情境3】

禽中毒性疾病

项目 禽中毒性疾病病例的诊断与防治

 病例

> 某存栏4 000只的蛋鸡场，鸡20龄时突然发生急性死亡。病死鸡生前不安、尖叫，之后沉郁、昏睡。病鸡不食，但大量饮水。鸡冠、肉髯苍白。下痢，有的鸡粪便为酱油色，有的为灰白色。发病鸡约2 400只，死亡562只。本乡其他鸡场没有此种疾病发生。
>
> 兽医人员剖检5只病死鸡，普遍表现为血液稀薄，皮下、肌肉多处出血，尤其是胸肌、腿肌出血最为明显，有出血斑。胃、肠黏膜有出血点，肝、脾肿大、出血，胸、腹腔内有淡红色积液。肾肿大，苍白，有出血斑，呈花斑状。骨髓检查，有2只鸡骨髓呈浅红色，3只鸡呈黄色。询问得知，鸡场从1日龄起使用磺胺二甲基嘧啶预防球虫病，每天按0.1%的量混饮，一直未停药。

任务1 诊断病例

一、现场诊断

（一）流行病学调查

根据流行病学调查的基本方法，对病例中的鸡场进行流行病学调查，整理该病例的流行病学特点，通过查阅"提供材料"和学习"相关知识"，对病例的流行病学特点进行分析，见表3-1。

表3-1 病例的流行病学表现及分析

病例表现	特点概要	分 析
某存栏4 000只的蛋鸡场，鸡20龄时突然发生急性死亡。发病鸡约2 400只，死亡562只。本乡其他鸡场没有此种疾病发生。鸡场从1日龄起使用磺胺二甲基嘧啶预防球虫病，每天按0.1%的量混饮，一直未停药。	①雏鸡发病。 ②发病率和死亡率高。 ③没有传染性。 ④长期（20天）使用磺胺类药物。	①排除传染性疾病。 ②疑似为磺胺类药物中毒。

（二）临床检查

按照临床检查的基本方法和检查内容，对病例发病鸡群进行检查，并在查阅"提供材料"和学习"相关知识"的基础上，对其症状进行整理分析，见表3-2。

表 3-2　病例的临床表现及分析

病例表现	特点概要	分　析
病死鸡生前不安、尖叫，之后沉郁、昏睡。病鸡不食，但大量饮水。鸡冠、肉髯苍白。下痢，有的鸡粪便为酱油色，有的为灰白色。	①先兴奋后沉郁。②食欲减，饮欲增。③贫血。④下痢，粪便中混有血液或大量尿酸盐。	与磺胺类药物中毒的临床症状特点相符合。

（三）病理剖检

按照鸡剖检的术式和检查方法，对病例鸡群的病鸡或死鸡进行剖检。在查阅"提供材料"和学习"相关知识"的基础上，找出该病例的特征性病理变化，进行整理分析。分析情况见表 3-3。

表 3-3　病例的病理变化及分析

病例表现	特点概要	分　析
血液稀薄，皮下、肌肉多处出血，尤其是胸肌、腿肌出血最为明显，有出血斑。胃、肠黏膜有出血点，肝、脾肿大、出血，胸、腹腔内有淡红色积液。肾肿大、苍白，有出血斑，呈花斑状。骨髓检查，有 2 只鸡骨髓呈浅红色，3 只鸡呈黄色。	①血液稀薄。②全身出血性病变。③胸肌、腿肌出血明显。④肾有尿酸盐沉积。⑤骨髓颜色变淡。	与磺胺类药物中毒的特征性病理变化相符合。

二、确诊

本病例根据磺胺类药物长期使用的特点，结合病死鸡临床症状与病理变化具有磺胺类药物中毒的典型特征，可确诊为磺胺类药物中毒。

如果有条件，或者有必要，可进一步检测病死鸡肌肉、肾脏和肝脏中磺胺类药物含量，如果超过 20 mg/kg，则确定中毒。

任务 2　磺胺类药物中毒的防治

一、处理和治疗

确诊后应立即停药。供给充足的饮水，并加入 1%～2% 碳酸氢钠溶液，连用 24h。在家禽的饲料中添加维生素 C 200 mg/kg 和维生素 K 35 mg/kg，连用数天。同时还应添加多维素或复合维生素 B，直到死亡停止，病鸡症状基本好转。

二、预防

（1）对 4 周龄以内的雏鸡和产蛋鸡避免使用磺胺类药物。

（2）严格控制磺胺类药物的用量，选择良好的给药途径，连续用药不超过 5 d。

（3）选用含有增效剂的磺胺类药物，用药期间务必供给充足的饮水，并提高饲料中维生素 B 和维生素 K 的含量。如发现鸡群食欲普遍减退、精神不振时，应立即停药。

●●●●● 必备知识

一、禽中毒性疾病的发病特点

（一）有特定的病因

疾病的发生与禽采食的某种饲料、饮水或接触某种毒物有关。

（二）无传染性

从流行病学方面看，虽然可以通过中毒试验而复制中毒性疾病，但中毒没有传染性，缺乏传染病的流行规律。

（三）患病家禽的主要临床症状一致

因其症状的一致性，在观察时要特别注意中毒禽的特征性症状，以便为毒物检验提示方向。在急性中毒时，家禽在发病之前食欲良好，禽群中食欲旺盛的由于摄毒量大，往往发病早、症状重、死亡快，往往出现同槽或相邻饲喂的家禽相继发病的现象。

（四）体温情况

大多数毒物中毒时家禽体温不高或偏低。

（五）剖检病变的特征性

急性中毒死亡的家禽在尸体剖检时，胃内充满尚未消化的食物，说明死前不久食欲良好；死于机能性毒物中毒的家禽，实质脏器往往缺乏肉眼可见的病变；死于慢性中毒的病例，可见肝脏、肾脏或神经出现变性或坏死。

二、禽中毒性疾病的发病原因及诊断要点

（一）发病原因

1. 饲料保存或调配方法不当

对饲料或饲料原料保管不当，导致其发霉变质而引起中毒。如鸡黄曲霉毒素中毒、杂色曲霉毒素中毒等；利用含有一定毒性成分的农副产品饲喂禽，由于未经脱毒处理或饲喂量过大而引起中毒，如菜籽饼、棉籽饼、含有二恶英饲料等。

2. 管理不当

禽舍内由于管理不当往往会引起消毒剂或有害气体的中毒，如一氧化碳中毒、氨气中毒、甲醛（福尔马林）中毒、生石灰中毒、高锰酸钾中毒等。

3. 药物原因

如果用于治疗的药物使用剂量过大，或使用时间过长可引起中毒。如磺胺类药物中毒、聚醚类抗球虫药中毒、喹乙醇（快育灵）中毒等。

4. 农药、化肥与灭鼠药对环境的污染

家禽常因采食被农药或化肥污染的饲料、饮水，或误食毒饵（如磷化锌中毒、氟乙酰胺中毒等）而发生中毒。此外，有些农药，如敌百虫，在兽医临床上用来防治禽寄生虫病，若剂量过大，或药浴时浓度过高，也可引起中毒。

5. 工业污染

随工厂排放的废水、废气及废渣中的有毒物质未经有效处理，污染周围大气、土壤及饮水而引起的中毒。

6. 地质化学原因

由于某些地区的土壤中含有害元素，或某种正常元素的含量过高，使饮水或饲料中含

量亦增高而引起的中毒。如鸡的氟中毒等。

（二）诊断要点

1. 了解毒物的可能来源

对舍饲的家禽要查清饲料的种类、来源、保管与调制的方法；近期饲养上的变化及到发病经过的时间，不同的饲料饲养禽的发病情况，观察饲料有无发霉变质等。对放养的家禽要了解发病前家禽可能活动的范围。了解最近家禽有无食入被农药或杀鼠药污染的饲料、饮水或毒饵的可能，最近是否进行过驱虫或药浴，使用的药品剂量及浓度如何。注意家禽采食的饲料或饮水有无被附近工矿企业"三废"污染的可能。如怀疑人为投毒，必须了解可疑作案人的职业及可能得到的有毒物质。

2. 毒物检验

毒物检验是诊断中毒很重要的手段，可为中毒病的确诊与防治提供科学依据。

3. 防治试验

在缺乏毒物检验条件或一时得不出检验结果的情况下，可采取停喂可疑饲料或饮水，观察发病是否停止。同时根据可能引起中毒的类型和毒物种类，分别运用特效解毒剂进行治疗，根据疗效来判断毒物的种类。此法具有现实意义。

4. 动物试验

给敏感的家禽投喂可疑物质，观察其有无毒性，一般多采用大鼠或小鼠作试验动物。也可选择少数年龄、体重、健康状况相近的同种家禽，投给病禽吃剩的饲料，观察是否中毒。在进行这种试验时，应尽量创造与病禽相同的饲养条件，并要充分估计个体的差异性。

三、禽中毒性疾病的防治要点

（一）中毒性疾病的预防

家禽的中毒必须贯彻预防为主的方针。预防家禽的中毒有双重意义，既可防止有毒或有害物质引起禽中毒或降低其生产性能；又可防止其产品中的毒物残留量对人的健康造成危害。因此，必须采取有效措施预防中毒，即禁喂含毒和腐败霉变饲料；防止化学毒物对禽群的危害；禁止在水塘、河沟等乱扔病禽的尸体。

（二）中毒性疾病的救治

1. 切断毒源

必须立即停喂可疑有毒的饲料或饮水。

2. 阻止或延缓机体对毒物的吸收

对经消化道接触毒物的病禽，可根据毒物的性质投服吸附剂、黏浆剂或沉淀剂。

3. 排出毒物

可根据情况选用切开嗉囊冲洗或泻下的方法排毒。

4. 解毒

使用特效解毒剂，如有机磷农药中毒，对于出现症状的家禽，应立即使用胆碱酯酶复活剂—解磷定或氯磷定，鸡肌肉注射每只 $0.2\sim0.5$ mL，并同时应用阿托品，鸡皮下肌肉每只注射 $0.1\sim0.25$ mg。而氟乙酰胺农药中毒，可用解氟灵按每千克体重 0.1 g 肌肉注射，中毒严重的病例还要使用氯丙嗪。

5. 对症治疗

中毒的禽群用葡萄糖溶液饮服,以增强肝脏的解毒功能。此外还应调整家禽体内电解质和体液,增强心脏机能,维持体温。

四、禽常见中毒性疾病

(一)磺胺类药物中毒

磺胺类药物被兽医临床上用于治疗细菌性疾病和球虫病,但此类药物的毒副作用比抗生素大,使用不当易引起中毒。磺胺类药物中毒是指由于用药方法不当或用量过大而引起的一种中毒性疾病。临床特征为家禽共济失调,痉挛麻痹,便秘或腹泻,出现结晶尿、血尿、蛋白尿,肾水肿,颗粒性白细胞缺乏,溶血性贫血。雏禽易发。

1. 诊断要点

(1)病因

①雏禽对磺胺类药物敏感。对 4 周龄雏禽选用复方敌菌净等毒性低的药物,0.3 g/kg添加于饲料中连用 5 d,可引起中毒。

②过量使用。内服药量大或连续使用易引起慢性中毒,若连续用药 7 d 以上,会引起急性严重中毒。

③失水过多。用药的同时,饮水不足或严重腹泻引起体内失水,造成发病。

④混合不匀。添加到饲料中的药物混合不匀可能会引起中毒。

(2)临床症状

雏鸡表现为厌食,羽毛松乱,腹泻,饮欲增加;惊厥,鸡冠苍白或头部肿大呈蓝紫色,有时发生痉挛,麻痹。

产蛋鸡产蛋量急剧下降,产软壳蛋,蛋壳变薄粗糙,颜色变淡。

(3)病理变化

主要特征为全身性出血。雏鸡皮下、胸肌及大腿内侧斑状出血;肝脏肿大,紫红色或黄褐色,表面有出血斑点;肾脏明显肿大,土黄色,表面有紫红色出血斑;输尿管增粗,充满白色尿酸盐,肠道内有弥散性出血斑点,盲肠处积有血液(见彩图 3-1)。

(4)确诊

主要根据用药史,包括用药的种类和剂量,添加方式,供水情况,发病的时间和经过,结合临床症状及病理变化可确诊。如有必要,可对可疑饲料和病禽组织进行毒物检查分析,如果磺胺类药物含量超过 20 mg/kg,就可以诊断为磺胺类药物中毒。

2. 防治措施

见"相关信息单"中任务 2 防治措施。

(二)呋喃类药物中毒

呋喃类药物属于广谱抗菌药,临床应用较广泛,常用的呋喃类药物有呋喃西林、呋喃唑酮(又称痢特灵)和呋喃坦啶(呋喃妥因)3 种,均有毒性,其中呋喃西林毒性最大,兽医临床应用较少,呋喃唑酮在鸡场中应用较多,常因使用过量或连续应用时间较长或拌料不均匀造成中毒。

1. 诊断要点

(1)病因

用药过大,连续服用时间过长;计算失误,饲料搅拌不均匀。

（2）临床症状

病雏表现为精神沉郁，闭眼缩颈，呆立或兴奋，鸣叫，有的头颈反转，扇动翅膀，做转圈运动，有的运动失调，倒地后两腿伸直做游泳姿势，或痉挛、抽搐而死亡。

（3）病理变化

剖检可见口腔黏膜黄染，肌胃内容物呈深黄色，角质膜易剥离。肠黏膜充血、出血，尤以十二指肠最为严重。肠管内容物呈黄色。心肌水肿变性，有出血点，肝脏淤血肿大。

（4）确诊

根据有用痢特灵治疗的病史，结合特征性中枢神经系统紊乱症状和剖检变化，可作出诊断。

2. 防治措施

（1）预防

①准确用药。呋喃唑酮拌饲量为 $0.01\% \sim 0.02\%$，治疗量为 $0.02\% \sim 0.04\%$，最多不能超过 0.06%。内服用量每千克体重 10 mg，一日 2 次。呋喃唑酮难溶于水，一般不用混饮给药。

②控制用药时间。呋喃唑酮一般连用 3～5 d，最多不超过 7 d，如果需继续用药，则停 3 d 后，减半服用。

（2）治疗

服用呋喃类药物中毒后，应立即停用，对病禽灌用 10%糖水，配合维生素 C、维生素 B 肌肉注射，每天 2 次。维生素 B_1 为有效药物，剂量为每只鸡 50～200 mg。

（三）喹乙醇中毒

喹乙醇又叫快育灵，具有促进鸡只生长发育、改善饲料转化率的作用，对大肠杆菌、沙门氏菌、金黄色葡萄球菌、绿脓杆菌等病原菌有很好的抑制作用，其抗菌活性比氯霉素、青霉素、庆大霉素等抗生素要好，是一种价格便宜、使用方便、不易产生抗药性、疗效较高的常用药。但是如果剂量过大或用药时间过长，则易引起中毒。

1. 诊断要点

（1）病因

多因计算错误、重复用药、盲目加大用量、用药时间过长（超过 2 周）、搅拌不匀、药片粉碎不细、饮水投药溶解不全等人为因素引起中毒。

（2）主要症状

易受凉，口渴、食欲锐减或废绝，蹲伏不动，或行走摇摆。幼禽畏寒、扎堆、聚集于热源旁。鸡冠和肉髯变暗红或黑紫色。粪便稀薄，为黄白色。双翅下垂。有的表现神经兴奋，呼吸急促，乱窜急跑等症状。一般中毒后 1～3 d 死亡，病程长的达 7～10 d。死前有的拍翅挣扎，尖叫，角弓反张。慢性病鸭有上喙皱缩畸形。

（3）病理变化

以血液凝固不良和消化道糜烂、出血为特征。剖检可见肝脏肿大、淤血、色暗红，表面有出血点，质脆。胆囊胀大，充满绿色胆汁，心肌迟缓，心外膜充血、出血，腺胃黏膜表面出血，肌胃角质层下有出血点或出血斑，十二指肠黏膜弥漫性出血，泄殖腔严重出血，盲肠充血、出血，盲肠扁桃体肿胀、出血。

（4）鉴别诊断

喹乙醇中毒造成的消化道出血病变与新城疫、最急性禽霍乱相似，应注意区别。喹乙醇中毒时还表现为肝、肾肿大为原来的2～5倍，而新城疫、禽霍乱无此变化。

（5）确诊

根据病鸡冠呈紫黑色，不食或食欲差，排绿色稀粪，血凝不良，消化道糜烂出血等症状和病理变化，结合询问用药史，可做出诊断。

2. 防治要点

（1）预防

①按规定剂量和连续用药时间喂服，并防止计算用量的误差。预防用量为每吨饲料添加80～100 g，连用1周后，停药3～5 d；治疗量按每千克体重20～30 mg，混于饲料中喂服，或每千克饲料中拌入400～450 mg，每天1次，连用3 d。必要时隔3～4 d重复一个疗程。

②混入饲料要混拌均匀。先将少量喹乙醇与少量饲料混匀，然后逐渐扩大并搅拌均匀，最后再混入全部饲料中，同时还应保证鸡群有充足的饮水。

（2）治疗

①发现中毒，立即停用含有喹乙醇的饲料，供给硫酸钠水溶液饮水，严重者可逐只灌服；然后再用5%葡萄糖水或0.5%的碳酸氢钠溶液并按每千克加入维生素C 1 mg，维生素 B_6 0.2 mg。

②在饲料中添加维生素 K_3 片，每千克饲料加24 mg，连用1周，同时在饲料中添加氯化胆碱以保护肝、肾等脏器，减少死亡。

（四）食盐中毒

食盐的主要成分是氯化钠，它是鸡生长发育不可缺少的物质之一。适量添加到饲料中饲喂，可以增加饲料的适口性和增进食欲，而且满足了机体维持体液渗透压和调节体液容量的需要。因鸡，尤其是雏鸡对食盐比较敏感，加之鸡对咸味没有鉴别能力，所以日粮中食盐添加过多或饮水不足，则可引起食盐中毒。当雏鸡饲料中含盐量达到0.7%，成鸡饲料含盐量达到1%时，即会引起明显的口渴和粪便含水量增加；如果雏鸡饲料中含盐量达到1%，成鸡饲料含盐量达到3%时，即可引起中毒死亡。

1. 诊断要点

（1）病因

发生本病主要是由于饲料中食盐含量过高。具体原因有：

①饲料配方计算失误；

②食盐在饲料中搅拌不均匀；

③鸡摄入了含盐量过高的鱼粉或剩菜；

④饮水供应不足。

（2）临床症状

氯化钠中毒的家禽临诊症状与其他动物不完全相同，尤其是运动兴奋等神经症状不明显或不出现。病禽大多行走困难或不能站立走动，两脚无力，末梢麻痹，甚至瘫痪。病鸡无食欲，饮欲增强，口鼻流出大量的分泌物，嗉囊扩张，下痢，呼吸困难，卧地挣扎站立不起来，最后衰竭而死。病雏鸭的症状同上，只是常常头颈旋转，胸腹朝天卧地站不起来。

（3）病理变化

病死家禽嗉囊中充满黏液，黏膜易脱落。腺胃和小肠有卡他性或出血性炎症。脑膜血管显著充血扩张，并常见有针尖大出血点，以及脑炎病变。心脏扩张，心包积液，心外膜有出血点。肝脏有不同程度的淤血，并有出血点和出血斑。皮下组织和肺脏皆有水肿。病鸡的肾脏、输尿管和排泄物中有尿酸盐沉积。

（4）确诊

根据病鸡饮水量大增，排水样粪便，口鼻流出大量黏液，呼吸困难和神经症状，结合剖检变化特征，测定饲料中食盐的含量，即可做出诊断。

2. 防治措施

（1）预防

严格控制饲料中食盐的含量，注意搅拌均匀，盐粒要细，保证供水不间断。

雏鸡饲料中食盐的含量应占饲料的 0.25%～0.5%为宜，防止食盐含量过高。

（2）治疗

发现可疑食盐中毒时，首先要立即停用可疑的原饲料，更换新鲜的饮用水和低盐饲料。饮水中加 5%葡萄糖水；严重中毒的鸡要适当控制饮水，间断地逐渐增加饮水量，同时皮下注射 20%安钠咖，成鸡 0.5 mL/只，幼鸡 0.1～0.2 mL/只，饮水中加 10%葡萄糖水和维生素 C，连用数天。

（五）黄曲霉毒素中毒

黄曲霉毒素中毒是鸡采食了被黄曲霉菌、毛霉菌、青霉菌侵染的饲料，尤其是采食了由黄曲霉菌侵染后产生的黄曲霉毒素而引起的一种中毒病，黄曲霉毒素对禽和人类都有很强的毒性，该病为人畜共患。临床上以肝脏受损，全身性出血，腹水，消化机能障碍和神经症状等为特征。

1. 诊断要点

（1）病因

黄曲霉菌属于真菌，广泛存在于自然界，在温暖潮湿的环境中容易生长繁殖，以花生、玉米、黄豆、棉籽等作物及其副产品最容易感染黄曲霉，在潮湿、温暖的条件下，发霉变质后霉菌可大量繁殖，产生黄曲霉毒素，鸡食入这些发霉变质的饲料后即可引起发病。

黄曲霉毒素的毒性相当于氰化物的 100 倍。它在正常的饲料和食物中相当稳定，对漂白粉敏感。目前已发现的黄曲霉毒素及其衍生物已有 20 多种。

（2）临床症状

家禽中以鸭雏和火鸡对黄曲霉毒素最为敏感，中毒多为急性经过。多数病雏鸭食欲丧失，步态不稳，共济失调，颈肌痉挛，以呈现角弓反张症状而死亡。火鸡多为 2～4 周龄的发病死亡，8 周龄以上的火鸡对黄曲霉毒素有一定的抗性。雏火鸡发病后，表现嗜睡、食欲减退、体重减轻、翅下垂，脱毛、腹泻、颈肌痉挛和角弓反张。病雏鸡的症状基本上与鸭雏和雏火鸡的相似，但鸡冠淡染或苍白，腹泻的稀粪便多混有血液。成年鸡多呈慢性中毒症状，主要呈现恶病质，降低对沙门氏杆菌等致病性微生物的抵抗力，使母鸡引起脂肪肝综合征，产蛋率和孵化率有所降低。

（3）病理变化

病死家禽在肝脏有特征性损害。急性型的肝脏肿大，弥漫性出血和坏死。亚急性和慢性型的发生肝细胞增生、纤维化和硬变，肝体积缩小。病程在 1 年以上者，可发现肝细胞瘤、肝细胞癌或胆管癌。

（4）确诊

首先调查病史，检查饲料品质与霉变情况，采食可疑饲料的家禽发病，不采食此批饲料的则不发病，发病的家禽无传染性表现。然后结合临床症状和病理变化等进行综合分析，可做出初步诊断。确诊需第一步做黄曲霉毒素的测定。测定常用荧光反应法，操作如下：

取有代表性的可疑饲料样品 2～3 kg，分批盛于盘内，分摊成薄层，直接放在 365 nm 波长的紫外灯下观察荧光。如果样品存在黄曲霉毒素，可见到蓝紫色或黄绿色荧光。若看不到荧光，可将颗粒捣碎后再观察。

必要时还可做动物饲喂发病试验。

2. 防治措施

（1）预防

预防本病根本措施是做好饲料保管，不喂发霉饲料。要求饲料仓库要注意通风换气、防潮。作物收割后应充分晾晒，尽快干燥，水分含量达到谷粒为 13%，玉米为 12.5%，花生仁为 8% 以下。

坚持不用发霉变质的饲料。

饲料仓库若被黄曲霉毒素污染，需用福尔马林熏蒸或过氧乙酸喷雾，以便杀死真菌孢子。凡被毒素污染的用具、鸡舍、地面用 2% 次氯酸钠消毒。中毒死亡鸡和其内脏、排泄物等要妥善处理，防止二次污染。

（2）治疗

一旦发生，更换含有毒素的饲料。目前尚无治疗本病的特效药物，对中毒鸡只能采取对症治疗，常用措施有：

饮用 5% 葡萄糖水，有一定的保肝解毒作用。灌服高锰酸钾水，破坏消化道内毒素，以减少吸收。同时对禽群加强饲养管理，有利于鸡的康复。

（六）一氧化碳中毒

一氧化碳中毒是由于家禽吸入过高的一氧化碳所引起的以全身组织缺氧为主要特征的一种中毒性疾病。

1. 诊断要点

（1）病因

一氧化碳俗称煤气，是无色、无味、无刺激性气体，吸入后易与血红蛋白结合，使其失去携带氧的能力，导致全身组织缺氧而中毒。在寒冷季节里，禽舍和育雏室常用煤炉或木炭炉取暖保温，由于通风不良或暖炕有裂隙等，会导致室内空气中一氧化碳浓度过高，雏禽饲养在此环境中最易中毒。空气中含 0.1%～0.2% 的一氧化碳，就会引起中毒，含一氧化碳 0.3% 时，可使家禽急性中毒而窒息死亡。

（2）临床症状

家禽轻度中毒，呈咳嗽、流泪、呼吸困难，此时空气如能改善新鲜，不治疗可以自然康复。若不改善空气，家禽则转入亚急性和慢性中毒，表现精神沉郁，食欲减退，羽毛蓬乱，易诱发其他呼吸道和其他群发病。重度中毒，表现为烦躁不安，不久转入呆立、昏睡或瘫痪，呼吸困难，头向后仰，死前发生痉挛和惊厥。最后呼吸和心脏麻痹而死亡。

(3)病理变化

剖检可见肺、心呈樱桃红色，肝、脾、心、肺和血管等表面有小出血点。慢性中毒者，心、肝、脾等器官体积增大，有时可发现心肌纤维和大脑组织学改变。

(4)确诊

根据发病禽舍有燃煤取暖的情况，结合本病的临床病状及病理变化可初步诊断。在此基础上，在实验室化验病鸡血液中血红蛋白含量即可确诊。

血液中血红蛋白化验方法：取病鸡血液 3 滴，加 3 mL 蒸馏水稀释，再加入 10% 氢氧化钠溶液 1 滴。用正常鸡血液做对照。

结果判定：对照的正常鸡血液变为棕绿色。病鸡血呈淡红色而不变，则判定为血中有碳氧血红蛋白，从而判定为一氧化碳中毒。

2. 防治措施

(1)预防

检查并及时解决暖炕裂缝、烟囱堵塞、倒烟、无烟囱等问题，舍内要设有风斗或通风孔，保持室内通风良好。

(2)治疗

发现中毒后，立即打开门窗，开动风扇，换进新鲜空气。或者将鸡全部迁入另外的鸡舍中。

●●●● 拓展阅读

"糖丸爷爷"顾方舟

禽蛋中的"药残"危害及防控措施

计 划 书

学习情境 3	禽中毒性疾病		
计划方式	小组讨论、同学间互相合作共同制订计划		
序号	实施步骤	使用资源	备注
制订计划说明			

计划评价	班　　级		第　　组	组长签字	
	教师签字			日　　期	
	评语：				

决策实施书

学习情境 3	禽中毒性疾病

<table>
<tr><td colspan="8" align="center">讨论小组制订的计划书，做出决策</td></tr>
<tr><td rowspan="7">计划对比</td><td>组号</td><td>工作流程的正确性</td><td>知识运用的科学性</td><td>步骤的完整性</td><td>方案的可行性</td><td>人员安排的合理性</td><td>综合评价</td></tr>
<tr><td>1</td><td></td><td></td><td></td><td></td><td></td><td></td></tr>
<tr><td>2</td><td></td><td></td><td></td><td></td><td></td><td></td></tr>
<tr><td>3</td><td></td><td></td><td></td><td></td><td></td><td></td></tr>
<tr><td>4</td><td></td><td></td><td></td><td></td><td></td><td></td></tr>
<tr><td>5</td><td></td><td></td><td></td><td></td><td></td><td></td></tr>
<tr><td>6</td><td></td><td></td><td></td><td></td><td></td><td></td></tr>
</table>

<table>
<tr><td colspan="3" align="center">制订实施方案</td></tr>
<tr><td>序号</td><td>实施步骤</td><td>使用资源</td></tr>
<tr><td>1</td><td></td><td></td></tr>
<tr><td>2</td><td></td><td></td></tr>
<tr><td>3</td><td></td><td></td></tr>
<tr><td>4</td><td></td><td></td></tr>
<tr><td>5</td><td></td><td></td></tr>
<tr><td>6</td><td></td><td></td></tr>
</table>

实施说明：

班　级		第　　组	组长签字	
教师签字			日　期	
	评语：			

评价反馈书

学习情境3	禽中毒性疾病				
评价类别	项目	子项目	个人评价	组内评价	教师评价
专业能力 （60%）	资讯（10%）	查找资料，自主学习（5%）			
		资讯问题回答（5%）			
	计划（5%）	计划制订的科学性（3%）			
		用具材料准备（2%）			
	实施（25%）	各项操作正确（10%）			
		完成的各项操作效果好（6%）			
		完成操作中注意安全（4%）			
		使用工具的规范性（3%）			
		操作方法的创意性（2%）			
	检查（5%）	全面性、准确性（3%）			
		操作中出现问题的处理（2%）			
	结果（10%）	提交成品质量			
	作业（5%）	及时、保质完成作业			
社会能力 （20%）	团队协作 （10%）	小组成员合作良好（5%）			
		对小组的贡献（5%）			
	敬业、吃苦 精神（10%）	学习纪律性（4%）			
		爱岗敬业和吃苦耐劳精神（6%）			
方法能力 （20%）	计划能力 （10%）	制订计划合理			
	决策能力 （10%）	计划选择正确			
意见反馈					
请写出你对本学习情境教学的建议和意见：					

评价 评语	班　级		姓　名		学　号		总　评	
	教师签字		第　组		组长签字		日　期	
	评语：							

学习情境 4

禽营养代谢性疾病

●●●●● 学习任务单

学习情境 4	禽营养代谢性疾病			学　时	12
布置任务					
学习目标	知识目标 　1. 掌握禽营养代谢性疾病的发病特点。 　2. 掌握营养代谢性疾病的发病原因和诊断方法。 技能目标 　1. 对能引起本症状的营养因素进行分析，找出病因，对疾病做出正确诊断。 　2. 能够对诊断出的营养代谢性疾病予以合理治疗。 　3. 根据禽场的具体情况，制定合理的营养代谢病的防治措施。 素养目标 　1. 树立科学饲养和疾病防治相结合、预防大于治疗的疾病防治理念，培养养禽业的大局观。 　2. 对养殖户有体恤之心，在科学诊病和用药的同时，树立使养殖户损失最小化的意识。				
任务描述	1. 通过解答资讯问题和完成教师布置的课业，对禽常见营养代谢性疾病的种类和基本特征有初步认识。 　2. 针对病例进行禽场的流行病学调查，查清发病禽场流行病学基本情况，并对调查的情况进行归纳、整理、分析，查找营养代谢性疾病发生的原因。 　3. 针对病例进行临床诊断，查清禽群体发病症状和病(死)禽的临床表现。 　4. 对病例中的病(死)禽进行病理剖检，查清其病理变化。 　5. 结合资讯内容，查找相关资料，对病例做出诊断。 　6. 结合资讯内容，查找相关资料，对确诊的疾病提出预防措施并实施。 　7. 学习"相关信息单"中的"相关知识"内容，熟练掌握禽常见营养代谢性疾病的诊断要点和防治措施，对"资讯问题"能正确解答。				
学时分配	资讯 5 学时	计划 1 学时	决策 1 学时	实施 3 学时	考核 1 学时 / 评价 1 学时
提供资料	1. 相关信息单 　2. 教学课件 　3. 禽病防治网：http://www.yangzhi.com/zt2010/ dwyy_dwmz_qin.html 　4. 中国禽病论坛网：http://www.qinbingluntan.com/				

续表

对学生要求	1. 按任务资讯单内容，认真准备资讯中的问题。 2. 按各项工作任务的具体要求，认真设计及实施工作方案。 3. 严格遵守实验室管理制度，避免安全事故发生。 4. 严格遵守禽场卫生消毒制度，防止疾病传播。 5. 严格遵守禽场劳动纪律，认真对待各项工作。 6. 以学习小组为单位完成各项任务，锻炼协作能力。

●●●●● 任务资讯单

学习情境 4	禽营养代谢性疾病
资讯方式	学习"相关信息单"中的"相关知识"、观看视频、到本课程网站和相关网站查询资料、到图书馆查阅相关书籍。向指导教师咨询。
资讯问题	1. 禽营养代谢性疾病有何发病特点？ 2. 禽营养代谢性疾病的发病原因有哪些？ 3. 维生素 A 缺乏症的发病原因有哪些？ 4. 维生素 A 缺乏症的典型症状是什么？ 5. 如何防治维生素 A 缺乏症？ 6. 维生素 B 族缺乏症的发病原因有哪些？ 7. 维生素 B_1 缺乏症的典型症状是什么？ 8. 如何防治维生素 B_1 缺乏症？ 9. 维生素 B_2 缺乏症的典型症状是什么？ 10. 如何防治维生素 B_2 缺乏症？ 11. 钙磷缺乏症的发病原因有哪些？ 12. 钙磷缺乏症的典型症状是什么？ 13. 如何防治钙磷缺乏症？ 14. 维生素 E-硒缺乏症主要表现几种类型？ 15. 维生素 E-硒缺乏症的主要病因有哪些？ 16. 维生素 E-硒缺乏症特征性病变是什么？ 17. 如何防治维生素 E-硒缺乏症？ 18. 禽痛风病的病因有哪些？ 19. 禽痛风病的特征性病理变化是什么？ 20. 如何防治家禽痛风？ 21. 鸡脂肪肝综合征与哪些因素有关？ 22. 如何防治鸡脂肪肝综合征？ 23. 肉鸡猝死综合征的发病特点是什么？ 24. 如何预防肉鸡猝死综合征？ 25. 鸡舍温度超过多少度才能发生中暑？ 26. 鸡舍防暑降温有哪些方法？ 27. 啄癖发病的原因有哪些？ 28. 如何预防啄癖？

续表

资讯问题	29. 如何预防肉鸡腹水综合征？ 30. 如何预防笼养蛋鸡疲劳综合征？ 31. 如何预防应激综合征？
资讯引导	1. 在信息单中查询； 2. 进入相关网站查询； 3. 查阅教师提供课件； 4. 查阅相关资料。

●●●●● 相关信息单

【学习情境 4】
禽营养代谢性疾病

项目　禽营养代谢性疾病病例的诊断与防治

 病例

　　某养鸡户饲养的 1 000 只海蓝蛋雏鸡，喂自己按常规标准配制的饲料，并在 50 kg 饲料中添加某品牌多维素 5 g，微量元素 50 g（按厂家说明，每 500 g 拌料 500 kg），骨粉 0.5 kg，然后用开水烫料拌匀喂鸡；饲养到 16 日龄时，发现有 128 只雏鸡发病，20 日龄日发病鸡增至 376 只，死亡 177 只。病鸡表现为瘦弱、体型小，食欲差，脚爪向内蜷曲，不能行走，强行驱赶时跪地行走，张开两翅。病雏体温一般正常，个别病鸡排白色稀便。邻近鸡场没有此种发病现象。经兽医人员剖检 20 例病死鸡，见尸体消瘦，两侧坐骨神经和臂神经显著肿大、变软，为正常的 4～6 倍，胃肠道黏膜萎缩，肠内有泡沫样内容物。取 5 例病变较明显的心血和肝组织，经抹片用革兰氏染色后镜检，没有发现病菌。同时做细菌培养结果为阴性。

任务 1　诊断病例

一、现场诊断

（一）流行病学调查

　　根据流行病学调查的基本方法，对病例中的鸡场进行流行病学调查，整理该病例的流行病学特点，通过查阅"提供材料"和学习"相关知识"，对病例的流行病学特点进行分析，见表 4-1。

表 4-1　病例的流行病学表现及分析

病例表现	特点概要	分　析
某养鸡户饲养的 1 000 只海蓝蛋雏鸡，喂自己按常规标准配制的饲料，并在 50 kg 饲料中添加某品牌多维素 5 g，微量元素 50 g（按厂家说明，每 500 g 拌料 500 kg），骨粉 0.5 kg，然后用开水烫料拌匀喂鸡；饲养到 16 日龄时，发现有 128 只雏鸡发病，20 日龄日发病鸡增至 376 只，死亡 177 只。邻近鸡场没有此种发病现象。取 5 例病变较明显的心血和肝组织，经抹片用革兰氏染色后镜检，没有发现病菌。同时做细菌培养结果为阴性。	①雏鸡发病。 ②发病率和死亡率较高。 ③没有传染性。 ④没有细菌感染。 ⑤自配饲料，营养添加较全面。 ⑥多维素等添加剂添加中经开水烫料。	①排除传染性疾病。 ②排除细菌性传染病。 ③因开水烫料，怀疑维生素 B_1、B_2 被破坏，造成缺乏。

（二）临床检查

按照临床检查的基本方法和检查内容，对病例发病鸡群进行检查，并在查阅"提供材料"和学习"相关知识"的基础上，并其症状进行整理分析，见表 4-2。

表 4-2　病例的临床表现及分析

病例表现	特点概要	分　析
病鸡表现为瘦弱、体型小，食欲差，脚爪向内蜷曲，不能行走，强行驱赶时跪地行走，张开两翅。病雏体温一般正常，个别病鸡排白色稀便。	①生长缓慢。 ②脚爪向内蜷曲。 ③体温正常。	与维生素 B_2 缺乏症的临床症状特点相符合。

（三）病理剖检

按照鸡剖检的术式和检查方法，对病例鸡群的病鸡或死鸡进行剖检。在查阅"提供材料"和学习"相关知识"的基础上，找出该病例的特征性病理变化，进行整理分析。分析情况见表 4-3。

表 4-3　病例的病理变化及分析

病例表现	特点概要	分　析
经兽医人员剖检 20 例病死鸡，见尸体消瘦，两侧坐骨神经和臂神经显著肿大、变软，为正常的 4~6 倍，胃肠道黏膜萎缩，肠内有泡沫样内容物。	①两侧坐骨神经和臂神经显著肿大。 ②胃肠黏膜萎缩。	与维生素 B_2 缺乏症的病理变化相符合。

二、确诊

本病例根据流行病学调查，了解到多维素在添加时用开水烫过，因维生素 B_2 遇高温易被破坏，有引起维生素 B_2 缺乏的可能。结合病死鸡临床症状与病理变化具有维生素 B_2 的缺乏症的典型特征，可确诊为维生素 B_2 缺乏症。

任务 2　维生素 B_2 缺乏症的防治

一、处理及治疗

在饲料中添加核黄素。每千克饲料中加核黄素 10~20 mg，连用 1~2 周，同时适当增加多维素的用量。对个别重症病例，用核黄素内服，一次量，成年鸡每羽 1~2 mg，每日 1 次，连用 3 d。对于趾爪蜷曲不能站立的，予以淘汰。

二、预防

注意选用富含维生素 B_2 的饲料喂鸡群；在饲料加工过程中应避免在阳光下曝晒或混入碱性物质。维生素 B_2 推荐添加量为每千克饲料加入 5～8 mg。

●●●● 必备知识

一、禽营养代谢性疾病的发病特点

(一)群体发病

在集约饲养条件下，特别是饲养失误或管理不当造成的营养代谢病，常呈群发性，同舍或不同鸡舍的鸡同时或相继发病，表现相同或相似的临床症状。

(二)起病缓慢

营养代谢病的发生一般要经历化学变化、病理学改变及临床异常三个阶段。从病因作用至呈现临床症状常需数周、数月甚至更长时间。

(三)常以营养不良和生长性能低下为主症

营养代谢病常影响禽类的生长、发育、成熟等生理过程，表现为生长停滞、发育不良、消瘦、贫血、异嗜、体温低下等营养不良症候群，产蛋、产肉减少。

(四)多种营养物质同时缺乏

在慢性消化道疾病、慢性消耗性疾病等营养性衰竭症中，机体缺乏的不仅是一种蛋白质，其他营养物质，如铁、维生素等也显不足。

(五)地方流行

由于地质化学方面的原因，土壤中一些矿物质元素分布很不均衡。我国缺硒地区分布在北纬 21°～53°和东经 97°～130°之间，约占我国国土总面积的 1/3，这些地区要注意硒缺乏症。我国北方省份大都处在低锌地区，以华北面积为最大，在这些地区应注意锌缺乏症。

二、禽营养代谢性疾病的发病原因

(一)营养物质摄入不足或过剩

饲料的短缺、单一、质地不良、饲养不当等均可造成营养缺乏。为提高鸡的生产性能，盲目采用高营养饲喂，常导致营养过剩，如日粮中动物性蛋白饲料过多，常引发鸡痛风等。

(二)营养物质需要量增加

产蛋及生长发育旺期，对各种营养物质的需要量增加；患慢性寄生虫病、鸡马立克氏病等慢性疾病对营养物质的消耗增多。

(三)营养物质吸收不良

一是消化吸收障碍，如慢性胃肠疾病、肝脏疾病及胰腺疾病；二是饲料中存在干扰营养物质吸收的因素，如磷酸盐、植酸盐过多，降低钙的吸收等。

(四)参与代谢的酶缺乏

一类是获得性缺乏，见于重金属中毒、有机磷农药中毒；另一类是先天性酶缺乏，见于遗传性代谢病。

（五）内分泌机能异常

如锌缺乏时，血浆胰岛素和生长激素含量下降等。

三、禽营养代谢性疾病的诊断要点

禽营养代谢病的示病症状较少，亚临床病例较多，常与传染病、寄生虫病并发，一般为其所掩盖。因此，营养代谢病的诊断应依据流行病学调查、临床检查、治疗性诊断、病理学检查以及实验室检查等方面，结合确定。

（一）流行病学调查

着重调查疾病的发生情况，如发病季节、病死率、主要临床表现及既往病史等；饲养管理方式，如日粮配合及组成、饲料的种类及质量、饲料添加剂的种类及数量、饲养方法及程序等；环境状况，如土壤类型、水源资料及有无环境污染等。

（二）临床检查

应全面系统，并对所收集的症状，参照流行病学资料进行综合分析。根据临床表现有时可大致推断营养代谢的可能病因。如鸡的不明原因的跛行，骨骼异常，可能是钙磷代谢障碍病。

（三）治疗性诊断

为验证依据流行病学和临床检查结果建立的初步诊断或疑问诊断，可进行治疗性诊断，即补充某一种或几种可能缺乏的营养物质，观察其对疾病的治疗作用和预防效果。治疗性诊断可作为营养代谢病的主要临床诊断手段和依据。

（四）病理学检查

有些营养代谢病可呈现特征性的病理学变化，如鸡患关节型痛风时，关节腔内有尿酸盐结晶沉积，维生素 A 缺乏时鸡的上消化道和呼吸道黏膜角化不全等。

（五）实验室检查

主要测定患病个体与发病禽群血液、羽毛及组织器官等样品中某种（或某些）营养物质及相关酶、代谢产物的含量，作为早期诊断和确定诊断的依据。

（六）饲料分析

饲料中营养成分的分析，提供各营养成分的水平及比例等方面的资料，可作为营养代谢病，特别是营养缺乏病病因诊断的直接证据。

四、禽常见营养代谢性疾病

（一）维生素 A 缺乏症

维生素 A 缺乏症是由于动物缺乏维生素 A 引起的以分泌上皮角质化和角膜、结膜、气管、食管黏膜角质化、夜盲症、干眼病、生长停滞等为特征的营养缺乏性疾病。维生素 A（又称视黄醇），是家禽生长发育、视觉和维持器官黏膜上皮组织正常生长和修复所必需的营养物质，与家禽的免疫功能和抗病能力密切相关。

1. 诊断要点

（1）病因

鸡对维生素 A 的需要量与日龄、生产能力及健康状况有很大关系。引起维生素 A 缺乏的原因主要有：

① 饲料中维生素 A 供给不足或需要量增加。鸡体不能合成维生素 A，必须从饲料中采食维生素 A 或类胡萝卜素。不同生理阶段的鸡，对维生素 A 的需求量不同，在正常情

况下，每千克饲料的最低添加量为：雏鸡和育成鸡1 500 IU，肉用仔鸡2 700 IU，产蛋鸡4 000 IU。应分别供给质量较好的成品料，否则就会引起维生素A缺乏症。

② 维生素A配入饲料后时间过长，或饲料中缺乏维生素E，不能保护维生素A免受氧化，而造成失效。此外，维生素A性质不稳定，非常容易失活，在饲料加工工艺条件不当时，损失很大。饲料存放时间过长、饲料发霉、烈日曝晒等皆可造成维生素A和类胡萝卜素损坏，脂肪酸败变质也能加速其氧化分解过程。

③ 以大白菜、卷心菜等含胡萝卜素很少的青绿植物代替维生素A。

④ 长期患病，胃肠道吸收障碍，腹泻，或肝胆疾病影响饲料中维生素A的吸收、利用及贮藏。肝脏中贮存的维生素A消耗很多而补给不足。

⑤ 日粮中蛋白质和脂肪供给不足，不能合成足够的视黄醇。结合蛋白质运送维生素A，脂肪不足会影响维生素A类物质在肠道中的溶解和吸收。饲料中蛋白质含量过低，维生素A在鸡的体内不能正常移送，即使供给充足也不能很好地发挥作用。

⑥ 种鸡缺乏维生素A，其所产的种蛋及勉强孵出的雏鸡也都缺乏维生素A。

（2）临床症状

雏鸡和初开产鸡常易发生维生素A缺乏症。

雏鸡和雏火鸡表现为厌食，生长停滞、倦睡、虚弱、运动失调、瘫痪、不能站立、消瘦和羽毛蓬乱。黄色鸡种喙色素消退，冠和肉垂苍白。急性维生素A缺乏时，通常出现流泪，且眼睑下可见干酪样物。干眼病是维生素A缺乏的一个典型症状，但并非所有的雏鸡和雏火鸡都表现有此症状，因为急性缺乏时，雏禽经常是在眼睛受到侵害之前便死于其他原因。对于雏鸡，如不及时补充维生素A，会造成大批死亡。

成年鸡通常在2～5个月内出现症状，一般呈慢性经过。维生素A轻度缺乏，鸡的生长、产蛋、种蛋孵化率及抗病能力受到一定影响，但往往不易被察觉。

发病鸡表现为精神沉郁，食欲不振，渐进性消瘦，羽毛蓬乱，鼻孔和眼睛常有水样或牛奶样排泄物，眼睑常被粘连在一起。随着病程的发展，眼中可有白色干酪样物积聚，眼球凹陷，角膜混浊呈云雾状、变软或穿孔，最后失明。鼻孔流出大量黏稠鼻液，病鸡呈现呼吸困难。鸡群呼吸道和消化道黏膜抵抗力降低，易诱发传染病。继发或并发家禽痛风或骨骼发育障碍所致的趾爪蜷曲，步态不稳，运动无力、缺乏灵活性，甚至瘫痪。鸡冠白有皱褶，爪、喙色淡。母鸡产蛋量下降，停产期间隔延长，种蛋孵化率降低。成年公鸡繁殖力下降，精液品质退化，精子数量减少，精子活力降低，且畸形精子率增高，受精率低。

（3）病理变化

剖检可见口腔、咽部及食道黏膜上皮角质化脱落，黏膜上出现许多灰白色小结节，破溃后形成溃疡。有时融合成片，形成假膜，但剥离后黏膜完整无出血溃疡现象，为本病的特征性病变，成年鸡比雏鸡明显。结膜炎或鼻窦肿胀，内有黏性的或干酪样的渗出物。严重时肾脏呈灰白色，有尿酸盐沉积。小脑肿胀，脑膜水肿，有微小出血点。

（4）确诊

临床上根据病鸡眼的典型症状及消化道、泌尿道的典型病变，一般可做出诊断。诊断时，注意与白喉型鸡痘及内脏型痛风等进行鉴别。结合发病原因分析，可确诊。

2. 防治措施

（1）治疗

① 对于严重缺乏维生素A的家禽，雏鸡与育成鸡日给予每千克饲料中含有效维生

素 A 不低于 5 000 IU，产蛋鸡、种鸡不低于 8 000 IU。维生素 A 吸收很快，如果不是缺乏症的后期，家禽会很快恢复。

②全价饲料中添加合成抗氧化剂，防止维生素 A 在贮存期间氧化损失。防止饲料贮存过久，不要预先将脂溶性维生素 A 掺入到饲料或存放于油脂中。避免将已配好的饲料和原料长期贮存。

③改善饲料加工调制条件，尽可能缩短必要的加热调制时间。

④已经发病的鸡只可用添加治疗剂量的饲料治愈，治疗剂量可按正常需要量的 3～4 倍混料喂，连喂约 2 周后再恢复正常，或每千克饲料 5 000 IU 维生素 A，疗程一个月。也可以应用如下的药物治疗：鱼肝油 1～2 mL，用法：一次喂服或肌肉注射，每日 3 次，连用数日。维生素 A 注射液 0.25～0.5 mL，用法：一次肌肉注射，每日 1 次，连用数日。3％硼酸水溶液冲洗患眼，然后再涂上抗生素眼膏（适用于维生素 A 缺乏所致的眼炎）。

（2）预防

为防止幼禽的先天性维生素 A 缺乏症，种禽饲料中必须含有充足的维生素 A。注意饲料的保管和调配，宜现配现喂，不宜长期保存，防止发生酸败、霉变、发酵、发热和氧化，以免维生素 A 被破坏。平时多喂富含维生素 A 或维生素 A 原的饲料，如鱼肝油、牛奶、肝粉、胡萝卜、南瓜和各种青绿饲料等。

近年来，对维生素 A 的研究结果表明，维生素 A 除具有促进机体生长、维持上皮组织的正常功能、参与视紫红质的合成等功能外，还有增强免疫细胞的功能，从而提高机体的抗病能力。因此，在家禽饲料中适当提高维生素 A 的含量，对提高经济效益可起到积极的作用。

（二）维生素 B_1 缺乏症

维生素 B_1 缺乏症是由维生素 B_1 缺乏引起的，以神经组织病变和糖类代谢障碍为主要临床特征的一种营养代谢性疾病。维生素 B_1 又称硫胺素、抗神经炎维生素，是动物体内许多酶的辅酶，参与糖类代谢，对维持神经组织和心脏的正常功能，维持正常肠蠕动及消化道内的脂肪吸收均起到一定作用。维生素 B_1 广泛存在于植物性饲料中，特别是糠麸类饲料含有较多的维生素 B_1。根茎类饲料含量少，干酵母中含量最为丰富。人工合成的维生素 B_1 为盐酸盐，溶于水，在酸性环境下稳定，而在碱性和中性环境下受热时易破坏。

1. 诊断要点

（1）病因

在一般配合饲料中维生素 B_1 不会缺乏。造成维生素 B_1 缺乏的主要原因是由于饲料中硫胺素遭受破坏所致。

①日粮被蒸煮加热，或饲料中混有碱性物质加速了硫胺素的破坏。

②日粮中含有硫胺素拮抗物质如绿豆、米糠和氨丙啉等。

③长期饲喂缺少糠麸的精磨谷物饲料，饲料长期贮存，发霉变质，大量使用劣质鱼粉（霉变饲料和劣质鱼粉含有硫胺酶）。

④消化道吸收不良，影响了维生素 B_1 的利用。

（2）临床症状

雏鸡发病较突然，多发生于 2 周龄的雏鸡。特征性症状为多发性神经炎。表现为腿、翅、颈的伸肌痉挛，病鸡跗关节和尾部着地，头向背后极度弯曲，角弓反张，呈典型的

"观星"姿势。有时倒地侧卧，头仍向后仰。

成年鸡发病过程比较缓慢，约 3 周后才出现症状。病初厌食、体重减轻，鸡冠常呈蓝紫色，继而神经症状逐渐明显，开始时脚趾的屈肌麻痹，逐渐发展到腿、翅、颈部的伸肌出现麻痹，行走困难。

鸭头部常偏向一侧，阵发性的团团打转，最后全身抽搐，呈角弓反张状死亡。

（3）病理变化

雏鸡肾上腺肥大，生殖器官萎缩，胃肠壁严重萎缩变薄，心脏轻度萎缩。

（4）确诊

多发于雏鸡，根据运动障碍症状，剖检病变及维生素 B_1 制剂治疗是否有效果等即可作出诊断。

2. 防治措施

（1）预防

①在饲料中添加维生素 B_1。饲养标准规定：鸡对维生素 B_1 的需要量为每千克饲料雏鸡 1.8 mg，育成鸡 1.3 mg，产蛋鸡和种鸡 0.8 mg，鸡对维生素 B_1 的需要量很大，实践中推荐补充量为每千克饲料 2～3 mg。

②保证饲料新鲜。配合饲料不宜放太久；避免用劣质鱼粉作为饲料原料；适当选用一些富含维生素 B_1 的原料，如各种谷类、麸皮和啤酒酵母等。

③在炎热的夏季，鸡群患有胃肠道疾病时，可适当增加维生素 B_1 的添加量。

（2）治疗

对大群病鸡可用硫胺素治疗，每千克饲料添加 5～10 mg，连用 1～2 周；重病鸡可肌注维生素 B_1，雏鸡每次 1 mg，成年鸡 5 mg，每日 1～2 次，连用数日。治疗期间多种维生素添加剂量可提高到 500 g/t。

（三）维生素 B_2 缺乏症

维生素 B_2 缺乏症是由维生素 B_2 缺乏引起的以病鸡趾爪向内蜷曲、物质代谢障碍为特征的一种营养缺乏病。维生素 B_2 又称核黄素，呈橘黄色结晶，微溶于水，易溶于碱性溶液，对光、碱、重金属敏感，易被破坏。维生素 B_2 是机体内许多氧化还原酶类的辅助因子，调节细胞呼吸的氧化还原过程，对糖类、蛋白质和脂肪代谢具有十分重要的作用。常用的鸡饲料原料中维生素 B_2 的含量有限，谷实类饲料中的含量均满足不了鸡的需要，故在配合饲料中应补充。

1. 诊断要点

（1）病因

①饲料长期贮存、经常曝晒或饲料配方中含有碱性物质。

②饲料中维生素 B_2 含量不足或多维素添加剂质量低劣。一般配合饲料每千克所含维生素 B_2 的含量应在 3 mg 左右，生产中一般用多维素加以补充。多维素中的维生素 B_2 遇到光线及碱性物质易于失效，故要当天配，当天用。

③饲喂高脂肪低蛋白，或者动物处于低温状态对维生素 B_2 的需要量增加。

④药物的拮抗作用或肠胃疾病影响维生素 B_2 的吸收和转化。

（2）临床症状

雏鸡维生素 B_2 缺乏症一般发生在 2 周龄至 1 月龄。病鸡表现生长缓慢，皮肤干而粗糙，消化机能紊乱，特征性的症状是产生蜷爪麻痹症，趾爪向内蜷曲成拳状，中趾尤为明显，不能行走，以跗关节着地，展开翅膀维持身体的平衡，两脚发生瘫痪。腿部肌肉萎缩和松弛，病雏吃不到食物，最终衰弱死亡或被其他鸡踩死。育成鸡病至后期，伸开腿躺卧于地，出现瘫痪。

成年蛋鸡缺乏维生素 B_2 时也可出现明显的"蜷爪"症状，但主要表现是产蛋量下降，蛋的孵化率降低，在孵化后 $12\sim14$ d 胚胎大量死亡。孵出的初生雏鸡则出现趾爪蜷曲，绒毛蓬乱，皮肤表面有结节状绒毛(见彩图 4-1)。

（3）病理变化

坐骨神经和臂神经两侧对称性显著肿大，质地变软，颜色灰白，尤其是坐骨神经的变化更为明显，其神经干比正常增大约 $4\sim5$ 倍。

（4）鉴别诊断

本病应与神经型马立克氏病及传染性脑脊髓炎相区别。神经型马立克氏病除坐骨神经增粗外，内脏器官也有肿瘤，而且有"劈叉"姿势；传染性脑脊髓炎病鸡的头颈震颤，趾爪没有维生素 B_2 缺乏时的蜷曲现象，也没有坐骨神经增粗的剖检变化。

（5）确诊

根据本病的特征性症状(趾爪向内蜷曲)和剖检病变(坐骨神经显著增粗)在鉴别诊断的基础上，结合饲料化验结果可确诊。

2. 防治措施

见相关信息单病例的防治。

（四）钙磷缺乏症

钙磷缺乏症是由于家禽饲料中钙、磷、维生素 D 缺乏以及钙磷比例失调所致的代谢性疾病。主要表现为骨骼形成障碍和产蛋异常。幼鸡表现为佝偻病，成年鸡表现为骨软症、产软壳蛋、无壳蛋等。

钙和磷是鸡体内矿物质中的主要成分，除了是骨骼等的重要成分之外，钙对维持神经和肌肉组织的正常功能起重要作用。此外，钙还参与凝血过程，并是多种酶的激活剂；磷主要以磷酸根形式参与许多物质代谢过程，如糖代谢，还参与氧化磷酸化过程。

植物中以豆科牧草的含钙量较高，谷实类和块根块茎类饲料中含钙贫乏，含磷量虽然很丰富，但绝大部分不能被鸡所利用。动物性饲料如鱼粉、肉骨粉中含钙和磷丰富。常用来补充钙和磷的矿物质有石粉、贝壳粉、蛋壳粉、骨粉和磷酸氢钙等。在补充钙磷时，雏鸡比例应控制在 2.1：1.1 的范围内，产蛋鸡应控制在 4：1 范围内，这样吸收率更高，否则会造成吸收不良。饲料中如果钙的含量过高，可干扰其他元素如磷、锌、锰的吸收和利用。维生素 D 对机体中钙的吸收有促进作用。

1. 诊断要点

（1）病因

①饲料中钙磷的含量不足，或钙磷比例失调。一般雏鸡和育成鸡饲料中钙的含量应为 0.9％左右，有效磷应为 0.5％～0.55％，产蛋鸡饲料含钙量为 3％～3.5％，有效磷含量在 0.4％左右。

②饲料中维生素 D 的缺乏。当饲料中维生素 D 缺乏时，可引起钙磷的吸收和代谢发生障碍。

③饲料中含有钙的拮抗因子。草酸和氟均能影响钙的吸收和骨的代谢。

④饲料中蛋白质过高，或脂肪、植酸盐过多，或者环境温度高、运动少、光照不足等因素，都可引起钙磷缺乏。

（2）临床症状

钙磷缺乏可导致病禽蹲伏，不愿运动，步态僵硬，生长发育受阻。

幼禽表现佝偻病，10日龄到1月龄均能发病。特征性症状为跛行，跗关节肿大，飞节着地蹲伏。全身虚弱、腿无力，喙爪变软弯曲，骨变软肿大；成年禽表现为骨软症，在产蛋高峰期最为明显，蛋的质量下降，蛋表面薄皮，粗糙，薄厚不均，软皮蛋，产蛋量下降，种蛋孵化率降低。后期胸骨呈S状弯曲，肋骨变形，蹲伏。病禽的血清碱性磷酸酶活性明显增高，当磷或维生素D缺乏时，血磷浓度低于最低水平。X射线检查，骨密度降低。

（3）病理变化

主要病变在骨骼和关节。骨骼和喙发生软化，似橡皮样。骨骺的生长盘变宽和畸形。与脊柱连接处的肋骨呈明显的球状隆起，呈串珠状（见彩图4-2）。肋骨增厚、弯曲，造成胸廓两侧变扁。骨体容易折断。关节膨大，常出现二重关节。关节面软骨肿胀，有纤维样物质附着。

（4）确诊

根据饲料分析、病史、临床症状和病理变化作出初步诊断。通过分析饲料成分，测定病鸡血钙和血磷水平确诊本病。正常幼鸡、育成鸡的血钙含量为9～12 mg/100 mL，成年蛋鸡为14～17 mg/100 mL，病鸡血钙、血磷水平低于正常值。

2. 防治措施

（1）预防

保证家禽饲料中钙、磷和维生素D的供给量。要根据鸡的不同生长阶段确定饲料中钙磷的供应量。一般雏鸡和育成鸡，要求配合饲料中含鱼粉5%～7%，骨粉1.5%～1.8%，贝壳粉0.5%。成年鸡饲料中含骨粉1.5%、贝壳粉5.5%，这样基本可以满足鸡的要求。在中小鸡饲料中，维生素D的含量要达到每千克饲料200 IU。

调整钙磷的比例。饲料中钙磷必须平衡，防止钙过多或磷过量。

（2）治疗

对发病鸡，一般在饲料中补充骨粉或鱼粉进行治疗，效果较好。同时对饲料配方要分析测定，如果饲料中钙多磷少，则补钙的同时重点补磷，可用磷酸氢钙、过磷酸钙等，或者加喂鱼肝油，加倍饲喂维生素D_3，连用1～2周。也可以给鸡注射维丁胶性钙，每只鸡1 mL，每天1次，连用3 d。

（五）维生素E-硒缺乏症

维生素E-硒缺乏症是指饲料中硒和维生素E缺乏导致机体抗氧化能力下降和免疫能力下降的一种营养代谢病。本病的特征表现是缺硒引起渗出性素质，胰腺、肌胃病变和缺维生素E引起的白肌病、小鸡脑软化。本病有明显的地域性和群发性，在我国多省份都有发生。

硒是家禽必需的微量元素，在禽体内有多种功能，其基本作用是作为谷胱甘肽过氧化物酶的组成成分，参与破坏已生成的过氧化物而起到保护细胞膜的作用。维生素E具有抗氧化作用，硒能加强维生素 E 的这种作用。无论是硒缺乏还是维生素 E 缺乏或饲料中不饱和脂肪酸过多，均会导致脂类过氧化作用加剧，引起有机过氧基及脂类过氧化物积聚，导致细胞膜及亚细胞膜结构损伤、功能紊乱，引起机体发病。

1. 诊断要点

(1)病因

①饲料中硒含量不足。植物性饲料中含硒量与土壤有很大关系，在缺硒的土壤中生长的植物含硒量很少。因而硒缺乏症有明显地区性，这些地区出产的饲料也缺硒。

植物性饲料中硒含量低于 0.1 mg/kg 为缺硒饲料。含硒量低于 0.05 mg/kg，会引起动物发病，低于 0.02 mg/kg 则必然发病。

②饲料中维生素 E 不足。维生素 E 不稳定，容易在酸败脂肪、碱性物质中及光照下被破坏。一旦饲料中维生素 E 不足时，会对硒需求量增加。

③饲料添加剂质量低劣，不含硒或含量未达到标准。

④饲料加工贮存不当，或含有过量的不饱和脂肪酸，其游离根与维生素 E 结合后，使维生素 E 有效含量下降。

⑤鸡患有肠道疾病，导致对维生素 E 的吸收利用率降低，引起缺乏。

(2)临床症状及病理变化

①脑软化症。主要发生 2～7 周龄的雏鸡，表现为共济失调，头向后、向下或向一侧扭曲，两腿阵发性痉挛抽搐，行走不稳，最后瘫痪。采食减少或不食，最后衰竭死亡。

剖检病变主要是脑膜、小脑与大脑充血、肿胀，脑回展平，表面有散在出血点，或有黄绿色不透明的坏死区。

②渗出性素质。主要发生于 3～6 周龄和 16～40 周龄的幼鸡，发病突然。表现为全身皮下水肿，尤其以股部和腹下多见。症状轻的可见病变部位皮下有黄豆大至蚕豆大的紫蓝色斑块，严重时水肿加剧，眼观呈蓝绿色(见彩图 4-3)。病鸡两腿叉开，穿刺或剪开病变部位，可流出蓝绿色黏性液体。

剖检可见病变的水肿部位皮下呈胶胨样或流出黏稠的蓝绿色渗出液。心包积液和扩张，胸部和腿部肌肉均有轻度的出血。

③白肌病。也叫肌营养不良，是雏鸡因缺硒和维生素 E 及含硫的氨基酸所引起的肌肉营养障碍。多发生于 4 周龄左右的鸡。病鸡表现为两腿无力，消瘦，站立不稳，运动失调，翅下垂，全身衰弱，最后衰竭死亡。

剖检特征为肌肉外观苍白，贫血，并有灰白色条纹。病变主要发生在胸肌和腿肌。

(3) 鉴别诊断

缺硒引起渗出性素质与葡萄球菌病相区别。前者皮肤多不破溃，皮下有胶胨样蓝绿色液体，后者体温升高，全身症状严重，水肿部位破溃污秽。维生素 E 缺乏引起的脑软化症与新城疫相区别，两者都有扭颈的症状，但新城疫比脑软化症病情较重，发病率、死亡率高，并且有明显的传染性。脑软化症与脑脊髓炎相区别，患脑脊髓炎的雏鸡在刚出壳时有少数瘫痪，该病垂直传播，雏鸡 7 日龄前大量发病；头颈震颤，但一般不扭头，不向前冲；脑部无肉眼可见病变。脑软化症的病变时脑实质发生严重变性，有明显可见的坏死灶。

(4)确诊

根据地方缺硒病史、流行特点、饲料分析、典型性临床症状、病理变化，通过鉴别诊断，并用硒制剂治疗有效等诊断方法，可对本病进行判断确诊。

2. 防治措施

（1）预防

①防止饲料贮存期过长，不使用发霉的饲料喂鸡。

②饲料中应含足够多的维生素 E 和硒。维生素 E 在新鲜的青绿饲料中含量较多，植物种子胚芽、植物油、豆类等含量也很丰富，所以日粮中谷实类、油饼类应占一定比例，并加喂充足的青绿饲料。

③幼鸡 8 周龄内维生素 E 的需要量为每千克饲料 10 mg，种鸡、后备鸡和产蛋鸡每千克日粮中应分别添加亚硒酸钠 0.1 mg 和维生素 E 5～10 mg。注意搅拌均匀，以免中毒。

④ 在缺硒地区，从食物链的源头上采取对土壤、作物喷洒硒的措施，可有效提高玉米等作物的含硒量。

（2）治疗

①雏鸡脑软化症。每只鸡口服维生素 E 醋酸酯 5 mg，每日 1 次，连服 3～4 d。也可在日粮中添加 0.5% 的植物油。

②渗出性素质和白肌病。每千克日粮添加维生素 E 20 mg，或植物油 5 g，亚硒酸钠 0.2 mg，蛋氨酸 2～3 mg，连用 2 周。或每升水中加 0.1～1 mg 的亚硒酸钠，给雏鸡自由饮用，3～5 d 为一疗程。

（六）家禽痛风

家禽痛风又称尿酸盐沉着症，是由于家禽体内尿酸生成过多和尿酸排泄障碍引起的尿酸盐代谢障碍疾病。其病理特征是血液尿酸水平增高，尿酸盐在关节囊、关节软骨、内脏、肾小管及输尿管和其他间质组织中都有沉积。临诊特征为家禽厌食、衰竭、排白色稀粪、运动迟缓、腿翅关节肿胀。本病在我国近年来呈增多趋势，是常见的营养代谢病之一，尤以集约化养殖的肉仔鸡多发。

1. 诊断要点

（1）病因

引起家禽痛风的病因多种，主要可划分为两类，一类是由于体内尿酸盐生成过多，另一类是由于机体尿酸盐排泄障碍。

①引起尿酸生成过多的因素。饲喂大量富含核蛋白和嘌呤碱的蛋白质饲料，如动物的内脏、肉屑、鱼粉、大豆、豌豆等，这些物质代谢的终产物导致尿酸生成过多，引起尿酸血症；家禽极度饥饿或患重度消耗性疾病时导致体内大量蛋白质迅速分解，体内尿酸盐生成较多。

②引起尿酸排泄障碍的因素。引起家禽肾功能障碍的因素均能引起尿酸排泄障碍。如肾型传染性支气管炎，传染性法氏囊病、禽腺病毒病、败血性支原体肺炎、鸡白痢、艾美尔球虫病等。

③营养失衡。如日粮中长期缺乏维生素 A，可引起肾小管、输尿管上皮细胞代谢障碍，黏液分泌减少，发生痛风性肾炎，使尿酸排泄受阻；饲料中高钙低磷，可使尿液 pH 升高，血液缓冲能力下降，尿酸钙易沉积，形成肾结石，排尿不畅；饲料中镁含量高，也可引起痛风；饲料中食盐含量过多，饮水不足，尿量减少，尿液浓缩，也会引起尿酸的排泄障碍。

④其他中毒因素。磺胺类药物中毒、霉玉米中毒均能使肾功能受到损坏；此外"工业三废"、农药、化肥、霉菌的污染均可使饲料中铅、铬、汞、氟等金属超标，最终在肾脏蓄积。

（2）临床症状

本病多发生于生长期的雏鸡和成年鸡。分为内脏型痛风和关节型痛风。

内脏型　较多见，但临诊上不易被发现。病禽表现食欲不振，鸡冠苍白，贫血，腹泻，排出白色伴黏液状稀粪，泄殖腔周围有凝固白色粪便或发炎，产蛋量下降，蛋的孵化率降低。

关节型　较少见，常表现为趾、腿、翅等关节肿大、疼痛，行动迟缓，跛行，站立困难。

内脏型痛风和关节型痛风多混合发生。

（3）病理变化

内脏型　剖检可见内脏浆膜如心包膜、胸膜、肠系膜及心、肝、肺、肾表面覆盖一层白色、絮状的石膏状的尿酸盐沉淀物。肾肿大，色苍白，表面呈雪花样花纹，呈"花斑肾"，切开肾脏可见尿酸盐，甚至肾结石（见彩图4-4）。

关节型　患病关节有黏稠膏状液体流出，在关节面和关节周围的组织可见白色尿酸盐沉积，有的关节面发生糜烂、溃疡及关节囊坏死。

（4）鉴别诊断

与肾型传染性支气管炎的鉴别：肾型传染性支气管炎、痛风均可引起肾脏严重的尿酸盐沉积，使肾脏肿大呈花斑状外观，有明显的结晶盐发亮的感觉。肾型传染性支气管炎有一过性呼吸道症状，腿干瘪，皮肤发绀，肾脏呈斑驳状为其特点；内脏痛风及高钙饲料饲喂主要表现为肾脏的病变呈槟榔状，较严重的痛风，脏器有尿酸盐沉积，可予以区别。

（5）确诊

根据病因、病史及特征性临床症状、病理变化和鉴别诊断可做出初步诊断。结合实验室化验，鸡血清中尿酸水平正常值为 $2\sim5$ mg/100 mL 以上时，即可确诊为痛风。

2. 防治措施

（1）预防

要严格按营养标准进行日粮配合，适当提高维生素，特别是维生素 A 的用量；降低饲料中蛋白质的含量，调节钙磷比例，给予充足的饮水；避免使用损害肾脏的药物，如磺胺类药物、庆大霉素、卡那霉素和链霉素等；同时大批鸡群可用保肾和利尿类药物饮水，可提高肾脏对尿酸盐的排泄能力。

（2）治疗

在降低饲料中蛋白质含量的同时，可用阿托方（又名苯基喹啉羧酸）增强尿酸的排泄及减少体内尿酸的蓄积和关节疼痛，$0.2\sim0.5$ g/只，一日 2 次，口服，有肝、肾疾病慎用。可用嘌呤醇 $10\sim30$ mg，每日 2 次，口服。对成年或老龄鸡有个别的一侧肾脏损伤导致尿酸盐排泄受阻而发生痛风，不需要处理。

（七）鸡脂肪肝综合征

鸡脂肪肝综合征又叫脂肝病，是由于脂肪代谢障碍引起的一种代谢障碍病。多见于笼养的高产鸡群或产蛋高峰期。其特征是鸡体肥胖，产蛋减少大量脂肪沉积在肝脏，造成肝脏的脂肪变性，甚至肝破裂出血急性死亡。

1. 诊断要点

(1)病因

①长期饲喂高能量、低蛋白饲料。如饲料中玉米或其他谷物等碳水化合物过多，而动物性蛋白质饲料以及胆碱、维生素 B 和维生素 E 含量不足，可造成脂肪在肝脏中蓄积，引起脂肪肝综合征。

②饲料中蛋白质含量过高。过剩的蛋白质可转化为脂肪，引起本病。

③饲养因素。如环境高温、光照、饮水不足等应激因素，缺乏运动等都能促进本病的发生。

④鸡发生黄曲霉毒素中毒时，也会引起肝脏脂肪变性。

(2)临床症状

本病多发生于体况良好、产蛋量高的鸡群，病鸡大多过度肥胖。鸡冠和肉髯发育正常，但颜色苍白，腹部下垂。多数病鸡可由于惊吓、捕捉等应激因素而突然死亡。

(3)病理变化

剖检病鸡，特征性病变为肝脏肿大，呈黄褐色，有油脂样光泽。质地极脆而易碎，表面有小出血点或豆大的血肿(见彩图 4-5)。有的鸡由于肝破裂而发生内出血，肝脏表面和腹腔内有凝血块。产蛋鸡还可见腹腔和肠表面有大量脂肪沉积。

(4)确诊

根据本病的症状和病理变化特征，结合饲料成分分析，可做出诊断。

2. 防治措施

(1)预防

①合理搭配饲料，特别是饲料中的能量水平应保持在营养标准推荐水平。

②保证饲料中蛋氨酸、胆碱、维生素 B_{12}、生物素等的含量，可预防本病。

③禁止饲喂发霉的饲料(玉米、花生饼)。霉变所产生的黄曲霉素可损伤肝脏，引起脂肪代谢障碍。

④育成鸡要注意限制饲料的喂量，勿使体重超标。一般原则是产蛋高峰前限量要小，高峰后限量要大。小型鸡种可在 120 日龄后开始限饲，一般比平时投料量减少 8%～12% 为宜。

(2)治疗

采取对症治疗。对已发病鸡群，在每千克日粮中补加胆碱 22～110 mg，治疗 1 周后会收到明显效果。每 1 000 kg 日粮中补加氯化胆碱 1 000 g、维生素 E 10 000 IU、维生素 B_{12} 12 mg、肌醇 1 000 g，连用 2～4 周。

(八)肉鸡猝死综合征

肉鸡猝死综合征又称为暴死症、急性死亡综合征或两腿朝开病，是由于肉鸡在营养、环境、酸碱环境、遗传及个体发育等因素作用下快速生长，机体某些方面的代谢障碍的一种营养代谢病。临床特征是以翅膀扑动、尖叫、突然死亡。以肌肉丰满、外观健康的肉鸡为多见。本病全年均可发生，无挤压致死和传染流行规律。

1. 诊断要点

(1)病因

本病的确切病因尚不清楚，可能有以下几方面的诱因：

①营养过盛。本病多发生于生长发育良好而肥胖的肉仔鸡，因体脂蓄积多，使心脏负荷过重。

②饲料组成不当。饲料中含糖量高、含脂肪量高的禽群易发病。

③应激因素。饲养密度大、持续强光照射、噪声等都可诱发本病。

④遗传及个体发育因素。肉鸡比其他家禽易发病。肉鸡体重越大发病率越高，公鸡比母鸡发病率高 3 倍。

⑤酸碱平衡失调及低血钾。

（2）临床症状

发病前无明显征兆，病鸡经常在采食、饮水或活动过程中突然失去平衡，翅膀扑动，肌肉痉挛，发出尖叫，持续 1～2 min 后死亡。死后出现明显的仰卧姿势，两脚朝天，腹部向上。少数鸡侧卧或伏卧状态，腿颈伸展。

（3）病理变化

死鸡体壮，嗉囊和肌胃内充满刚采食的食物。心脏扩张，心房尤其显著，扩张淤血，内有血凝块；心室紧缩呈长条状，质地硬实，内无血液。肺淤血，水肿。病鸡血中钾、磷浓度显著低于正常鸡。

（4）确诊

本病根据特征性的临床症状和病理变化，如死鸡体况良好，鸡死前突然发病、尖叫、蹦跳、扑动翅膀而死亡，主要剖检变化集中在心脏和肺脏，排除传染病、中毒病等的可能性后，可做出诊断。

2. 防治措施

（1）预防

①早期限饲。在 8～14 日龄时，每天给料时间控制在 16 h 以内，15 日龄后恢复 24 h 给料，可减少本病的发生。

②加强管理，减少应激因素，防止密度过大，避免受惊吓，互相挤压。

③合理调整饲料及饲养方式。提高饲料中肉粉的比例而降低豆饼比例，添加葵花籽油代替动物脂肪，添加牛黄酸、维生素 A、维生素 D、维生素 B_1 和吡哆醇等。

（2）治疗

本病目前尚无有效治疗方法，低血钾的病鸡可用碳酸氢钾治疗，每只鸡用量为 0.62 g，混饮，连用 3～5 d；或每千克饲料中加入碳酸氢钾 3.6 g。

（九）鸡中暑

鸡中暑又称热射病，是鸡群在气候炎热、鸡舍内温度过高、同时通风不良、缺氧的情况下，因机体产热增加而散热不足所导致的一种全身机能紊乱的疾病。本病多发生于夏季，雏鸡和成年鸡都易发生。

1. 诊断要点

（1）病因

鸡缺乏汗腺，在气温过高的情况下，只能依靠张口呼吸散热及翅膀张开来排热。如夏季气温过高、湿度大、鸡舍通风不良、鸡群过分拥挤、饮水供应不足、长途密闭运输等情况下，容易引起中暑。一般气温超过 36℃ 时可发生中暑，环境温度超过 40℃ 时，可发生大批死亡。

（2）发病特点

①种鸡、特别是肉种鸡对高温的耐受性较低，当中暑时，看上去体格健壮、身体较肥胖的鸡往往最先死亡。在蛋鸡高产鸡群，鸡群密度过高，鸡体较肥胖时也易发生中暑。

②蛋鸡中暑多发于超过 32℃ 的通风不良、卫生条件较差的鸡舍。中暑的严重程度随舍温的升高而升高，当舍温超过 39℃ 时，可导致蛋鸡中暑而造成大批死亡。

③在降温措施不利的鸡场，傍晚或夜间是鸡中暑死亡的高峰期。

④笼养鸡比平养鸡严重，笼养鸡上层死亡较多。

（3）临床症状

多表现为急性经过。病初呼吸急促，张口伸颈呼吸，翅膀张开，发出"嘎嘎"声，鸡冠、肉髯先充血鲜红，后发绀，有的苍白。饮欲减退或废绝，饮水增加，严重者不饮水。随后出现呼吸困难、卧地不起、昏睡，虚脱而死。

（4）病理变化

病鸡和死亡不久的鸡皮温和深部体温很高，触之烫手。剖检可见肌肉苍白、柔软、成熟肉样；血液凝固不良，全身静脉淤血；胸腔和腹腔浆膜充血，有血液渗出；心包膜及胸腔浆膜大面积出血；肺部高度充血、淤血；肝脏肿大，呈土黄色；卵黄膜充血、淤血；肠管松弛无弹性，肠黏膜脱落；大脑和脑膜出血。

（5）确诊

根据发病当日温度、鸡舍的环境情况、临床症状、病理变化等进行综合判断，可做出诊断。

2. 防治措施

（1）预防

①采取措施，降低舍温。可人工喷雾凉水，降低空间温度，或向鸡舍地面泼洒凉水，并打开门窗，加大对流通风。加大换气扇的功率，及时带走鸡体产生的热量。

②搞好鸡舍周围绿化。在鸡舍周围种草植树遮阴，绿化环境，降低热量。

③调整饲料配比，改善饲喂方式。在鸡的日粮中添加适当维生素 C、E、K、B_2，生物素及杆菌肽锌等添加剂，也可以饮水中加入适量小苏打、藿香正气水、十滴水等，可有效防止或减轻高温对鸡的危害。避开中午高温时间饲喂，早晚凉爽时加喂青绿多汁饲料，可提高采食量。调整饲料中必需脂肪酸的比例，增加粗蛋白，适量添加贝壳粉和食盐的含量，满足机体营养，增强鸡的体温调节功能。要保证鸡舍充足的饮水，并可以水中添加维生素 C，可抑制鸡的体温升高。

④降低饲养密度。在盛夏来临之前，可根据饲养方式，结合转群、并群、淘汰等进行疏群，防止密度过大。

（2）治疗

发现鸡中暑后，应立即转移到阴凉、通风、安静的场所，或将其在冷水中浸泡一会儿，病情较轻的可逐渐康复；对于病重鸡饮水中加放藿香正气水，3 倍稀释，每只成年鸡 3 mL，雏鸡酌减用量，每天 2 次。也可给病鸡针刺放血少许。

（十）啄癖

啄癖又称恶食癖、异食癖，是由于鸡体内营养代谢紊乱、饲养管理不当等原因引起的多种疾病的总称，是群养鸡中的一种恶习。发生啄癖时，鸡相互间啄食或异食，导致伤残、死亡或影响生产性能。啄癖的表现形式很多,常见的有啄肛癖、啄羽癖、啄趾癖和啄蛋癖等,其中以啄肛癖危害最为严重。啄癖在任何年龄的鸡都可发生,一般雏鸡发生较多,笼养鸡比平养鸡发生率高。本病个别鸡发病后,其他鸡纷纷效仿,难以制止,往往造成创伤,影响生长发育,甚至引起死亡。

1. 诊断要点

(1)病因

啄癖的病因复杂,归纳起来主要有以下几个方面:

①饲料因素。饲料中缺乏含硫氨基酸,容易导致啄羽;缺乏食盐,鸡会找带有咸味的食物,常引起啄肛、啄皮肉;缺乏动物性蛋白、矿物质、微量元素、某些维生素、钙磷比例不当等,都会引起啄癖。

②环境因素。鸡群密度过大、拥挤,容易烦躁好斗,在育成鸡中容易引起啄癖;光线过强,鸡只产蛋后不能很好休息,使泄殖腔难以复原,造成脱肛,引起鸡只啄肛;光线颜色的影响,鸡不喜欢黄色和青色的光,在此灯光下容易引起啄癖;鸡生理换羽过程中,羽毛刚长出时,皮肤会痒,鸡只自啄发痒部位,而其他鸡只见到也会跟随着啄,造成啄羽;通风不良,饲料或饮水不足,限食不当,争食等原因可引起啄癖;温度高,湿度过大或过小,品种和日龄不同的鸡混养也可引起鸡啄癖;中途放进鸡舍新鸡,或鸡因打斗而受伤等,都可以造成啄癖。

③疾病因素。鸡患体外寄生虫病引起局部发痒而使鸡不断叮啄引起啄癖;大肠杆菌引起的输卵管炎、泄殖腔炎、黏膜水肿变性等导致输卵管狭窄,蛋通过受阻,鸡只有通过增加腹压才能产出鸡蛋,时间一长,形成脱肛,造成啄癖;鸡群发生沙门氏菌病、传染性法氏囊病等,容易自啄泄殖腔,引起啄尾;鸡体输卵管、直肠脱垂、肛门外翻等也能导致啄癖。

(2)临床症状

临床上常见的有以下几种类型:

①啄肛。初产的母鸡多发,刚开产的母鸡,有时蛋重较大,造成母鸡产蛋后泄殖腔不能及时收回,而鸡对红色敏感,因而造成互相啄肛,肛门被啄伤、出血,严重时直肠被啄出,导致鸡死亡。鸡群还能发现有的鸡头部羽毛被血染红。产蛋母鸡发生啄肛后,易引起输卵管脱垂和泄殖腔炎。

②啄羽。最易发生的时间是在换羽期,如幼鸡换羽期、成年鸡换羽期。病鸡相互啄翼羽和毛羽,或啄食自身羽毛,严重者鸡的尾羽和翼羽绝大部分被啄去,几乎成为秃鸡,严重影响鸡的产蛋量和健康。

③啄趾。鸡是啄食动物,当鸡群密度过大、缺少食物时,极易发生啄癖。而幼鸡喜欢互啄食脚趾,引起脚趾出血或跛行。

④啄蛋。多见于饲料中缺钙或蛋白质不足的情况。最初蛋被踩破啄食,以后母鸡则下蛋就争相啄食,或啄食自己产的蛋。

⑤啄头。鸡只相互啄耳垂、眼周围皮肤、鸡冠和肉髯,因渗血而发暗肿胀,眼周围皮下因出血而变黑变蓝。

(3)确诊

发生啄癖的家禽有明显可见的症状,易诊断。

2. 防治措施

（1）预防

①断喙。断喙是预防啄癖最有效的方法。正常情况下，雏鸡于 10 日龄左右进行断喙，60～70 日龄进行第二次修喙，可取得较好效果。

② 供给全价日粮，可减少因营养缺乏引起的啄癖。

③舍内保持良好通风，尽量排除氨气、硫化氢、二氧化碳等有害气体。定时喂料、饮水，间隔时间不要过长。发现有被啄伤的鸡只应及时挑出，隔离治疗。

④啄肛癖。防止光线过强，采用适宜光色，夏季避免强烈的太阳光直接射向鸡舍；饲养密度适宜；育雏温度掌握好；饲料保证营养全价；保证足够饮水。

⑤啄羽癖。饲料中注意添加蛋氨酸、胱氨酸等含硫氨基酸和 B 族维生素、矿物质，发现鸡群有体外寄生虫时，及时药物驱除。

⑥啄趾癖。注意鸡群饲养密度适宜，及时分群，使之有宽敞的活动场所，以充分活动。

⑦啄蛋癖。主要预防措施是及时捡蛋，以免蛋被踩破或抓破被鸡啄食；注意饲料的合理搭配，保证蛋白质、维生素和矿物质的需要量。

（2）治疗

发现鸡群有啄癖现象时，立即查找、分析病因，采取相应的措施进行治疗。被啄伤的鸡及时挑出，隔离饲养，并在啄伤处涂 2% 龙胆紫。对于啄趾癖和啄肛癖，可将饲料中食盐含量提高到 2%～3%，连喂 3～4 d。饲料另外添加啄肛灵。症状严重的鸡予以淘汰。有啄羽癖的，在饲料中加入 2% 石膏粉，连用 3～5 d，同时注意铁、B 族维生素的补充。有啄蛋癖的立即隔离病鸡，以防群体效仿。如果是因为饲料中的矿物质含量不足，应及时添加维生素及矿物质。

（十一）肉鸡腹水综合征

肉鸡腹水综合征（AS）又称肉鸡肺动脉高压综合征，是一种由多种致病因子共同作用引起的以右心肥大扩张和腹腔内积聚大量浆液性淡黄色液体为特征，并伴有明显的心、肺、肝等内脏器官病理损伤的一种营养代谢病。本病全世界发生，给养禽业经济带来损失。

1. 诊断要点

（1）病因

本病致病因素错综复杂，主要原因归纳如下。

① 高海拔　本病最早出现的病例是在高海拔地区，海拔越高空气含氧量越少，血液中红细胞数增多，血液粘稠度升高。但现在快速生长的肉鸡在低海拔地区，也会出现红细胞数增多症，导致腹水综合征的发生。

② 快速生长率　目前的遗传育种注重生长速度。肉鸡生长速度过快，导致体内代谢加速，对氧的需求量增加，携氧的红细胞明显增大，尤其在 4 周龄的快速生长期，机体的发育快于心肺的发育，心肺供氧不足造成体内相对性缺氧导致肺动脉高压，这是肉鸡腹水综合征的最根本原因

③ 高蛋白、高能量饲料和颗粒饲料　颗粒饲料有助于增加采食量，高蛋白、高能量的饲料可提高肉鸡的生长速度，增加机体的需氧量，促使本病的发生。

④ 寒冷　天气寒冷导致机体能量代谢率增加，造成机体对氧的需要量增加。寒冷的天气还导致血液红细胞积压，红细胞数和血液黏度增加，导致肺动脉高压。

⑤ 肺功能损伤　通风不良，密度过大，低氧应激，呼吸道疾病，曲霉菌病等因素导致肉鸡肺脏失去或部分失去吸氧功能，引起组织缺氧，从而导致肉鸡腹水综合征发生。

⑥ 其他　高钠、低磷、药物中毒、微量元素缺乏、传染性呼吸道疾病、应激等因素均可导致本病的发生。

（2）流行特点

本病主要危害生长快速的肉仔鸡，其中以艾维茵鸡、AA 鸡、罗斯鸡、红宝鸡、三黄鸡等品种常发。本病雄性比雌性多发且严重，寒冷天气和高海拔地区多发。本病最早在1946 年发生于美国的雏火鸡，此后世界各地均有本病发生，我国在 1987 年出现第一例，近些年，该病发生频繁，区域扩大，雏鸡成活率下降，经济损失严重。

（3）临床症状

病鸡食欲减退，生长缓慢，体重减轻，精神倦怠，羽毛粗乱，两翅下垂，呼吸困难，鸡冠和肉髯发绀。典型症状是病鸡腹部增大，下垂，皮肤变薄发亮，发凉，用手触诊有波动感。病鸡不愿站立，以腹部着地，行动缓慢，步态蹒跚，似企鹅状。用注射器能从病鸡的腹部抽出数量不等的液体。

（4）病理变化

剖开病鸡腹部，从腹腔流出多量淡黄色或清亮透明液体 200～500ml，有的混有纤维素沉积物；心脏肿大、变形、柔软，尤其右心房扩张显著。右心肌变薄，心肌色淡并有白色条纹，心腔积有大量凝血块，肺动脉和主动脉极度扩张，管腔内充满血液。部分鸡心包积有淡黄色液体；肺淤血、水肿，呈花斑状，质地稍坚韧，间质有灰白色条纹，切面流出多量带有小气泡的血样液体；肝脏表面覆盖一层淡黄色胶冻样纤维素性凝结块。肾脏充血、肿大，有尿酸盐沉着。

（5）确诊

根据发病特点、临床症状及病理变化，结合实验室血液化验可作出诊断。

2. 防治措施

（1）预防

引起本病发生的因素复杂，药物治疗出现较大的差异。因此，降低肉鸡腹水的关键是预防。

① 品种的选择　选育抗缺氧，心、肺和肝等脏器发育良好的肉鸡品种。

② 改善饲养环境　调整鸡群密度，防止拥挤；解决好通风和控温的矛盾，保持舍内空气新鲜，氧气充足，减少舍内二氧化碳和氨的含量；雌雄分离饲养，满足不同的代谢和能量需要；另外保持舍内湿度适中，及时清除舍内粪污，减少饲养管理过程中的人为应激，给鸡提供一个舒适的生长环境。

③ 提高饲养水平　饲喂低蛋白和低能量的饲料，早期进行合理限饲，适当控制肉鸡的生长速度。使生长期的禽对氧的需要量减少，从而达到预防腹水综合征的目的。饲料中减少高油脂，食盐含量不超标，补充足量的维生素 E、硒和磷，添加维生素 C 500g/t；防止钠过量。

④ 料中磷水平不可过低（＞0.05％），食盐的含量不要超过 0.5％　Na^+ 水平应控制在

2000 mg/kg 以下，饮水中 Na^+ 含量宜在 1000 mg/L 以下，否则易引起腹水综合征。在日粮中适量添加 $NaHCO_3$ 代替 NaCl 作为钠源。

⑤执行严格的防疫制度　预防肉鸡呼吸道传染性疾病的发生。另外要合理用药，对心、肺、肝等脏器有毒副作用的药物应慎用，或在专业技术人员的指导下应用。

（2）治疗

一旦病鸡出现临床症状，单纯治疗常常难以奏效，多以死亡而告终。但以下措施有助于减少死亡和损失。

①用 12 号针头刺入病鸡腹腔先抽出腹水，然后注入青链霉素各 2 万国际单位。经 2～4 次治疗后可使部分病鸡恢复基础代谢，维持生命。

② 发现病鸡首先服用大黄苏打片（20 日龄雏鸡 1 片/只/日，其他日龄鸡酌情处理），以清除胃肠道内容物，然后喂服 Vc 和抗生素。以对症治疗和预防继发感染，同时加强舍内外卫生管理和消毒。

③给病鸡皮下注射 1～2 次 1 g/L 亚硒酸钠 0.1mL，或服用利尿剂。

④应用脲酶抑制剂，用量为 125 mg/kg 饲料，可降低患腹水征肉鸡的死亡率。

采取上述措施约一周后可见效。

（十二）笼养蛋鸡疲劳综合征

笼养蛋鸡疲劳综合症又叫新母鸡病、蛋鸡猝死症等。是发生在青年母鸡的一种营养代谢性疾病。该病主要发生于产蛋高峰期的高产蛋鸡群。主要表现为骨质疏松及蛋壳质量变差。该病一年四季均可发生，但是夏季多发。本病是目前集约化笼养蛋鸡生产中常见的一种疾病。

1. 诊断要点

（1）病因

各种原因造成的机体缺钙及体质发育不良是导致该病的直接原因。

①钙添加不及时。饲料中的钙添加太晚，已经开产的鸡体内的钙不能满足产蛋的需要，导致机体缺钙而发病。

②蛋鸡料用的太早。由于过高的钙影响甲状旁腺的机能，使其不能正常调节钙磷代谢，导致鸡在开产后对钙的利用率降低，鸡群也会发病。而适时用过度料的鸡群发病少。

③钙、磷比例不当。由于蛋鸡对钙、磷是按照一定比例来吸收的，当钙、磷比例失当，也不能充分吸收，影响钙的沉积。

④ 维生素 D 添加不足。当产蛋鸡缺乏维生素 D 时，肠道对钙、磷的吸收减少，血液中钙、磷浓度下降，钙、磷不能在骨骼中沉积，使成骨作用发生障碍，造成钙盐再溶解而发生鸡瘫痪。饲料中缺乏维生素 D，即使有充足的钙，鸡也不能充分吸收。

⑤鸡群性成熟过早。由于鸡群开产过早，初产时鸡的生殖机能还没有发育完全，性成熟和体成熟同步。

⑥缺乏运动。如育雏、育成期笼养或上笼早、笼内密度过大、鸡的运动不足等，导致鸡体质较弱而发生该病。

⑦光照不足和应激反应。由于缺乏光照，鸡体内的维生素 D 含量减少，从而发生体内钙磷代谢障碍；另外高温、严寒、疾病、噪声、不合理用药、光照和饲料突然改变等应激均能造成生理机能障碍，也常引起鸡群发病。炎热季节，蛋鸡采食量减少而饲料中钙水平

未相应增加，也会导致发病。

还有某些寄生虫病、中毒病、管理的原因及遗传因素也能导致本病的发生。

（2）流行特点

本病多发生在炎热的夏季，高产蛋鸡在产蛋上升期至高峰期（140～210 日龄）发病，产蛋高峰过后不再出现，产蛋上升快的鸡群多发。发病时鸡群表现正常，采食、饮水、产蛋、精神都无明显异常变化，在晚上关灯时也无病鸡，而在早晨喂料时发现有死鸡，或有病鸡瘫在笼子里。

（3）临床症状

病鸡表现颈、翅、腿软弱无力，站立困难。病初产软壳蛋、薄壳蛋，鸡蛋的破损率增加，蛋清水样。食欲、精神、羽毛均无明显异常。鸡易骨折，胸骨变形。死鸡的口内常有粘液，伴有脱水、体重下降。

（4）病理变化

剖检病鸡可见肺脏充血、水肿。心肌松弛。腺胃黏膜糜烂、柔软、变薄，腺胃乳头平坦，几乎消失，腺胃乳头内可挤出红褐色液体，有时腺胃壁（多在腺胃与肌胃交界处）穿孔。卵泡有出血斑。输卵管黏膜干燥，常在子宫部有一硬壳蛋。肝脏有浅黄白色条纹，有针尖大小的出血点。肠内容物淡黄色，较稀，肠黏膜大量脱落。泄殖腔黏膜出血。

（5）确诊

本病根据发病特点，临床症状及病理变化，结合实验室血钙化验即可作出诊断。

2. 防治措施

（1）预防

①加强饲养管理　鸡群的饲养密度不可过大，育雏期、育成期及时分群，上笼不可过早，一般在 100 天左右上笼较宜。在炎热的天气，给鸡饮用凉水，在水中添加电解多维。做好鸡舍内的通风降温工作。每天早起观察鸡群，以便及时发现病鸡，及时采取措施。按照鸡龄适时换料，一般在开产前两星期开始使用预产料。

②加强营养　保证全价营养，使育成鸡性成熟时达到最佳的体重和体况。笼养高产蛋鸡饲料中钙的含量不要低于 3.5％，并保证适宜的钙磷比例，在每千克饲料中至少添加维生素 D_3 2000 国际单位。平时做好血钙的监测，当发现产软壳蛋时做血钙的检验。

（2）治疗

发现病鸡，及时从笼中取出，放在地面单独饲养，补充骨粒或粗颗粒碳酸钙，让鸡自由采食，病鸡 1 星期内即可康复。对于血钙低的同群鸡，在饲料中再添加 2％～3％的粗颗粒碳酸钙，每千克饲料中添加 2000 国际单位的维生素 D_3，使用 2～3 周，鸡群的血钙就可升到正常水平。而粗颗粒碳酸钙和维生素 D_3 的补充需要持续 1 个月左右。如果病情发现较晚，一般 20d 左右才能康复，个别病情严重的瘫痪病鸡可能会死亡。

（十三）应激综合征

应激综合征是指禽在应激源作用下，在很短时间内出现的一系列应答性反应。常发生于肉鸡、蛋鸡、蛋鸭。应激是生物机体对一切胁迫性刺激表现出的适当反映的总称。应激包括顺应激和逆应激两种形式，顺应激是指刺激源作用于机体所产生的有益反应，如长时间光照引起产蛋增加，弱光可减少肉鸡的能量消耗，促进增重等；而逆应激则是指作用于机体所引起的有害反应，如噪音、拥挤等不良因素导致机体生产机能降低。目前提到的应激应激反应就是指逆应激，临床通常表现为急性应激。

1．诊断要点

（1）病因

引起禽应激的原因很多，归纳起来有以下几个方面：

① 自然因素　天气过冷或者过热均可引起禽的应激反应。尤其近年来，恶劣、极端天气增多，导致禽应激增多。

②人为因素　饲养管理不良，如拥挤、昏暗、潮湿，人为因素，如驱赶、免疫接种、断喙、灯光、电击、惊吓、声音等均可导致应激反应。

③化学应激源　氟烷、甲氧氟烷、氯仿、安氟醚、琥珀酸、胆碱等单独或联合使用，均可导致应激反应。

④ 营养因素　饲料中的营养特别是维生素、微量元素缺乏是导致应激反应的原因之一。

（2）临床症状

肉鸡最敏感，常因惊吓、抓捕、声响、灯光等而发生应激反应。应激鸡表现为呼吸困难，循环衰竭，皮肤及可视黏膜发绀，急性休克死亡。蛋鸡少有死亡，仅表现为产蛋率明显下降或停止。产蛋鸭因惊吓，抓捕或转场等因素，可于第三天完全停止产蛋，并持续 1 月以上。禽发生应激反应的表现类型如下：

①热应激综合征　所谓热应激是当环境温度使机体的中心温度大于生理值上限，就产生热应激，主要是夏季在烈日下受阳光暴晒或环境温度过高所致，这种情况相当于中暑或热射病。如果环境温度大于 35℃，且散热途径不畅时，就产生中暑或热应激。临床表现为：家禽采食量下降，消化吸收紊乱，能量维持需要量增加，应激代谢改变，矿物质元素钙、钠等排出增加，酸碱平衡紊乱，出现呼吸性碱中毒。

②猝死性应激综合征　当禽受到强烈刺激发生惊恐后，尚未表现出症状就突然死亡。通常表现在大群禽中的个体死亡。

③运输应激综合征　在运输过程中运动应激、热应激、疲劳、饥饿、拥挤、缺水、恐惧、疼痛等一系列因素有关。轻度运输应激可使机体抵抗力下降，易患各种疾病。长距离异地引种，进场后导致禽群感染某些传染病或处于潜伏期的传染病暴发，引起大量死亡。

（3）病理变化

急性死亡病例表现为：胃肠黏膜出血、糜烂，甚至溃疡，胰脏急性坏死，心脏、肝脏、肾脏实质变性、坏死，肾上腺出血，血管炎和肺坏疽。慢性病例可见肌肉苍白、柔软、液体渗出，组织病理学变化可见肌纤维横断面直径大小不等和蜡样变性。

2．防治措施

（1）预防

① 改善环境条件　具体措施包括：合理规划设计养禽场，为禽群创造良好的环境条件；改善环境卫生，防止各种环境污染；饲养密度合适，光线适中；通风良好，温度适宜，没有噪音。有时应激因子难以避免，则应尽可能将其分散于较长时间，勿使其集中作用于机体。避免几个应激因子联合作用。

②加强饲养管理　保证饲料营养全价，有足够的清洁饮水，禁止饲喂霉败饲料；专人定时饲喂；尽可能地保持禽群体的稳定性。避免随意混群，破坏群体关系；减少或减轻动

态应激因素对禽的影响。如运输过程中应尽量减少刺激。

③ 选育抗应品系　通过现代生物技术选育新的抗应激品种。

④药物预防　在捕捉、断喙、运输、免疫前1h，应用抗应激药物，如饲料中添加利血平10～15 mg/kg或盐酸氯丙嗪500～600 mg/kg，青年鸡亦可每只灌服白酒4～6 mL；饲料中补充维生素C 100～200 mg/kg，对缓和环境应激、维持禽体正常的生产性能有良好的效果，同时添加维生素E和B族维生素抗应激作用更佳；延胡索酸是近年来应用于集约化养禽业的应激保护剂，它能促进脂肪代谢正常，阻止自由基氧化，以保证机体正常的抗氧化状态，并增强机体的免疫保护力，从而提高家禽的存活率和生产性能，可按0.2%拌料饲喂；琥珀酸盐是一种用法简单、价格便宜、效果良好的抗应激制剂，按0.1%浓度拌料，能使处于应激状态的禽群较快恢复到正常生理状态和维持正常的产蛋水平；国外有一种抗应激强效剂，其主要成分是皮质激素，配伍抗菌药物使用可防止皮质激素的副作用；微量元素硒和维生素E有相似的作用，补饲硒可收到与维生素E相似的抗应激效果；另外，经过长途运输后在饮水中添加抗菌药物，也可预防应激的发生。

（2）治疗

如确诊为应激综合征，首先消除应激源。针对不同的应激因素采取相应的消除措施，如减少拥挤、降低环境温度，隔离争斗或啄食癖的家禽，排除噪音；纠正饲养管理上的错误等。其次应用药物治疗。发生应激后，每只青年鸡每天一次内服盐酸氯丙嗪，一般连用1～2次即可。高温应激时，产蛋鸡饲料中可添加维生素C100～200mg/kg，肉鸡200～300mg/kg，为增强机体免疫和抗自由基的功能，可应用抗氧化剂亚硒酸钠和维生素E。如由病原微生物感染引起，应用抗菌素。

●●●●● **拓展阅读**

带你了解执业兽医的职业道德

计 划 书

学习情境 4	禽营养代谢性疾病		
计划方式	小组讨论、同学间互相合作共同制订计划		
序号	实施步骤	使用资源	备注
制订计划 说明			

	班　　级		第　组	组长签字	
	教师签字		日　　期	
计划评价	评语：			

决策实施书

学习情境 4	禽营养代谢性疾病

<table>
<tr><td colspan="8" align="center">讨论小组制订的计划书，做出决策</td></tr>
<tr><td rowspan="7">计划对比</td><td>组号</td><td>工作流程
的正确性</td><td>知识运用
的科学性</td><td>步骤的
完整性</td><td>方案的
可行性</td><td>人员安排
的合理性</td><td>综合评价</td></tr>
<tr><td>1</td><td></td><td></td><td></td><td></td><td></td><td></td></tr>
<tr><td>2</td><td></td><td></td><td></td><td></td><td></td><td></td></tr>
<tr><td>3</td><td></td><td></td><td></td><td></td><td></td><td></td></tr>
<tr><td>4</td><td></td><td></td><td></td><td></td><td></td><td></td></tr>
<tr><td>5</td><td></td><td></td><td></td><td></td><td></td><td></td></tr>
<tr><td>6</td><td></td><td></td><td></td><td></td><td></td><td></td></tr>
</table>

<table>
<tr><td colspan="3" align="center">制订实施方案</td></tr>
<tr><td>序号</td><td>实施步骤</td><td>使用资源</td></tr>
<tr><td>1</td><td></td><td></td></tr>
<tr><td>2</td><td></td><td></td></tr>
<tr><td>3</td><td></td><td></td></tr>
<tr><td>4</td><td></td><td></td></tr>
<tr><td>5</td><td></td><td></td></tr>
<tr><td>6</td><td></td><td></td></tr>
</table>

实施说明：

班　　级		第　　组	组长签字	
教师签字			日　　期	
	评语：			

评价反馈书

学习情境 4	禽营养代谢性疾病				
评价类别	项目	子项目	个人评价	组内评价	教师评价
专业能力 （60%）	资讯（10%）	查找资料，自主学习（5%）			
		资讯问题回答（5%）			
	计划（5%）	计划制订的科学性（3%）			
		用具材料准备（2%）			
	实施（25%）	各项操作正确（10%）			
		完成的各项操作效果好（6%）			
		完成操作中注意安全（4%）			
		使用工具的规范性（3%）			
		操作方法的创意性（2%）			
	检查（5%）	全面性、准确性（3%）			
		操作中出现问题的处理（2%）			
	结果（10%）	提交成品质量			
	作业（5%）	及时、保质完成作业			
社会能力 （20%）	团队协作 （10%）	小组成员合作良好（5%）			
		对小组的贡献（5%）			
	敬业、吃苦 精神（10%）	学习纪律性（4%）			
		爱岗敬业和吃苦耐劳精神（6%）			
方法能力 （20%）	计划能力 （10%）	制订计划合理			
	决策能力 （10%）	计划选择正确			

<table>
<tr><td colspan="6" align="center">意见反馈</td></tr>
</table>

请写出你对本学习情境教学的建议和意见：

班　　级		姓　　名		学　　号		总　评	
教师签字		第　组		组长签字		日　期	

评价 评语	评语：

学习情境 5

禽病的综合诊断

●●●●● 学习任务单

学习情境 5	禽病的综合诊断			学　时	8
布置任务					
学习目标	知识目标 　　1. 掌握禽病混合感染的诊断步骤。 　　2. 掌握禽病综合诊断的基本思路。 　　3. 学习根据疾病的流行特点、示病症状、特征性病理变化对疾病做出鉴别诊断的方法，并结合病原学相关知识，正确选择确诊方法。 技能目标 　　1. 掌握鉴别诊断的基本思路，能够对有类似症状或病理变化的禽病作出初步鉴别。 素养目标 　　1. 培养学生沟通整合和团队协作的能力，养成严谨认真，安全生产的工作态度。 　　2. 培养学生独立思考、自主学习的习惯，提升处理动物医学科技信息的能力。 　　3. 提升职业荣誉感，增强关爱动物、服务三农的意识。				
任务描述	1. 运用禽病诊断的基本方法，对混合感染病例做出怀疑诊断。 　　2. 学会正确选择实验室诊断手段的方法，能确诊混合感染病例。 　　3. 说出鸡在不同日龄段的常见疾病。 　　4. 能针对一些常见的示病症状联想到主要疾病。 　　5. 能针对一些常见的病理变化联想到主要疾病。 　　6. 能对引起鸡呼吸困难常见疾病进行初步鉴别。 　　7. 能对引起鸡腹泻的常见疾病进行初步鉴别。 　　8. 能对引起鸡运动障碍的常见疾病初步鉴别。 　　9. 能对引起鸡产蛋下降的常见疾病初步鉴别。				
学时分配	资讯 3 学时	计划 1 学时	决策 0.5 学时	实施 2 学时	考核 1 学时 评价 0.5 学时
提供资料	1. 相关信息单 　　2. 教学课件 　　3. 禽病防治网：http://www.yangzhi.com/zt2010/dwyy_dwmz_qin.html 　　4. 中国禽病论坛网：http://www.qinbingluntan.com/				
对学生要求	1. 按任务资讯单内容，认真准备资讯中的问题。 　　2. 按各项工作任务的具体要求，认真设计及实施工作方案。 　　3. 严格遵守实验室管理制度，避免安全事故发生。 　　4. 严格遵守禽场卫生消毒制度，防止疾病传播。 　　5. 严格遵守禽场劳动纪律，认真对待各项工作。 　　6. 以学习小组为单位完成各项任务，锻炼协作能力。				

●●●●● **任务资讯单**

学习情境 5	禽病的综合诊断
资讯方式	学习"相关信息单"中的"相关知识"、观看视频、到本课程网站和相关网站查询资料、到图书馆查阅相关书籍。向指导教师咨询。
资讯问题	1. 诊断禽病时为何要采用综合诊断措施？ 　　2. 禽病的综合诊断措施有哪些方法？ 　　3. 如何从流行病学特点方面初步区分传染病、寄生虫病、中毒病和营养代谢病？ 　　4. 禽幼雏(0～2 周龄)常见疾病有哪些？ 　　5. 中雏期(3～8 周龄)常见疾病有哪些？ 　　6. 鸡育成期和产蛋期常见疾病有哪些？ 　　7. 引起肥大鸡无症状突然死亡的常见病有哪些？ 　　8. 表现为姿势异常的禽常见疾病有哪些？ 　　9. 表现为头颈肿大的禽常见疾病有哪些？ 　　10. 表现为白色稀便的禽常见疾病有哪些？ 　　11. 表现为绿便的禽常见疾病有哪些？ 　　12. 表现为血便的禽常见疾病有哪些？ 　　13. 表现为伸颈张口呼吸的禽常见疾病有哪些？ 　　14. 表现为皮下出血的禽常见疾病有哪些？ 　　15. 表现为肌肉出血的禽常见疾病有哪些？ 　　16. 出现气管有假膜的禽常见疾病有哪些？ 　　17. 出现肝脏明显肿大的禽常见疾病有哪些？ 　　18. 出现腺胃乳头出血的禽常见疾病有哪些？ 　　19. 出现脾脏肿大的禽常见疾病有哪些？ 　　20. 出现肾脏有大量尿酸盐沉积的禽常见疾病有哪些？ 　　21. 出现卵泡变性坏死的禽常见疾病有哪些？ 　　22. 实验室诊断时什么样的疾病可以用镜检的方法检查病原？在什么条件下需要做纯培养？ 　　23. 实验室诊断时什么样的疾病可以用禽胚接种的方法进行诊断？接种时应注意什么问题？ 　　24. 禽病诊断时常用到的免疫学诊断方法有哪些？如何选用？ 　　25. 禽病诊断时一般在什么情况下用动物接种试验？ 　　26. 如何做禽病的鉴别诊断？ 　　27. 引起鸡呼吸困难常见疾病的鉴别要点有哪些？ 　　28. 引起鸡腹泻的常见疾病鉴别要点有哪些？ 　　29. 引起鸡运动障碍的常见疾病鉴别要点有哪些？ 　　30. 引起鸡产蛋下降的常见疾病鉴别要点有哪些？
资讯引导	1. 在信息单中查询； 　　2. 进入相关网站查询； 　　3. 查阅教师提供课件； 　　4. 查阅相关资料。

相关信息单

【学习情境 5】

禽病的综合诊断

项目 禽病混合感染病例的诊断

病例

　　某鸡场饲养肉鸡 3 500 只，16 日龄时发病鸡群排白色、黄色稀粪便及少量的带血粪便，精神沉郁，每天死亡 60～70 只，用氨苄青霉素和氟苯尼考交替饮水进行治疗，连用 2 d 后病情加重，死亡鸡增多，共死亡 583 只。找兽医人员前来就诊。

　　兽医人员发现，病鸡表现精神沉郁，垂头缩颈，食欲减退；排白色、黄色、绿色和红色稀便，咳嗽，伸颈张口呼吸，嘴角流出多量黏液，嗉囊肿大，个别病鸡的关节肿大，轻度跛行，有的病鸡头扭向一侧。

　　剖检 20 只病死鸡，发现皮肤、肌肉淤血，气管黏膜充血、有黏液，气囊增厚，不透明，内有黏稠的黄色干酪样物；肝脏肿大，表面附有黄白色纤维素膜，有 3 只病鸡纤维素膜与胸壁、心脏、胃肠粘连；心脏体积变大，心包腔内有大量淡黄色液体，心包膜混浊增厚，有 7 只病鸡(含前述的 3 只)心包膜与心外膜粘连；腺胃乳头、腺胃与肌胃交界处出血；十二指肠、盲肠、直肠黏膜弥漫性出血，内容物有的呈烂西红柿样，盲肠扁桃体肿胀出血，肾脏体积增大，呈紫红色；肺脏出血、水肿；脾脏充血、出血。

任务 1　现场诊断

一、流行病学调查

　　根据流行病学调查的基本方法，对病例中的鸡场进行流行病学调查，整理该病例的流行病学特点，运用学习过的相关知识，对病例的流行病学特点进行分析，见表 5-1。

表 5-1　病例的流行病学表现及分析

病例表现	特点概要	分　析
16 日龄时发病鸡群排白色、黄色稀粪便及少量的带血粪便，精神沉郁，每天死亡 60～70 只，用氨苄青霉素和氟苯尼考交替饮水进行治疗，连用 2 d 后病情加重，死亡鸡增多，共死亡 583 只。	①雏鸡发病。 ②发病率和死亡率较高。 ③有传染性。	传染性疾病的可能性较大。

二、临床检查

　　按照临床检查的基本方法和检查内容，对病例发病鸡群进行检查，运用学习过的相关知识，对病例的症状进行整理分析，见表 5-2。

表 5-2　病例的临床表现及分析

病例表现	特点概要	分　析
病鸡表现精神沉郁，垂头缩颈，食欲减退；排白色、黄色、绿色和红色稀便，咳嗽，伸颈张口呼吸，嘴角流出多量黏液，嗉囊肿大，个别病鸡轻度跛行，有的病鸡头扭向一侧。	①沉郁。 ②食欲减退。 ③绿色稀便。 ④伸颈张口呼吸，咳嗽。 ⑤嘴角流黏液。 ⑥神经症状。 ⑦白色稀便。 ⑧粪便中带血。	①症状特点中的①～⑥与新城疫的特征性症状相符合。 ②症状特点⑦提示鸡白痢、传染性法氏囊病、肾型传染性支气管炎、大肠杆菌病。 ③症状特点⑧提示球虫病和组织滴虫病。

三、病理剖检

按照鸡剖检的术式和检查方法，对病例鸡群的病鸡或死鸡进行剖检。找出该病例的特征性病理变化，运用学习过的相关知识，对病例的病理变化进行整理分析。分析情况见表 5-3。

表 5-3　病例的病理变化及分析

病例表现	特点概要	分　析
剖检 20 只病死鸡，发现皮肤、肌肉淤血，气管黏膜充血、有黏液，气囊增厚，不透明，内有黏稠的黄色干酪样物；肝脏肿大，表面附有黄白色纤维素膜，有 3 只病鸡纤维素膜与胸壁、心脏、胃肠粘连；心脏体积变大，心包腔内有大量淡黄色液体，心包膜混浊增厚，有 7 只病鸡（含前述的 3 只）心包膜与心外膜粘连；腺胃乳头、腺胃与肌胃交界处出血；十二指肠、盲肠、直肠黏膜弥漫性出血，内容物有的呈烂西红柿样，盲肠扁桃体肿胀出血，肾脏体积增大，呈紫红色；肺脏出血、水肿；脾脏充血、出血。	①皮肤、肌肉淤血。 ②气管黏膜充血。 ③气囊纤维素性炎症。 ④肝脏纤维素性炎症。 ⑤心脏纤维素性炎症。 ⑥腺胃及与肌胃交界处出血。 ⑦肠黏膜弥漫性出血。 ⑧肠内容物混有血液。 ⑨盲肠扁桃体出血。 ⑩肾脏出血、肺脏出血、脾脏出血。	①病变特点概要中的①②⑦⑨⑩判定为败血性疾病。⑥⑨为新城疫典型的病理变化，与败血症相结合，疑似为新城疫。 ②病变特点概要中的③④⑤为败血型大肠杆菌病典型病变，疑似为大肠杆菌病。 ③病变特点概要中的⑦⑧⑨为球虫病的典型病理变化，疑似为球虫病。

四、现场诊断结果

通过现场诊断，初步诊断为鸡大肠杆菌病、球虫病与新城疫混合感染。确诊需进行实验室诊断。

任务 2　实验室诊断及确诊

根据初步诊断，针对大肠杆菌病、球虫病及新城疫进行实验室诊断。

一、鸡大肠杆菌病的诊断

参照学习情境 1 子情境 2"禽细菌性及真菌性传染病"中大肠杆菌病的实验室诊断方法，无菌采取心血和肝脏，通过分离培养、染色镜检、生化试验，确定为大肠杆菌感染。

二、鸡球虫病的诊断

刮取出血明显的盲肠黏膜，镜检，检出球虫卵囊（具体操作见学习情境 2"禽寄生虫病"中球虫病实验室诊断），确定为球虫病。

三、新城疫的诊断

取病鸡血液，分离血清，进行血凝试验和血凝抑制试验（具体操作见学习情境 1 子情境 1"禽病毒性传染病"中新城疫的实验室诊断），由血凝试验及血凝抑制试验结果可见，抗体效价过高，确定感染新城疫病毒。

四、确诊

根据病原体分项目检查结果，确定诊断。本病例确诊为大肠杆菌病、球虫病与新城疫混合感染。

●●●●● 必备知识

一、禽病的综合诊断基本思路

（一）确定疾病的类型

1. 确定疾病类型的意义

禽病一般可以分为传染病、寄生虫病、中毒性疾病和营养代谢病等类型。因禽类大多为集约化饲养，所以在发生疾病时，首先要根据疾病的特点确定疾病为何种类型，针对不同类型的疾病，在第一时间采取防控措施，将疾病的损失降到最低。如确定为传染病，不论是哪一种传染病，都应采取焚烧或深埋死亡鸡只、隔离、消毒等措施；如确定为中毒性疾病，不论是什么原因引起的中毒，均应先更换饲料和饮水，以减少进一步的毒害。同时疾病类型的确定，也可以为进一步诊断指出方向。

2. 疾病类型的确定方法

首先通过对发病现场的流行病学调查和病禽临床症状检查，了解鸡群的发病基本情况，如发病率、死亡率、病死率、病程、发病年龄、主要临床症状等，其次对病死禽进行剖检，掌握其病理变化特征。在此基础上，结合各种类型疾病的发病特点（见各学习情境的必备知识部分），进行疾病类型的确定。

（二）根据年龄特点判定

禽病的发生有一定的规律，有一些疾病往往发生在特定的年龄段，根据这一特征可以初步判定疾病的种类。

根据年龄规律，禽常见病的年龄分布见表 5-4。

表 5-4　禽常见疾病的大致年龄分布

发病年龄	常见疾病
幼雏期（0～2 周龄）	禽脑脊髓炎、鸡白痢、鸡副伤寒、马克氏病、鸡曲霉菌病、一氧化碳中毒
中雏期（3～8 周龄）	新城疫、传染性法氏囊炎、传染性支气管炎、鸡痘、鸡包涵体肝炎、病毒性关节炎、大肠杆菌病、禽伤寒、禽葡萄球菌病、传染性鼻炎、鸡坏死性肠炎、鸡败血支原体感染、鸡球虫病、鸡组织滴虫病、肉鸡腹水综合征、肉鸡猝死综合征
育成期和产蛋期	马立克氏病、禽白血病、产蛋下降综合征、传染性喉气管炎、禽霍乱、蛋鸡脂肪肝综合征等

（三）根据典型症状判定

疾病的症状有很多，其中最重要的是特征性的示病症状。而这一示病症状也可能对应多种疾病，要根据示病症状判定所对应疾病的种类，在此基础上，通过查找其他症状对这一类疾病加以区分。禽常见示病症状及常见疾病见表 5-5。

表 5-5 禽常见疾病的示病症状

症状	常见疾病
体型肥大鸡无症状突然死亡	禽霍乱、肉鸡猝死综合征、脂肪肝综合征
姿势异常	马立克氏病（劈叉）、新城疫和维生素 B_1 缺乏症（观星）、维生素 B_2 缺乏症（趾蜷曲）、肉鸡腹水综合征（企鹅式）。维生素 E 缺乏症、维生素 D 缺乏症、禽传染性脑脊髓炎时，两腿呈交叉站立。病毒性关节炎（腓肠肌腱肿胀、断裂），由支原体、葡萄球菌病、沙门氏菌引起关节炎（跗关节肿胀，有波动感）
头颈肿大	禽流感、大肠杆菌肿头综合征、传染性鼻炎、鸭瘟
白色稀便	鸡白痢、肾型传染性支气管炎、传染性法氏囊病、大肠杆菌病、内脏型痛风、磺胺类药物中毒
绿便	新城疫、禽流感、禽霍乱
血便	球虫病、组织滴虫病
伸颈张口呼吸	传染性喉气管炎、传染性支气管炎、新城疫、白喉型鸡痘、中暑

（四）根据典型病理变化判定

禽病大多具有典型病理变化。由于家禽单只经济价值较低而饲养数量较多，所以剖检是重要的诊断手段。根据剖检中发现的典型病理变化，判定疾病的种类，在此基础上，通过查找其他症状或病理变化，对这一类疾病加以区分，以达到初步诊断的目的。禽常见疾病的特征性病理变化见表 5-6。

表 5-6 禽常见疾病的特征性病理变化

特征性病理变化	常见疾病
皮下出血	禽霍乱、禽流感、鸡大肠杆菌性败血症、鸡包涵体肝炎、鸡传染性贫血
肌肉出血	住白细胞原虫病（出血点）、传染性法氏囊病（胸肌、腿肌条状出血）、维生素 K 缺乏症、鸡传染性贫血、禽霍乱、黄曲霉毒素中毒
气管有假膜	黏膜型鸡痘、传染性喉气管炎
肝脏显著肿大	禽霍乱、急性鸡白痢、禽伤寒、禽副伤寒、马立克氏病、淋巴细胞性白血病、禽网状内皮组织增殖病
腺胃乳头出血	新城疫、禽流感、喹乙醇中毒、传染性法氏囊病、急性禽霍乱、鸡传染性贫血
脾肿大	马立克氏病、淋巴细胞白血病、住白细胞原虫病
肾脏有尿酸盐沉着	传染性法氏囊病、肾型传染性支气管炎、内脏型痛风、维生素 A 缺乏症、食盐中毒、磺胺类药物中毒
卵泡变性坏死	成年母鸡鸡白痢、鸡伤寒、鸡副伤寒、大肠杆菌病、成年母鸡的传染性支气管炎、慢性禽霍乱

（五）实验室诊断

实验室诊断是禽病诊断的可靠手段，大部分细菌病和部分病毒病可通过实验室诊断确诊。实验室诊断在正确采取病料的基础上，根据不同的病原特点，采取不同的病原体检查方式进行。常用以下几种方法：

1. 病原的镜检、培养和生化试验

对于镜检可直接发现病原，并能识别病原形态的疾病，可通过镜检的方法加以检查。如巴氏杆菌、葡萄球菌、曲霉菌等。寄生虫病中的球虫卵囊及蛔虫病、绦虫病的虫卵等。

对于那些仅通过镜下的形状难以判定的细菌，可以通过细菌生长情况判定是否是细菌感染，也可以通过菌落形态、大小、色泽等判定细菌的种类。仍不能鉴定的，可通过细菌的生化特性加以判定。

2. 禽胚接种

感染禽类的大部分病毒都可在相应的禽胚中培养。一些病毒接种禽胚后可使胚体产生特征性病变，这样的病变可作为诊断的根据之一。

3. 免疫学诊断

用于禽病诊断和免疫监测的免疫学方法通常有凝集试验、血凝抑制试验、琼脂扩散试验和中和试验等，可根据病毒的特性选择适当的免疫学诊断方法。

4. 动物试验

家禽传染病一般不需要做动物试验。对于中毒病涉及责任纠纷，又很难做出诊断时，可考虑应用动物试验。

二、禽病的鉴别诊断

（一）禽病鉴别诊断要点

1. 寻找有共性疾病的特殊性

在禽病诊断中，有相同临床症状和病理变化的疾病有很多，要在诸多有类似症状或病理变化的疾病中，根据每种疾病特殊性的发病特点、临床症状和病理变化，可以区分类症疾病。如马立克氏病和新城疫均有腺胃乳头出血这一病理变化，但马立克氏病病鸡表现为"劈叉"姿势这一神经症状，剖检见一侧坐骨神经明显增粗，而新城疫则没有这一情况，据此可区分出两种疾病。

做到这一点，要求能够熟练掌握各种禽病的发病特点、临床症状和病理变化、病原特征，并能灵活运用。同时也需要不断培养临床经验，在长期的实践中练就一双慧眼。

2. 通过特殊手段加以排除

有类似症状或病理变化的疾病可能会分属于不同种类，可用实验室检查病原体加以区分。如细菌性疾病和病毒性疾病类似，可通过病料染色、镜检的方法，发现细菌病的病原体，也可以使用抗生素类药物治疗，根据治疗效果区分细菌病和病毒病。

3. 了解禽病发展动态，避免误诊

很多禽病在发展过程中不断发生着变化，新的疾病和新的病型都在不断出现，而且迅速流行。所以禽病防治工作者要通过多渠道地密切关注相关信息，掌握禽病的发展态势，避免误诊一些新疾病。例如，如果兽医人员不了解禽流感的流行动态，就很容易把禽流感误诊为新城疫。

(二)禽常见病的鉴别诊断

1. 引起禽呼吸困难的常见疾病鉴别诊断(见表 5-7)。

表 5-7 引起禽呼吸困难的常见疾病鉴别诊断

病名	病原/病因	发病日龄	典型症状	其他症状	剖检变化	处理	预防
传染性支气管炎	冠状病毒科支气管炎病毒	雏鸡和产蛋鸡多发	咳嗽、打喷嚏、流鼻涕、呼吸啰音	产蛋量下降，蛋质量下降。下痢、消瘦	气管内有渗出物，或干酪样物，输卵管萎缩	可用抗菌药物饮水、拌料，肾型传支用肾肿解毒药	疫苗接种
传染性喉气管炎	疱疹病毒鸡传染性喉气管炎病毒	4～10月龄	喘气时发出鸣哨声，甩头、咳出带血的黏液	产蛋量下降	喉头、气管、支气管黏膜出血，喉头有干酪样物质，堵塞气管，窒息死亡	可用抗菌药物饮水、拌料	疫苗接种
新城疫	副黏病毒科新城疫病毒	各种品种、日龄	咳嗽、气喘、甩头、发出"呼噜"声	产蛋量下降；神经症状；下痢	喉头气管黏膜充血、出血，腺胃乳头、盲肠扁桃体出血溃疡	上报疫情，尸体无害化处理，紧急接种	疫苗接种
禽流感	正黏病毒科 A 型流感病毒	各种年龄的禽	咳嗽、打喷嚏和大量流泪；头部和脸部水肿	神经紊乱，产蛋量下降，拉绿色稀粪	腺胃乳头出血、全身性出血，皮下水肿	上报疫情，尸体无害化处理，紧急接种	消毒；检疫
黏膜型禽痘	禽痘病毒	雏鸡和中雏鸡及鸭、鸟	喉头、气管黏膜形成黄白色假膜，堵塞气管造成窒息而死亡	无	咽部、喉头气管、食管黏膜隆起白色不透明结节，结节迅速增大融合成干酪样伪膜	去掉黏膜上的假膜，涂上碘甘油或冰硼散	免疫接种；药物预防
鸡毒支原体病	支原体	1～2月龄幼鸡	浆液性或黏液性鼻液，吞咽困难，咳嗽	产蛋量下降	气囊有卡他性渗出液，气囊增生结节呈念珠状，肺炎病变	抗菌药物治疗	药物预防；免疫接种
禽曲霉菌病	烟曲霉菌和黑曲霉菌等	1～3周龄	呼吸困难，张口喘气，无啰音，很少采食	眼皮下有豆渣样物质，角膜溃疡	肺部质地硬，切面坏死，气囊混浊，有霉菌结节	停喂发霉的饲料。用抗霉菌药物拌料	防霉、去毒
肺炎、气囊炎型大肠杆菌病	大肠杆菌	3～12周龄	气喘、甩头、打喷嚏、结膜炎、流泪	无	气囊混浊增厚，有干酪样物	抗菌药物治疗	药物预防；免疫接种
鸡传染性鼻气管炎	副鸡嗜血杆菌	各年龄	鼻腔和鼻窦浆液性分泌物、结膜炎，头、肉髯肿胀	产蛋量下降	鼻腔和鼻窦呈卡他性炎症、黏膜充血，潮红肿胀，后期有干酪样物	抗菌药物治疗	疫苗接种

2. 引起禽腹泻的常见疾病鉴别诊断(见表 5-8)。

表 5-8 引起禽腹泻的常见疾病鉴别诊断

病名	病原/病因	易感日龄	腹泻特征	临诊症状	剖检变化	处理
鸡白痢	鸡白痢沙门氏杆菌	7～14 日龄	白色稀粪	白色粪便一排出即堵塞肛门	卵黄吸收不全,肝脏表面有白色坏死小点,肺有灰黄色结节和灰色肝变	药物
禽伤寒	鸡伤寒沙门氏杆菌	成年鸡多发	拉绿色或白色粪便	鸡不愿活动,呈直立企鹅样姿势	肝肿大,淤血,肝呈青铜色,有坏死灶	药物
副伤寒	沙门氏杆菌	1～2 月龄雏鸡多发	开始为粥样,后呈水样	肛门有粪便污染	肝脾淤血肿大,肝呈铜绿色盲肠有干酪样芯子,小肠出血	药物
鸡传染性法氏囊病	双股 RNA 病毒	3～6 周龄的鸡	白色稀粪和水样稀便	鸡畏寒,缩头,排白色黏稠和水样稀便	腿部和胸部肌肉出血,法氏囊水肿和出血,腺胃和肌胃交界处见有条状出血点,花斑肾	疫苗
新城疫	副黏病毒	各种年龄鸡均可发病	腥臭绿色粪便	倒提鸡只嗉囊流出酸臭液,鸡只出现扭头,转圈等神经症状	腺胃乳头出血,肠道可见红黄色溃疡灶和出血点,盲肠扁桃体肿胀出血,泄殖腔呈刷状出血	疫苗
肾型传染性支气管炎	冠状病毒	20～35 日龄	水样稀便或白色稀便	饮水量增加	"花斑肾"肾肿大,有尿酸盐沉积	疫苗
雏鸡大肠杆菌病	大肠埃希氏杆菌	出壳后几天到 4 月龄	灰白色稀便	剧烈腹泻,粪便为灰白色,死前有抽搐和转圈运动	剖检见卵黄膨大,日龄稍大的雏鸡剖检可见肝脏、心脏上包有白色纤维素渗出物	药物
禽霍乱	多杀性巴氏杆菌病	成年产蛋鸡多发	黄绿色稀粪	急性:败血症、高热、腹泻;慢性:鸡冠、肉髯水肿和关节炎	心冠脂肪出血,肝有针尖大小坏死点,十二指肠严重出血,产蛋鸡子宫内常见有完整的鸡蛋	药物
鸡坏死型肠炎	魏氏梭菌	2～8 周龄肉鸡	红褐色至黑褐色稀粪	可视黏膜苍白,贫血。粪便混有血液或肠黏膜组织	空肠和回肠出血、溃疡、坏死	药物
球虫病	艾美耳属球虫	20～50 日龄	呈棕红色稀便	鸡逐渐消瘦,生长发育不良,拉血便	盲肠肿胀并充满凝固或新鲜暗红色的血液,小肠内有出血	药物
禽组织滴虫病	火鸡组织滴虫	2～3 月龄雏鸡多发	绿色或呈棕红色稀便	拉血便	肝脏肿大,有坏死灶,盲肠肥厚出血,内有干酪样渗出物,成栓塞状	药物
食盐中毒	食盐摄入量高	各种年龄	水样稀便	饮水量增加,口流黏液,严重者出现转圈、抽搐	嗉囊充满黏液,且黏膜易脱落。肾脏、输尿管和排泄物中有尿酸盐沉积	改善饲料

3. 引起禽运动障碍的常见疾病鉴别诊断(见表 5-9)。

表 5-9　引起禽运动障碍的常见疾病鉴别诊断

病名	病原/病因	流行特点	临诊症状	剖检变化	处理
鸡马立克氏病(神经型)	疱疹病毒	中成鸡	鸡双腿呈"劈叉形"或呈"一字形"瘫痪	一侧性坐骨神经肿大,呈灰白色,且横纹消失	疫苗接种
传染性滑膜囊炎	败血性支原体	蛋鸡多发	关节肿胀	关节腔内充满黄色渗出液,同时还可见眼睑肿胀出现脓泡	药物治疗
大肠杆菌病(关节炎型)	致病性大肠杆菌	多发于 1~2 周龄的雏鸡	趾关节、跗关节肿胀,运动常受到限制,出现跛行	关节腔中有纤维蛋白渗出或有混浊的关节液,滑膜肿胀、增厚	免疫接种药物预防
锰缺乏症	营养缺乏症	肉仔鸡多发	骨骼畸形,关节肿大,一腿直立一腿后蹬	腿骨短粗,胫骨与跗骨接头肿胀,胫骨、跗跖骨向外扭曲,生长受阻	补锰和胆碱
鸭病毒性肝炎	鸭病毒性肝炎病毒	鸭感染发生	侧卧,头向后背故称"背脖病",两脚痉挛性地反复踢蹬,在地上旋转	肝肿大,质脆,色暗或发黄,肝表面有大小不等的出血斑点	疫苗接种
禽传染性脑脊髓炎	呼肠孤病毒	鸡、火鸡易感	共济失调跗关节着地	非化脓性脑脊髓炎	疫苗接种
慢性禽霍乱	多杀性巴氏杆菌	多发于中成鸡	关节、个别鸡肉髯肿胀,双腿附地,行走时拍打前进	关节肿大	免疫接种;药物治疗
家禽痛风(关节炎)	营养代谢紊乱	集约化的肉仔鸡	病鸡主要表现为关节肿胀、跛行	关节腔内有大量含有白色尿酸盐的渗出液	保肾利尿药治疗
维生素 B_2 缺乏症	营养缺乏	集约化养殖家禽	足爪向内侧弯曲,用跗关节行走	病理变化不明显	添加 B 族维生素
钙磷代谢失调、缺乏症	钙磷缺乏或比例失调	集约化养殖的家禽多发	跛行,跗关节肿大	生长缓慢,骨骼脆弱,常自发性骨折,弓形腿。有时还可见有胸骨弯曲、变软等症状	晒太阳、注射维生素 D、饲料中添加钙制剂

4. 引起禽产蛋下降的常见疾病鉴别诊断（见表 5-10）。

表 5-10　引起禽产蛋下降的常见疾病鉴别诊断

病名	病原/病因	易感日龄	相似症状	其他症状	剖检变化
鸡产蛋下降综合征（EDS-76）	腺病毒科 EDS-76 病毒	性成熟前的鸡	薄壳蛋、软壳蛋、无壳蛋、粗壳蛋和畸形蛋，产蛋下降 20%～50%	无	输卵管峡部和子宫有卡他性炎症
鸡传染性支气管炎（IB）	冠状病毒科支气管炎病毒	各种年龄鸡都有易感性，雏鸡特别严重	软壳蛋、畸形蛋和粗壳蛋增多，蛋白稀薄呈水样。产蛋下降 10%～50%	呼吸道症状，下痢	产蛋鸡腹腔内有液状卵黄物质，输卵管和卵巢发育不良
鸡非典型新城疫（ND）	新城疫病毒	180～350 日龄	畸形蛋、软壳蛋、白壳蛋增多，产蛋下降 5%～30%	拉绿色稀粪，少数有呼吸道症状	盲肠扁桃体、泄殖腔黏膜出血，卵黄性腹膜炎
鸡肿头综合征（SHS）	鸡肿头综合征病毒	肉用种鸡和蛋鸡各年龄均可发生	产蛋鸡的产蛋率和种蛋受精率下降，产蛋下降 10%以内	肉鸡头部皮下水肿，打喷嚏、咳嗽	可见到卵黄性腹膜炎，鸡冠、面部、喉周围水肿或有干酪样物质
禽流感（AI）	A 型流感病毒	各种年龄的家禽	产蛋下降	康复鸡的产蛋率恢复最多为 70%左右	卵泡出血、变形、破裂，卵黄性腹膜炎
禽脑脊髓炎（AE）	禽脑脊髓炎病毒	雏鸡和产蛋鸡	产蛋下降幅度为 5%～20%	共济失调和头颈震颤	非化脓性脑炎
笼养鸡综合征	饲料营养缺乏或应激因素	产蛋后期的母鸡，产蛋越高发病率越高	产蛋率下降，蛋壳变薄或产软壳蛋	站立困难，骨质疏松，肋骨易折，肌肉松弛	骨易折断，胸骨变形。卵巢退化

● ● ● ● ○ **拓展阅读**

中国古代的禽病防治智慧

做好疫情防控与人民健康、
经济发展的统筹工作

计　划　书

学习情境 5	禽病的综合诊断		
计划方式	小组讨论、同学间互相合作共同制订计划		
序号	实施步骤	使用资源	备注
制订计划说明			

	班　级		第　　组	组长签字	
	教师签字		日　期		
计划评价	评语：				

决策实施书

学习情境 5	禽病的综合诊断

<table>
<tr><td colspan="8" align="center">讨论小组制订的计划书，做出决策</td></tr>
<tr><td rowspan="7">计划
对比</td><td>组号</td><td>工作流程
的正确性</td><td>知识运用
的科学性</td><td>步骤的
完整性</td><td>方案的
可行性</td><td>人员安排
的合理性</td><td>综合评价</td></tr>
<tr><td>1</td><td></td><td></td><td></td><td></td><td></td><td></td></tr>
<tr><td>2</td><td></td><td></td><td></td><td></td><td></td><td></td></tr>
<tr><td>3</td><td></td><td></td><td></td><td></td><td></td><td></td></tr>
<tr><td>4</td><td></td><td></td><td></td><td></td><td></td><td></td></tr>
<tr><td>5</td><td></td><td></td><td></td><td></td><td></td><td></td></tr>
<tr><td>6</td><td></td><td></td><td></td><td></td><td></td><td></td></tr>
</table>

<table>
<tr><td colspan="3" align="center">制订实施方案</td></tr>
<tr><td>序号</td><td>实施步骤</td><td>使用资源</td></tr>
<tr><td>1</td><td></td><td></td></tr>
<tr><td>2</td><td></td><td></td></tr>
<tr><td>3</td><td></td><td></td></tr>
<tr><td>4</td><td></td><td></td></tr>
<tr><td>5</td><td></td><td></td></tr>
<tr><td>6</td><td></td><td></td></tr>
</table>

实施说明：

班　　级		第　　组	组长签字	
教师签字			日　　期	

	评语：

评价反馈书

学习情境 5	禽病的综合诊断				
评价类别	项目	子项目	个人评价	组内评价	教师评价
专业能力 （60%）	资讯（10%）	查找资料，自主学习（5%）			
		资讯问题回答（5%）			
	计划（5%）	计划制订的科学性（3%）			
		用具材料准备（2%）			
	实施（25%）	各项操作正确（10%）			
		完成的各项操作效果好（6%）			
		完成操作中注意安全（4%）			
		使用工具的规范性（3%）			
		操作方法的创意性（2%）			
	检查（5%）	全面性、准确性（3%）			
		操作中出现问题的处理（2%）			
	结果（10%）	提交成品质量			
	作业（5%）	及时、保质完成作业			
社会能力 （20%）	团队协作 （10%）	小组成员合作良好（5%）			
		对小组的贡献（5%）			
	敬业、吃苦 精神（10%）	学习纪律性（4%）			
		爱岗敬业和吃苦耐劳精神（6%）			
方法能力 （20%）	计划能力 （10%）	制订计划合理			
	决策能力 （10%）	计划选择正确			
意见反馈					
请写出你对本学习情境教学的建议和意见：					

班　　级		姓　　名		学　　号		总　评	
教师签字		第　　组		组长签字		日　　期	

评价 评语	评语：

附录

禽参考免疫程序

（一）蛋鸡(父母代、商品代)参考免疫程序

日龄	疫苗种类	接种途径
1	马立克氏病疫苗（HVT 或 CV1988） 传染性支气管炎 H_{120} 疫苗	颈部背侧皮下注射 滴鼻或点眼
7～10	新城疫Ⅳ系苗 禽流感 H_5 亚型疫苗	滴鼻或点眼 胸肌注射
14～15	传染性法氏囊病中等毒力苗	滴口或饮水
22～25	新城疫Ⅳ系苗 新城疫油乳剂灭活苗 鸡痘弱毒苗	点眼或饮水 胸肌注射 翅下皮肤刺种
28～32	传染性法氏囊病中等毒力苗 禽流感双价灭活苗（$H_5＋H_9$）	饮水 颈部背侧皮下注射
37～40	传染性支气管炎 H_{52} 苗	饮水
60～70	传染性鼻气管炎油乳剂灭活苗 新城疫Ⅳ系苗	胸肌注射 饮水或气雾
80	传染性支气管炎 H_{52} 苗	饮水
90	传染性喉气管炎苗 禽传染性脑脊髓炎疫苗 新城疫－传支－产蛋下降综合征三联苗	点眼 饮水 胸肌注射
120	鸡痘弱毒苗 传染性鼻气管炎油乳剂灭活苗	翅下皮肤刺种 胸肌注射
130	禽流感双价灭活苗（$H_5＋H_9$）	胸肌注射
140	新城疫油乳剂灭活苗 传染性法氏囊病油乳剂灭活苗	胸肌注射 胸肌注射
280	新城疫油乳剂灭活苗	胸肌注射

(二)肉鸡(父母代)参考免疫程序

日龄	疫苗种类	接种途径
1～2日龄	新城疫－传支二联苗 马立克氏病疫苗	滴鼻或点眼 颈部背侧皮下注射
8日龄	禽流感(H$_5$＋H$_9$)二价灭活苗	颈部背侧皮下注射 滴鼻或点眼
14日龄	新城疫Ⅳ系苗 新城疫油乳剂灭活苗	饮水 颈部背侧皮下注射
18日龄	传染性法氏囊病中等毒力苗 禽流感H$_5$N$_2$灭活苗	饮水 胸肌注射
25日龄	传染性支气管炎H$_{52}$疫苗 病毒性关节炎灭活苗	饮水 颈部背侧皮下注射
28日龄	传染性法氏囊病中等毒力苗	饮水
42日龄	传染性支气管炎H$_{52}$疫苗 病毒性关节炎灭活苗	饮水 颈部背侧皮下注射
8周	传染性鼻炎灭活苗 新城疫克隆30苗	胸肌注射 饮水
9周	传染性喉气管眼弱毒活苗 禽传染性脑脊髓炎－鸡痘弱毒苗	点眼 翅下皮肤刺种
12周	禽流感双价灭活苗(H$_5$＋H$_9$)	颈部背侧皮下注射
19周	鸡败血支原体灭活苗 传染性喉气管炎灭活苗	颈部背侧皮下注射 胸肌注射
20周龄	新城疫Ⅳ系苗 传染性法氏囊病油乳剂灭活苗 新城疫－传支－产蛋下降综合征三联苗	饮水 胸肌注射 胸肌注射
22周龄	禽流感双价灭活苗(H$_5$＋H$_9$)	颈部背侧皮下注射
25周龄	新城疫油乳剂灭活苗	胸肌注射
40周龄	新城疫Ⅳ系苗	饮水

(三)商品肉鸡参考免疫程序

日龄	疫苗种类	接种途径
1	新城疫弱毒苗	气雾
4	传染性支气管炎H$_{120}$疫苗 新城疫Ⅳ系苗	滴鼻或点眼 点眼或胸肌注射
8	新城疫－禽流感二联苗	颈部背侧皮下注射
14	传染性法氏囊病中等毒力苗	饮水
21	新城疫克隆30苗	饮水
28	传染性法氏囊病中等毒力苗	饮水

(四)种鹅参考免疫程序

日龄	接种的疫苗	接种途径	备注
1～2	小鹅瘟疫苗(无母源抗体)或小鹅瘟高免卵黄液	肌肉注射	
10～15	小鹅瘟高免血清或高免卵黄液	肌肉注射	
	禽流感(H$_5$亚型)灭活苗	皮下或肌肉注射	按鸡1羽份剂量
20～30	鹅的鸭瘟弱毒疫苗	肌肉注射	
	小鹅瘟弱毒疫苗	肌肉注射或饮水	
开产前1个月	小鹅瘟弱毒疫苗	肌肉注射	
	鹅的鸭瘟弱毒疫苗	肌肉注射	
	禽流感双价灭活苗(H$_5$＋H$_9$)	皮下或肌肉注射	按鸡3～4羽份剂量
以后每隔半年	小鹅瘟弱毒疫苗	肌肉注射	
	鹅的鸭瘟弱毒疫苗	肌肉注射	
	禽流感双价灭活苗(H$_5$＋H$_9$)	皮下或肌肉注射	按鸡3～4羽份剂量

(五)种鸭参考免疫程序

日龄	疫苗种类	剂量	接种途径	备注
1～3	鸭病毒性肝炎高免血清或卵黄液	0.5～1mL	皮下或肌肉注射	1. 可接种鸭病毒性肝炎弱毒苗(无母源抗体)。2. 必要时接种鸭疫里氏杆菌疫苗。
10～15	H$_5$亚型禽流感灭活苗	0.5mL	皮下或肌肉注射	
3～4周龄	鸭瘟弱毒苗	1羽份	皮下或肌肉注射	必要时接种鸭疫里氏杆菌疫苗
10～12周龄	H$_5$亚型禽流感灭活苗	1mL	皮下或肌肉注射	
开产前1个月	鸭瘟弱毒苗	1羽份	皮下或肌肉注射	接种鸭病毒性肝炎弱毒苗后2周,再重复接种1次或同时接种鸭病毒性肝炎灭活苗。
	鸭病毒性肝炎弱毒苗	1羽份		
	禽流感双价灭活苗(H$_5$＋H$_9$)	1mL		
开产后6个月	鸭瘟弱毒苗	1羽份	皮下或肌肉注射	
	鸭病毒性肝炎弱毒苗	1羽份		
	禽流感双价灭活苗(H$_5$＋H$_9$)	1mL		

注:该免疫程序仅在环境污染较严重、疫病较复杂的地方使用,在环境较干净的地方可适当减少其中一些疫苗的接种。

(六)种番鸭参考免疫程序

日龄	疫苗种类	剂量	接种途径	备注
1～3	鸭病毒性肝炎高免血清或卵黄液	0.5～1mL	皮下或肌肉注射	1.可接种鸭病毒性肝炎弱毒苗(无母源抗体)。 2.必要时接种鸭疫里氏杆菌苗
	番鸭细小病毒感染高免血清或卵黄液	0.5～1mL		
	番鸭花肝病高免血清或卵黄液	0.5～1mL		
10～15	H₅亚型禽流感灭活疫苗	0.5mL	皮下或肌肉注射	
2～3周龄	番鸭花肝病灭活疫苗	1羽份	皮下或肌肉注射	
3～4周龄	鸭瘟弱毒疫苗	1羽份	皮下或肌肉注射	必要时可接种鸭疫里氏杆菌疫苗
10～12周龄	H₅亚型禽流感灭活疫苗	1mL	皮下或肌肉注射	
开产前1个月	鸭瘟弱毒疫苗	1羽份	皮下或肌肉注射	在接种鸭病毒性肝炎弱毒疫苗后2周,再重复接种1次,或同时接种鸭病毒性肝炎灭活油苗
	鸭病毒性肝炎弱毒疫苗	1羽份		
	番鸭细小病毒病弱毒疫苗	1羽份		
	番鸭花肝病灭活疫苗	1羽份		
	H₅＋H₉二价禽流感灭活疫苗	1mL		
开产后每3～6个月	鸭瘟弱毒疫苗	1羽份	皮下或肌肉注射	
	鸭病毒性肝炎弱毒疫苗	1羽份		
	番鸭细小病毒感染	1羽份		
	番鸭花肝病灭活苗	1羽份		
	H₅＋H₉二价禽流感灭活苗	1ml		

注：该免疫程序仅在环境污染严重、疫病较复杂的地方使用，在环境较干净的地方可适当减少一些疫苗的接种。

H_5 亚型禽流感灭活疫苗；$H_5 + H_9$ 二价禽流感灭活疫苗

参考文献

[1]徐建义. 禽病防治. 北京：中国农业出版社，2006

[2]甘孟侯. 禽病诊断与防治. 北京：中国农业大学出版社，2002

[3]李峰，王益军. 畜禽主要疾病诊治手册. 北京：中国农业出版社，2004

[4]杨慧芳. 养禽与禽病防治. 北京：中国农业出版社，2006

[5]王志君，孙继国. 鸡场兽医. 北京：中国农业出版社，2005

[6]师汇，高建广. 现代鸡场兽医手册. 北京：中国农业出版社，2006

[7]张宏伟. 动物疫病. 北京：中国农业出版社，2001

[8]刘莉. 动物微生物及免疫. 北京：化学工业出版社，2010